经信智声丛书

顺势而为

城市数字化转型探索

上海市经济和信息化发展研究中心 ◎编著

上海人民出版社

在建党一百周年之际，由上海市经济和信息化发
心编撰的"经信智声"丛书第二册《顺势而为：城市
型探索》正式和广大读者见面了。本书延续了丛书第
势有为：产业和信息化亮点透视》注重时效、案例和
点，以数字化转型为主题，在选题及时性、案例丰富
针对性等方面作了新的探索，既有宏观把握，又非
考，既着眼当前，又放眼未来，既提出怎么看，又!
么办。透过一组组数据、一个个案例、一幅幅场景
海产业经济和信息化发展的生动画卷，帮助读者站
未来，触摸真实可感的时代脉搏。

站在开启两个百年奋斗目标的新起点，放眼全
世界，百年未有之大变局加速演进，新冠肺炎疫情

国内流行，围绕科技产业制高点的竞争和战略博弈空前激烈。当代的中国，依托超大规模市场和完备产业体系，正加快构建以国内大循环为主体、国内国际双循环相互促进的新发展格局。如今的上海，城市数字化全面起势，经济数字化、生活数字化、治理数字化"三箭齐发"，正深入推进城市发展整体性转变、全方位赋能、革命性重塑，加快打造具有世界影响力的国际数字之都。面对错综复杂的国内外经济形势，面对形形色色的经济现象，如何准确回答好时代课题，透过现象看本质，发挥咨政建言作用，产业和信息化智库大有可为。特别是近两年来，上海市经济和信息化发展研究中心围绕城市数字化转型、高端产业引领功能、在线新经济发展、新型产业体系构建等重点课题开展决策咨询服务，推出了一系列有价值、有分量的研究成果，为上海市经济和信息化工作的科学决策发挥了积极作用。

风起扬帆时、能者立潮头。希望上海市经济和信息化发展研究中心按照打造新型的产业和信息化特色高端智库的定位，立足上海、服务全国、面向全球，洞察世情、国情、市情，深耕产业和信息化领域，聚焦上海产业经济和信息化高质量发展的重点、难点、热点问题，察实情、出实招、献良策，为奋力创造新时代上海发展的新奇迹作出"经信智库"新的更大贡献。我也相信广大读者在阅读本书的过程中，一定能够收获新知和启迪。

是为序。

上海市经济和信息化委员会副主任

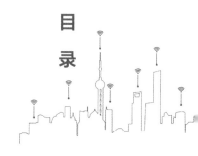

目 录

第三编 ｜ 生活数字化

第四编 ｜ 治理数字化

第五编 ｜ 区域数字化

第一编
基建数字化

关于上海加快城市数字化转型的几点建议

编者按：信息技术的高速发展，不断改变着人类生产生活方式。推动数字经济蓬勃发展，加快推动经济社会数字化转型，上海必将顺势而为，充分发挥政府的引领作用，加快形成数字经济发展战略布局，持续扩大政府数字治理效应，加快形成数字化转型可持续发展的内生动力，为推动高质量发展注入新动能。

信息技术发展日新月异，数字经济蓬勃发展，深刻改变着人类生产生活方式。习近平总书记曾指出，世界经济数字化转型是大势所趋，对各国经济社会发展、全球治理体系、人类文明进程影响深远。数字化转型将成为推动经济实现质量变革、效率变革、动力变革的强劲驱动。2020 年 5 月 13 日下午，国家发展改革委发布"数字化转型伙伴行动"倡议，提出，政府和社会各界联合起来，共同构建"政府引导—平台赋能—龙头引领—机构支撑—多元服务"的联合推进机制，加快打造数字化企业，构建数字化产业链，培育数字化生态，支撑经济高质量发展。加快推动经济社会数字化转型，上海必将顺势而为，为推动高质量发展注入新动能。

一、上海城市数字化转型的现状特点

数字产业规模不断提升，2019年全年实现信息产业增加值4094.60亿元，信息服务业增加值2863.12亿元，占全市生产总值比重达到7.5%，全年完成电子商务交易额33186.10亿元。2020年上半年，"在线新经济"在促进经济稳定增长方面成效显著，在线零售额达1227亿元（人民币，下同），同比增长5%；在线信息消费增长50%；在线数字内容产业增长20%；新一代信息技术逆势增长10.5%。而在2020年国庆黄金周，全市线下实物消费额659.9亿元，同比增长12.2%；网络零售额358.6亿元，同比增长15.7%。中国信息通信研究院发布的《中国数字经济发展白皮书（2020年）》显示，2019年我国数字经济增加值规模达到35.8万亿元，占GDP比重达到36.2%，对GDP增长的贡献率为67.7%。数字经济结构持续优化升级，产业数字化增加值占数字经济比重达80.2%，估计上海数字经济GDP占比已超过50%。数字化治理水平稳步提升，依托"一网通办"和"一网统管"，上海加速整合政府及公共数据，聚焦"高效办成一件事"和"高效处置一件事"，"一网通办"总门户接入事项达到2261个，线上办事651万件。全市各区部署传感终端累计超过50万个，实现数据上报、综合研判、上报预警、联动处置的应用服务体系。产业数字化不断渗透，信息技术与制造技术深度融合，基于工业互联网的新型制造模式，向高端化、智能化迈进。电子信息、装备制造与汽车、钢铁化工、生物医药、航天航空等重点行业智能化转型加速推进，无人工厂、无人生产线、无人车间不断出现。

二、上海城市数字化转型的瓶颈问题

上海的城市数字化水平处于全国领先地位，但是，数字化基础支撑有待增强，5G网络的全面部署需要更加注重向工业领域倾斜，助力传统制造业数字化转型，以实现城市全面数字化转型；此外，支撑流量型经济发展，必将依托更为开放的数据共享应用，公共数据质量提升、大数据资源平台的深化建设等需进一步加强。目前，数据归集涉及多个部门，数据情况复杂、质量参差不齐，多存在不一致、缺失、失真等问题，此外数据的一致性和规范性程度不高，增大了数据整合共享和有效使用的成本，在推进数字化转型基础层面应进一步加强公共数据的治理，形成统一标准规范，实现数据供需精准对接，提升数字化转型整体效率。全场景数字化应用仍存短板，支撑传统产业数字化转型的智能制造、核心工业软件的开发、工业互联网的集成应用仍存短板，互联网＋制造的新模式尚未全面推广，传统制造业营销数字化有待提升。如当前人工智能技术赋能传统行业更多表现为交互和体验性的应用，人工智能与传统行业关键核心业务流程依然存在"两张皮"的现象，从数字技术优势向应用优势的路径尚未完全走通。全面协同数字治理的格局尚未形成，城市治理缺乏跨条线、跨层级的业务协同，全局协同联动的数字化治理局面尚未形成，以数据驱动的城市运营、管理、分析、决策模式仍处于浅层尝试阶段，与超大型城市相适应的现代化城市运营机制和治理规则亟待建立。上海在推动城市大脑建设过程中过于关注技术实现层面，应进一步将城市大脑提升到实现系统、平台、数据、业务交互融合的"总枢纽""总集成""总调度"的高度，形成城市大脑的中枢功能，满足智慧城市高效协同运转与城市运行"全貌"展示有机融合的需求，真正实现城市运行"一网统管"。

三、加快上海城市数字化转型的有关建议

（一）抢抓机遇谋划新一轮数字经济转型政策布局

充分发挥政府的引领作用，加快形成数字经济发展战略布局，组织实施数字化转型行动计划，支持数字经济相关重大项目攻关及重点产业发展；搭建数字经济与产业结构转型升级交流平台，提升政企互动水平，帮助企业解决数字化转型升级中遇到的实际困难；加强数据共享平台建设，加大对大数据应用的政策支持力度，使数据要素成为推动经济高质量发展的新动能；加大数字新基建的建设的力度，充分发挥5G、数据中心、工业互联网等新型基础设施的支撑作用；打造多层次的工业互联网平台体系，优化产业结构转型升级网络基础。

（二）建立数字化转型可持续发展的内生动力

扩大政府数字治理效应，完善数字政府框架，加快经济调节、市场监管、公共服务、社会治理、环境保护、政府运行等领域的数字化转型；充分发挥企业主体作用，促

进数字经济与实体经济深度融合发展，加快产业链数字化转型；畅通产业数字化转型升级的渠道，降低企业转型升级成本；加大数字经济相关技术的研发投入，发挥龙头企业引导数字技术发展方向；以智能制造为突破口，加快传统制造业智能互联，实现数字化转型；充分发挥市场在产业数字化转型升级中的资源优化配置作用和积极导向作用，激发在线新经济与新业态、新模式的相互促进作用，催生新动能，推动新发展，进一步提高资源配置效率。

（三）打造多元融合的数字化转型生态体系

充分发挥行业协会、教育和科研机构等的协调推进作用，为数字化转型升级助力。[1] 充分发挥行业协会资源优势和中介作用，促进政府与企业沟通交流，增强产业数字化转型升级政策的实施效果；进一步完善教育机构人才培养机制，为产业数字化转型培育更多人才；加大科研机构研发投入，为产业数字化转型升级提供不竭的发展动力；大力引进数字经济领域相关专业人才，提升数据利用能力，实现创新发展；优先制定政府数字化转型急需标准，加快数据共享、流程再造、信用体系、服务协同等关键领域数字化转型标准建设；鼓励并支持金融机构充分利用自身数据资源优势，减轻企业转型过程中的资金压力；健全数字经济法律保障，构建数字化转型升级的安全发展环境。

---

[1] 肖国安、易雨瑶：《新知新觉：加快推进产业数字化转型升级》，载《人民日报》2020 年 5 月 18 日，第 9 版。

突破关键技术瓶颈，加大支持人工智能芯片发展

编者按：当今世界，全球人工智能领域竞争激烈，人工智能芯片作为人工智能产业生态建设的核心部分，是人工智能时代竞争的战略制高点，谁掌握了人工智能芯片技术和背后的生态，谁就掌握了人工智能时代的主导权。但与国外相比，国内人工智能芯片产品从产业生态和GPU的成熟生态等角度均具有较大的差距。后续应进一步加快构建自主可控的人工智能芯片生态体系，加大智能芯片方面人才培养，进一步推进我国人工智能产业健康发展。

一、人工智能芯片是人工智能时代竞争的战略制高点

（一）人工智能芯片产业链特性

随着深度学习领域带来的技术性突破，人工智能无论在科研还是在产业应用方面都取得了快速的发展。深度学习需要芯片提供极高的并发计算能力对大量训练数据进行处理。传统的逻辑芯片架构由于计算单元不多，无法满足深度学习对算力的需求，而摩

尔定律随着制程工艺接近极限而逐渐失效，这就意味着在传统 CPU 设计逻辑上通过进一步提升制程工艺和主频，很难再获得更高的算力表现，人工智能芯片创新技术应运而生，其技术迅速发展。

人工智能芯片是人工智能产业链的核心环节。首先，从人工智能技术发展看，人工智能芯片承载了人工智能所需的计算，是人工智能技术发展的基础。其次，从人工智能产业链看，人工智能芯片定义了人工智能产业链和生态圈的基础计算架构，是人工智能产业的核心。人工智能芯片位于人工智能产业最上游，技术要求和附加值较高。因此，人工智能芯片是人工智能时代竞争的战略制高点，谁掌握了人工智能芯片技术和背后的生态，谁就掌握了人工智能时代的主导权。

（二）国外重点龙头企业加快芯片布局

由于人工智能应用场景的不断涌现和计算能力的要求不断提升，人工智能芯片需求量不断上升，吸引了众多巨头和创企入局，整个芯片市场新品迭出、各类人工智能芯片相继面世，市场竞争逐步加剧。

英伟达创立于 1993 年，总部位于美国加利福尼亚州圣克拉拉市。早在 1999 年，英伟达发明了 GPU，重新定义了现代计算机图形技术，其可以让大量处理器并行运算，速度比 CPU 快数十倍。2016 年英伟达第一个推出专为深度学习优化的 Pascal GPU；2017年 5 月发布 GPU Volta 架构的云端芯片，此芯片让英伟达成为人工智能芯片市场中无可争议的领导者；2020 年 5 月发布 GPU Ampere 架构的云端芯片，此芯片集人工智能训练和推理于一身。

Google 在 2016 年宣布独立开发一种名为 TPU 的全新的处理系统。TPU 是专门为机器学习应用而设计的专用芯片。在 2016 年 3 月打败了李世石和 2017 年 5 月打败了柯杰的 AlphaGo，就是采用了谷歌的 TPU 系列芯片。2018 年 Google 发布了新一代 TPU 3.0处理器，此芯片的性能相比 TPU 2.0 有 8 倍提升。

Intel 是传统的 CPU 设计制造企业。Intel 的 CPU 产品主要面向通用场景，但在人工智能处理上的绝对性能并不领先。为加强在人工智能市场的竞争力，英特尔近年收购了多家人工智能芯片设计初创公司，期望通过并购方式构建更加完整的产品生态。根据公开市场信息，英特尔于 2015 年 6 月以 167 亿美元收购 FPGA 芯片厂商 Altera，2016 年 8 月以 3.5 亿美元收购了人工智能芯片创业公司 NervanaSystems，2017 年 3 月以 153 亿美元收购以色列智能驾驶芯片和平台公司 Mobileye，2019 年 12 月以 20 亿美元收购以色列云端人工智能芯片创业公司 HabanaLabs。

AMD 是一家专门为计算机、通信和消费电子行业设计和制造各种创新微处理器（CPU、GPU、APU、主板芯片组、电视卡芯片等）、闪存和低概率处理器解决方案的公司，公司成立于 1969 年。AMD 致力为技术用户（从企业、政府机构到个人消费者）提供基于标准的、以客户为中心的解决方案，目前 AMD 拥有针对人工智能和机器学习的高性能 Radeon Instinct 加速卡，开放式软件平台 ROCm 等。

（三）国内重点龙头企业快步研发跟进

寒武纪科技于 2016 年成立，作为全球第一个成功流片并拥有成熟产品的人工智能芯片企业，成立仅四年，该公司已连续推出三代智能终端处理器 IP、两代云端智能芯片及加速卡和边缘端智能芯片及加速卡产品。2016 年该公司推出的寒武纪 1A 处理器，是世界首款商用深度学习专用处理器。2018 年 5 月发布了首款云端人工智能专用芯片，思元 100。2019 年 11 月发布了边缘人工智能产品，思元 220。寒武纪已领先业界构建了终端、云端和边缘端三位一体的智能芯片产品线。

华为海思于 2004 年 10 月成立，是华为集团全资子公司，也是国内营收规模最大的集成电路设计企业。2018 年 10 月 10 日，华为在全联接大会 2018 上，首次宣布了华为的 AI 战略以及全栈解决方案。与此同时，华为发布了自研云端 AI 芯片"昇腾（Ascend）"系列，基于达芬奇架构，首批推出 7 nm 的昇腾 910 以及 12 nm 的昇腾 310。2019 年 8 月 23 日，华为宣布算力最强的 AI 处理器昇腾 910（Ascend 910）商用。

地平线是边缘人工智能芯片的全球领导者。目前，地平线是国内唯一一家实现车规级人工智能芯片量产前装的企业。基于创新的人工智能专用计算架构 BPU（Brain Processing Unit），地平线已成功流片量产了中国首款边缘人工智能芯片——专注于智能驾驶的征程（Journey）1 和 AIoT 的旭日（Sunrise）1；2019 年，该公司推出了中国首款车规级 AI 芯片征程 2 和新一代 AIoT 智能应用加速引擎旭日 2；2020 年 9 月，推出全新

一代 Alot 边缘 AI 芯片平台旭日 3。

燧原科技于 2018 年 3 月 19 日成立，是 AI 神经网络解决方案提供商，其产品是针对云端数据中心开发的深度学习高端芯片，定位于人工智能训练平台。2019 年 12 月该公司发布首款人工智能训练产品"云燧 T10"。

平头哥于 2018 年 10 月 31 日成立，是阿里巴巴旗下半导体公司。2019 年 7 月 25 日，公司成立后第一个成果——基于 RISC-V 的处理器 IP 核玄铁 910 发布，其可用于设计制造高性能端上芯片，应用于 5G、人工智能以及自动驾驶等领域。使用该处理器可使芯片性能提高一倍以上，同时芯片成本降低一半以上。2019 年 9 月 25 日，阿里巴巴在 2019 云栖大会上正式对外发布含光 800AI 芯片。此芯片的性能堪比目前业界内最好的 AI 芯片，性能是 IPS/W 的近 4 倍。2020 年平头哥又对含光芯片做出升级，性能翻倍。

依图科技成立于 2012 年 9 月，凭借在计算机视觉、语音识别、语义理解和智能决策等多方面的技术积累，将人工智能技术注入到了智能安防、科技金融、智能医疗、智慧城市、新零售和智能制药等多个领域。2019 年 5 月该公司在上海举行发布会，推出了云端视觉推理 AI 芯片"求索 questcore"，以及基于该芯片构建的软硬件一体化系列产品和行业解决方案。作为云端 AI 芯片，求索是一个完整的、具有端到端能力的 AI 处理器。

二、国内人工智能芯片发展面临的问题

自《瓦森纳协议》开始，中国芯片之路举步维艰。人工智能芯片作为集成电路领域新兴的方向，在集成电路和人工智能方面有着双重门槛。因此，国内人工智能芯片发展面临诸多问题。

（一）国内人工智能芯片亟须构建自主可控的生态环境

目前，在人工智能芯片领域，国内与国际巨头竞争对手在人工智能这一全新赛场上处于同一起跑线。因智能芯片还未大面积普及，人工智能算法硬件计算平台以英伟达 GPU 为主打，同时英伟达还开发了基于 GPU 的"CUDA"开发平台，开发者可以在 CUDA 平台上使用自己熟悉的开发语言进行应用开发，并在国际上形成了一套基于

"GPU+CUDA"的开发者群体。

人工智能芯片作为智能基础设施为人工智能产业提供计算能力支撑，是人工智能产业生态建设的核心部分。在当前局势中，不管是从商业还是从国家安全角度考虑，都亟须开发自主产品对海外技术和产品实行替代。

（二）国内人工智能芯片企业应用落地难

传统芯片公司在设计芯片之前，基本上已经确定了目标客户，可根据目标客户需求进行芯片的开发。而人工智能芯片则有所不同，人工智能的项目很多都还没有真正落地，这个时候很难知道开发出来的人工智能芯片到底有谁会来应用，同时人工智能芯片导入要求高，适配周期长。现阶段人工智能应用的企业没有强驱动为人工智能芯片企业开放应用场景。

（三）国内人工智能芯片人才缺口

国内芯片行业在人才方面的缺口巨大，单纯依托高校已无法满足人才的供给要求。因多年来的低薪环境导致芯片从业人员薪资普遍偏低，大部分集成电路专业高校毕业生更愿意选择去互联网、计算机软件、IT服务、通信和房地产等行业。随着人工智能的发展，传统芯片无法满足人工智能算法对算力的要求，各大人工智能企业甚至互联网企业开始纷纷布局智能芯片，出现了人才争夺的现象。

三、上海推进人工智能芯片发展的对策建议

上海有着良好的集成电路产业环境和丰富的人工智能应用场景，具有发展人工智能芯片的优势，应进一步抓住机遇，以市场为驱动与政府引导相结合，促进人工智能产业健康可持续发展。

（一）打造国产人工智能芯片产业生态

国内人工智能芯片产业属于新型领域，目前产业生态尚未形成绝对的壁垒，须从政策层面予以国产人工智能芯片产业生态推广为引导，鼓励企业加快自主创新能力建设，

针对市场需求，深耕细分应用领域，加快技术研发、突破，注重产品质量与企业品牌建设，打造自身核心竞争力。为国产人工智能芯片企业开放市场资源与应用场景，促进国产人工智能芯片应用实践和充分验证功能，促进技术更新迭代。同时出台相应政策鼓励用户优先使用国产人工智能芯片，在底层基础建设上保证国产化率，为构建国内自主可控的人工智能产业生态提供坚实基础。

（二）加快构建国内人工智能教育体系

相对国外，国内高校人工智能培育起步较晚，应进一步加强高校对人工智能人才的培养，鼓励高校基于国产化人工智能产业生态的人才、学科双培育；同时将"产学研"融合，解决好目前中国芯片产业人才在数量和质量上不均衡的问题。要创新人才培养方式，提质增效，注重高端人才、综合性人才的培养，为国内人工智能产业可持续发展提供动力。

（三）推进人工智能领域创新平台建设

随着智能化升级成为传统行业转型的重要抓手，上海应发挥政府平台搭建作用，建设行业通用的人工智能赋能创新平台，为各行各业提供通用的人工智能算力的需求，支撑各个领域的应用创新，助力上海在新一轮的世界城市竞争中成为人工智能领域的高地。

（四）完善国产人工智能产业投融资渠道

企业运营离不开资金的保障，为人工智能产业打造良好的发展支撑，可以提升财政对国产人工智能产业的支持，鼓励银行等机构支持突破核心技术、打造龙头企业；建立国家级与地方级相结合的产业引导基金，发挥资金的杠杆作用。

以上海城市数字化转型为契机，加快布局智慧物联网产业

编者按：据 CEO 商业评论报道，谷歌执行董事长埃里克·施密特前段时间预言，一个高度个性化、互动化的有趣世界——物联网即将诞生，这种变化对科技公司而言是前所未有的机会。实际上，物联网已历经十余年的发展期，极大地拓展了人类认识世界、改变世界的能力。尤其是近几年，车联网、数字医疗、智能家居等物联网前端技术和终端产品的融合迭代，使得物联网产业从根植于智能制造逐步走向服务于智能生活，从趋势变成了现实，正在掀起信息技术革命的第三次浪潮。本文将围绕物联网产业发展的最新态势，梳理和浅析物联网产业化发展所面临的"离散分布、信息安全、集约成本"三大核心问题，对上海的物联网产业发展给出对策建议。

一、智慧物联网已经呈现跨域互联的发展态势

当前，随着物联网的发展动能不断丰富、市场潜力获得产业界普遍认可，全球已进

入智慧物联网时代，即信息端的云平台和实体端的传感器、控制器、机器、人员和物等通过新的方式联在一起，形成人与物、物与物的跨域智慧互联。所谓"智慧物联网"大致可以分为普通对象设备化、自治终端互联化和普适服务智能化三个层次：初级层是普通对象设备化，就是对任何东西都赋予它一些智能，使其变成一种感知设备，如点对点链接的智能手机。过渡层是自治终端互联化，即任何设备都是互联的，建构一个万物互联的世界，如基于同一平台的车联网。高级层是普适服务智能化，即所有的服务都是智慧化的，如基于 4G 以上通信网络的 NB-IoT（窄带物联网）、BIoT（"区块链 + 物联网"）和 AIoT（"人工智能 + 物联网"）等。目前智慧物联网已逐步迈入高级层发展阶段。

（一）NB-IoT（窄带物联网）率先开启智慧跨域物联

下一代基于 5G、云计算、智能传感、大数据、人工智能，融合创新的"智慧化 NB-IoT"，将打破固有设备或特定行业的限制，形成一个高度细分化、互动化和便捷化的"物联生态系统"，引领未来的新产业、新模式和新业态发展。据 Gartner[①] 预测：2020 年，基于 4G 网络的 NB-IoT（窄带物联网）将带来每年 300 亿美元的市场利润，届时将会出现 25 亿个设备连接到物联网上，并继续快速增长。而新一代基于 5G 的"智慧物联网"所带来的巨大市场潜力，已成为"数字巨擘"新的增长引擎，包括思科、AT&T、Axeda、亚马逊、苹果、通用电气、谷歌与 IBM 等在内的美国公司，以及华为、阿里、腾讯、百度等国内头部企业争相抢占在新兴智慧物联网产业的主导地位。

（二）BIoT（"区块链 + 物联网"）促进产业融合创新

在智慧物联网时代，物联网设备也是数据的生产者和消费者，物联网数据将远超互联网数据，成为数据要素市场的重要组成部分。"区块链 + 物联网"对物联网数据提供的安全可信性，将为物联网数据的分析和利用打下坚实基础。[②] 推动电商、社交媒体等跨域发展，进而通过在物联网中引入央行数字货币和稳定币作为机器间支付工具，并

---

① 中国信息通信研究院：《物联网白皮书》（2020），第 10 页。
② 邹传伟：《深度解析"区块链 + 物联网"与新基建》，载《万向区块链"融合创新"系列行业研究报告》，第 15 页。

在电子支付和 AI 等技术的加持下催生新的金融科技浪潮，将极大丰富数字经济的应用场景。据相关专业机构预测，在未来几年之内，终端电子设备的数量将会突破十亿，以"区块链＋智慧物联"为牵引的数字化迁徙技术发展，将带来新的产业变革和商业机会。

（三）AIoT（"AI＋物联网"）深度催化数字治理

新基建时代，IoT 物联网和 AI 人工智能正在深化融合。AIoT 产业是多种技术融合并赋能各行业的新兴产业，整体市场潜在空间超十万亿元。艾瑞咨询数据显示，2019 年中国 AIoT 产业总产值为 3808 亿元，预计 2020 年达 5815 亿元，同比增长 52.7%，高增长主要得益于 5G 等新技术规范化商用和 AIoT 应用在消费和公共事业等领域的大规模落地。[①] 从上海驱动数字化转型的战略意涵来分析，"智慧物联"核心驱动要素将聚焦于消费驱动型、政府驱动型和产业驱动型。在消费端和政策导向端的持续推动下，AIoT 产业驱动应用市场潜力巨大，有望成为远期增长点。

二、以城市数字化转型为契机抓紧布局上海智慧物联网产业

在数字化转型上升为国家战略的背景下，上海物联网产业历经多年努力，智慧物联的发展形态初显，正在为上海城市数字化转型提供强大的技术支撑。

（一）上海 NB-IoT（窄带物联网）产业链发展研判：布局较为均衡，但头部企业不强

从发展趋势来看，上海 NB-IoT 产业已进入快速迭代周期，产业链布局较为合理，新技术所产生的新型应用场景主要以市场驱动为主，政府部门作为智慧物联网产业的主要推手，在 NB-IoT 领域相应制订一系列政策制度和联盟，以利于推动产业快速成长。此外，上海也在积极探索 NB-IoT 的技术开发和多种应用场景，较为典型的应用包括智慧城市中公共事务及安全类需求。构建数据"自动采集、充分共享"的城市精细化管理"神经元末梢"，从而激发"NB-IoT"产业链上下游加快针对新应用场景开发终端产品。

---

① 物联网智库：《2021 中国 AIoT 产业全景图谱报告》，第 3—5 页。

相较而言，上海的 NB-IoT 产业链布局较为均衡，但技术创新重点不明确，产业整体竞争力有待加强，还需要进一步培育具有行业引领能力的产业链龙头企业。[1] 从 "NB-IoT 产业链各环节专利申请量"（见图 1）可以看出，上海在国内排名第三，仅次于广东和北京，与排名首位的广东差距较大。值得注意的是，华为、中兴拥有非常多 NB-IoT 专利，虽然统计数量归集于总部所在地的广东，但其主要研发中心都在上海。由此可见，上海政策驱动的物联网应用落地快于企业自发的物联网应用需求，而消费者自发的物联网需求总体慢于企业的自发需求。

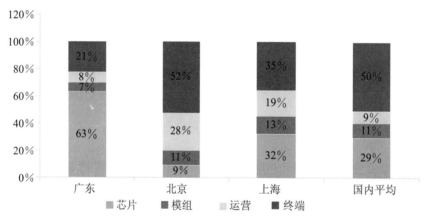

图 1　北上广 NB-IoT 产业链各环节专利申请量占比

（二）上海 BIoT（"区块链＋物联网"）产业链发展研判：融合创新将成为行业新趋势

上海的区块链产业正在与物联网产业高效融合。鉴于智慧物联网发展趋势，上海物联网企业已开始布局区块链技术。未来终端与终端之间的直接底层通信将成为普遍场景，数据价值越发重要，展现出基于区块链的物联网市场前景[2]，利用物联网终端设备安全可信执行环境，将解决物联网终端身份确认与数据确权的问题，保证链上数据与应用场景深度绑定。

---

[1] 陈志辉：《上海窄带物联网产业发展现状及建议》，上海市软科学研究计划项目《新兴产业技术与制度的协同演化研究》（项目编号：17692112000）报告，第 2 页。

[2] 章葭：《开启物联网＋区块链新赛道　夯实下一代可信数据底座》，http://www.c114.com.cn/blockchain/5340/a1149414.html（"C114 通信网"，编写时间：2021.01.04，访问时间：2021.04.15）。

但要真正实现更高程度的全流程数据上链，就必须通过软硬结合的方式，在终端设备硬件底层部署可信数据上链能力，打通区块链＋物联网的关键一环。如何把区块链与物联网运行机制结合作为数据资产确权和交易的市场规则，并解决数据隐私"痛点"，既是物联网由数据采集向场景应用深度融合的基础，也是物联网海量连接背后的安全挑战，行业亟需完善且有效的解决方案。①

（三）上海 AIoT（"AI＋物联网"）产业链发展研判：落地机遇与挑战并存

"AI＋物联网"作为新一代信息技术，正在迅速崛起并迎来井喷式的发展态势，加速与经济社会各领域深入渗透融合，不断催生新产品、新业务、新模式、新业态。其中，工业物联网将具有感知、监控能力的各类采集或控制传感或控制器以及泛在技术、移动通信、智能分析等技术不断融入工业生产过程各个环节，实现将传统工业提升到智能化新阶段（即实现数字转型）。

面对 AI＋物联网行业多元化需求，开发者和制造商如何快速、低成本开发、验证、测试 AI＋物联网终端产品并有效地场景化部署是摆在面前的一大难题。②从产业跃升，城市、社会可持续发展的层面出发，上海正着重发力的"AI＋物联网"的战略方向，亟需探索通过人工智能等前瞻技术研发和应用，打造出跨产业融合数字化创新样本与推动社会可持续发展之路。

三、加快上海智慧物联网产业发展的对策建议

（一）关于 NB-IoT（窄带物联网）方面

一是实施新一代物联网关键共性技术与应用示范验证重大专项。围绕 NB-IoT 产业核心环节，研发拥有自主知识产权的智能感知终端，选择城市代表性场景应用示范验证，并建立系列化行业物联网标准。二是建设新型城市物联网功能型平台，提升产业服

① 杜宇：《万向区块链：将实物资产转化为数字化资产》，http://finance.eastmoney.com/a/202009141633289623.html（"东方财富网"，编写时间：2020.09.14，访问时间：2021.04.15）。
② 山东康凯智能科技有限公司：《人工智能技术与物联网的融合》，https://zhuanlan.zhihu.com/p/144017402（"知乎"，编写时间：2020.05.27，访问时间：2021.04.15）。

务能力。支持建设城市物联网研发与转化功能型平台,平台以打造国际一流水平的超大城市级 NB-IoT 产业集群为目标,促进本地 NB-IoT 科技创新应用的整体竞争能力。三是积极利用双创,打造本土创新生态及龙头科技企业。上海应积极利用"双创"活动和众创空间,培育大量具有垂直行业竞争力的本土中小科技企业,助力成长独角兽企业,打造繁荣的本地生态系统。①四是利用长三角更高质量一体化发展机遇,与长三角相关省市一起结合城市管理和产业发展需求,推进区域间互通互联型 NB-IoT 工程示范项目,加强不同供应商产品的互操作性,助推长三角区域内 NB-IoT 产业规模化发展。

(二)关于 BIoT("区块链 + 物联网")方面

一是利用自身技术优势,推动传统信息物联网向价值物联网的升级,加快"区块链 + 物联网"技术研发和应用落地。通过全场景的连接技术和解决方案,在上海市域内构建底层可信的"区块链 + 物联网"环境,实现数据在不泄露隐私的前提下跨组织分享,以及数据金融化和资产化,构筑可信的数字基础设施。二是上海应率先试点在"区块链 + 物联网"中引入央行数字货币和稳定币作为机器间支付工具,实现数字经济应用场景,依托全球创新资源、物联产业生态、科技服务资源,形成战略协同、业务联动、资源互补的业务模式。②三是打造"区块链 + 物联网"为核心的产业加速中心,带动"区块链 + 物联网"产业升级和区域经济增长。依托"产业 + 资本 + 基地"的螺旋模式,联合全球区块链和物联网龙头企业打造 80—100 个微创新中心,赋能各行各业产业集群,力争在3—5 年内建成全国,乃至全球领先的区块链 + 物联网创新生态中心。

(三)关于 AIoT("AI + 物联网")方面

一是在智能应用消费市场方面,AIoT 开放平台应该着力于为家庭硬件赋能。③重点支持构建更亲密舒适的健康、教育和养老等智慧家庭解决方案,成为不同品牌不同场景

---

① 陈志辉:《上海窄带物联网产业发展现状及建议》,上海市软科学研究计划项目《新兴产业技术与制度的协同演化研究》(项目编号:17692112000)报告,第 8 页。
② 邹传伟:《深度解析"区块链 + 物联网"与新基建》,载《万向区块链"融合创新"系列行业研究报告》,第 15 页。
③ 未来智库:《5AIoT(5G + AI + 物联网)深度研究报告:下一轮科技红利》,第 5 页。

互联互通的良好生态，让"智慧生活圈"的参与者数量和应用边界得到指数级增长。通过推动数字化转型，为车联网、智能家居、智能穿戴等消费领域提供"AI＋物联网"技术支撑。二是在工业智能化发展方面，推动工业互联网在 AIoT 的辅助下，实现机器智能互联，加快无人工厂、黑灯车间和智能产线建设。制造企业数字化转型的迫切需求带动 AIoT 市场规模持续扩大，AIoT 在上海工业领域具有非常广阔的应用前景，应重点支持工业机器人领域的应用。[1] 发挥 AIoT 的赋能作用，实现机器人与工业设备等完全的互联互通。[2] 三是在智慧城市建设方面，着力通过 AIoT 创造城市精细化新模式，真正实现智能化、自动化的城市管理模式。应依托智能传感器、通讯模组、数据处理平台等，以云平台、智能硬件和移动应用等为核心产品，将庞杂的城市管理系统降维成多个垂直模块，为人与城市基础设施、城市服务管理等建立起紧密联系。借助 AIoT 的强大能力，带给人们更智慧的生活体验。

---

[1] 《人工智能＋物联网，助推智能家居发展》，http：//www.diangongwu.com/dianzi/153419.html（"电工屋"，编写时间：2021.03.24，访问时间：2021.04.15）。

[2] 《人工智能与物联网带动的第四次工业革命》，http：//www.elecfans.com/iot/995713.html（"华秋网"，编写时间：2019.09.17，访问时间：2021.01.11）。

立足城市数字化转型新要求，加快上海工业互联网发展

　　编者按：当前，我国数字经济正在进入快速发展新阶段，数字技术日新月异，应用潜能全面迸发，数字经济正在经历高速增长、快速创新，并广泛渗透到各个领域中。上海斩获世界智慧城市大奖，城市数字化处于与工业深度融合的发展阶段，城市数字化转型正处在加速启动阶段，工业互联网如何与数字经济融合发展，打造实时映射现实世界的数字孪生城市，是值得深入探讨的问题。

一、城市数字化转型的基本内涵

　　城市数字化是把新一代信息技术充分运用在城市中各个领域，是基于知识社会的下一代创新型城市高级形态，随着5G、AI、工业互联网的引入，信息化向各行业延伸，成为社会发展的关键使能器，也成为创新型城市发展的基础。

　　随着城市数字化建设的不断发展，城市数字化建设内容由开始的网络通信基础设施建设，向社会治理、信息化建设、数字化服务等深层次渗透，一网通办、一网通管、数

字孪生等新型城市治理方式不断出现，智慧商圈、智慧园区、互联网医疗和智慧校园等新兴功能形态不断迭代；在为城市运行、人民生活提供便利和保障的同时，城市数字化建设中的网络、信息、数据和智能也不断地为消费、生产、教育、交通、医疗等各个环节赋能，改变了原有城区、社区、园区、校区等物理边界。

二、上海加快城市数字化转型发展工业互联网面临的问题

上海是全国城市精细化管理的典范，随着城市数字化转型的不断深化，上海城市数字化转型发展已与校区、园区、社区全面融合，城市数字化转型发展已经成为赋能产业转型提升、创新发展的助推器。

从上海智慧城市建设的经验和过程来看，今后的城市数字化转型重点在于加快构建数字孪生、数据驱动、场景牵引、共治共享的数字城市框架。

从满足城市治理水平现代化的要求来看，数字化转型的重点要聚焦治理、经济、生活的维度，加快推进治理理念转变、经济动能转变、生活方式转变，打造面向未来、具有全球影响力的世界数字之城。

目前，上海处于城市数字化转型发展产城融合阶段，城市数字化转型发展需要数据、产业、企业的深度融合，产业发展也需要与城市发展进一步协同。发挥二者的协同、赋能等整体优势，是上海经济发展有别于其他城市的重要手段。

2020年6月，上海市出台了《推动工业互联网创新升级实施"工赋上海"三年行动计划（2020—2022年）》，力争成为国家级工业互联网创新示范城市，基本建设成为具有国际影响力、国内领先的工业互联网发展高地。上海将重点围绕企业主体，建立覆盖全产业链、区域协同的多层次生态体系，形成通用型、专业型、行业型多层次工业互联网平台体系。

但是，上海的城市数字化转型也并非一蹴而就，一些在工业互联网发展中暴露出的突出问题，也需要引起高度重视。

（一）面向工业互联网的平台化、智能化基础支撑架构有待夯实

随着数字化在经济社会各领域的快速渗透，计算和服务平台实现集中统一，以云

计算平台为支撑、智能服务为内容、线上线下深度融合的新业态新模式发展架构加速形成。多领域企业纷纷参与数字生态建设之中，通过嫁接软硬优势资源，开展各类端到端服务的有益探索，但由于工业互联网对网络带宽、可靠性等方面的特殊要求，现有的新型工业网络基础设施、标准仍需加强，各方网络、资源、数据割裂问题仍较严重。

（二）以数转型、用数管理的数字化转型价值链没有形成

数据要素的崛起和快速发展不仅改变了传统生产方式，也推动企业管理模式、组织形态的重构。随着新一代信息技术的快速发展，企业的数据积累加快，越来越多的企业开始探索由数据驱动的服务模式转型、组织管理变革以及发展战略制定等新模式，实现决策方式从低频、线性、长链路向高频、交互、短链路转变，组织形态从惯于处理确定性事件的静态组织向快速应对不确定性的动态组织转变。但数字化转型一方面需要加大资金投入，同时也需要面临投资的回报以及长久的盈利能力问题，很多好项目难以持续经营。

（三）多方参与、资源共享的"工业互联网＋消费互联网"共创生态没有形成

产业链全球化对企业的供应链韧性、全市场流程把控、全产品周期服务提出了更高要求。企业需更精准定义用户需求、更大范围动态配置资源、更高效提供个性化服务，发展 C2M 制造模式、全生命周期管理、总集成总承包、精准供应链管理等新服务模式。新业态在新发展理念的作用下，消费互联网与工业互联网的数字化生态融合成为必然；但工业互联网的底层技术、标准和专利的掌控权基本上都在国外龙头企业手中，也越加影响共创生态的形成。

三、上海发展工业互联网的对策建议

（一）孵化数据融合的创新生态模式

1. 大力发展面向新基建的底层核心工业软件。面向工业互联网新基建建设，包括网络化、数字化和数据化的生产和供给，通过与智慧城市的"硬实力"的融合提升其数据采集、计算和处理能力，主要工业软件包括感知、通信协议、工业控制等核心软件，强化其技术标准的均一性和技术生态的标准化，以有效支撑工业互联网的共创生态发展。

2.协调发展面向数据资源的支撑软件。针对智慧城市中后台大数据基础设施中数据资源管理需求，通过支撑软件提升数据资源管理效率，满足工业互联网创新应用需求，包括资源管理、数据管理、数据处理等软件，强化其支撑软件的协同化应用能力。

（二）推广产城融合的新业态模式

1.进一步支持面向产城融合的创新型工业 APP 应用软件。工业互联网和智慧城市的融合发展必然带来应用的数字化和服务的数据化，传统的应用软件架构逐步被微服务架构替代，改变对现有单一功能型工业 APP 的支持，加大对产城融合新业态的工业 APP 应用软件支持，推进产业和城市治理的融合发展。

2.长期支持面向工业智能的工具软件。工业互联网在从数据资源层、数据中台到数据应用引擎的过程中是通过各类智能工具软件实现对数据的全过程管理，包括数据清理软件、流程自动化软件、数据池管理软件、模型开发软件、引擎开发软件等，随着工业互联网平台与城市数字化转型的不断融合发展，工业智能的工具软件的复杂度会不断提高。

（三）打造产城融合的场景应用模式

1.强化产城融合的工业互联网新型数据基础设施建设。要实现社区、园区、校区和商区的数字化，工业互联网、城市数字化融合发展成为必然，也会推动各类应用的深度融合，在数据基础设施管理上需要有新的技术手段，实现不同场景间的数据资源动态管理。

2.推动产城深度融合的场景应用软件创新发展。随着产城深度融合，诸多应用通过身份认证、数据引擎的方式实现了对数据资源的动态调动，在场景应用上也必然出现新型工业互联网与消费互联网的融合发展。

筑牢数字化转型底座，加快上海工业软件发展

编者按：近年来，随着工业升级步伐加快和智能化改造力度的加大，尤其是产业和企业数字化转型，我国对工业软件的需求大大超出以往。与此同时，美国也发布了对我国人工智能（AI）软件和设计软件 MATLAB 的限制措施。两方面因素叠加，工业软件如何发展成为各界关注焦点。围绕深入学习领会习近平总书记关于推动数字经济和实体经济融合发展的重要指示精神，近期市经济和信息化发展研究中心梳理了我国工业软件存在的问题，并结合对业内专家的访谈，形成如下专题分析。

一、筑牢数字化转型底座的作用

工业软件是制造业数字化转型的核心与支柱，业内也称其为工业领域的"皇冠"。所谓工业软件，是指在工业领域设计、生产、管理等环节应用的软件，其本质将工业技术软件化，即工业技术、工艺经验、制造知识和方法的显性化、数字化和系统化，有助

于企业从战略到架构、从管理到运营、从技术到组织进行全方位、深层次的自我颠覆和重构。据中泰证券的研究报告显示，2019 年国内工业软件市场规模约 2000 亿元，未来几年增速维持在 16% 左右，达全球市场增速的三倍以上。因此，要发挥数字经济成为推动我国经济社会发展的新引擎作用，必须打破国外垄断，加快自主化国产工业软件发展，筑牢数字化转型基座。

（一）制造业数字化转型释放出强烈的工业软件需求

2020 年的新型冠状肺炎疫情，使得企业更强烈地意识到数字化转型的重要性，加快了各类数字化项目的建设和上线速度，催生了远程办公、在线娱乐、在线教育、无人工厂等在线新经济的快速发展，更推动了数字经济从局部地区走向全面迸发的阶段。据中国信通院发布的《中国数字经济发展白皮书（2020 年）》显示，2019 年我国数字经济规模占 GDP 比重达到 36.2%，数字经济名义增速为同期 GDP 的 2 倍，服务业、工业、农业数字经济渗透率分别达到 37.8%、19.5% 和 8.2%。其中，制造业的数字化转型，将为企业带来更加灵活的制造流程和更加高效的生产方式，有助于提升整个制造业的核心竞争力，对培育高端制造产业，强化高端引领功能具有十分重要的意义。而工业软件是实现制造业数字化转型的核心。随着数字化时代，人、设备、系统、管理和服务都在线化，制造业呈现出数据化、智能化的态势，这就导致工业软件的用户数量剧增，应用范围扩大，使用频次增加，迭代频率提升，"十四五"时期工业软件有望进入发展快车道。

（二）各类政策陆续出台带来工业软件发展新机遇

2020 年以来，为进一步引导和帮助企业加快数字化转型步伐，国家多部委纷纷出台相关政策，鼓励企业加快推进产业链线上线下一体化。3 月，工信部出台《中小企业数字化赋能专项行动方案》，提出要搭建技术水平高、集成能力强、行业应用广的数字化平台，集成工程设计、电子设计、建模、仿真、产品生命周期管理、制造运营管理、自动化控制等通用操作系统、软件和工具包。5 月，国家发改委联合 17 个部门与 128 家企事业单位共同发起"数字化转型伙伴行动（2020）"，提出要通过普惠性"上云用数赋智"服务，提升转型服务供给能力。7 月，国家发改委等 13 个部门联合发布《关于支持新业态新模式健康发展 激活消费市场带动扩大就业的意见》，要求组织面向数字化转型基础软件、技术、算法等联合攻关。鼓励发展开源社区，支持开放软件源代码、硬件设计和应用服务。9月，国资委颁布了《关于加快推进国有企业数字化转型工作的通知》，明确提出要提高 BIM 技术覆盖率，加快攻克基础软件和核心工业软件。各省市围绕制造业数字化转型，也聚力工业软件和工业互联网平台建设。例如，宁波市把服务于宁波制造业的数字化转型作为创建特色型中国软件名城的重要抓手，于7月正式上线宁波市工业软件（数字化）公共服务平台，为企业数字化转型赋能。应该说，我国工业软件发展现已占尽天时、地利、人和的良好时机，有望成为"十四五"时期制造业高质量发展的新引擎。

（三）国外实施技术封堵倒逼国产工业软件加速发展

随着我国在全球制造业的不断崛起，以美国为首的一些西方国家近两年开始针对我国工业软件领域存在的短板，发起集体封堵策略，妄图以此来限制中国的发展。其中，影响最为明显的是电子自动化设计 EDA 软件。工业软件按应用环节和领域的不同，大致分为研发设计、信息管理、生产管理、工业嵌入式软件、工业集成平台软件等五大门类，研发设计类是工业软件中最为关键、核心和高端的门类，但全球市场份额均被以美国为核心的几家大企业掌控。例如，CAD、CAE、EDA 领域，目前西门子、达索、PTC、Autodesk 和 Ansys 等公司在全球细分市场的份额接近 100%，其中西门子和达索虽然是欧洲公司，但其 CAD 所属部门均在美国；全球 EDA 市场主要被 Cadence、Synopsys 和 Mentor Graphics（于 2017 年被西门子收购）等 3 家美国公司所垄断。面对核心工业软件屡遭"卡脖子"，重点产业领域发展受阻和中小企业无法承受昂贵的国外软件，做好长期的艰巨的攻关准备，发展稳定成熟、功能全面的国产工业软件势在必行。

二、我国工业软件面临的问题和瓶颈分析

（一）问题困难

1. 关键领域受制于人，缺少自主可控工业软件

据相关专业机构研究显示，法国达索、德国西门子、美国 PTC 以及美国 Autodesk

公司占据我国 CAD 市场的 90% 以上；美国 ANSYS、ALTAIR、NASTRAN 等公司占据我国 CAE 市场的 95% 以上；Cadence、Synopsys 和 Mentor Graphics 占据我国 EDA 市场的 95% 以上。另以信息管理类的企业运营核心平台 ERP 为例，目前工业企业的 ERP 多选用 SAP、Oracle 的产品，两者市场份额分别为 33% 和 20%。对于国内具有全球化发展需求，以标准制定为主导的大型企业来说，国外公司的 ERP 在国际化、集团化的服务与品牌知名度方面具有优势；能够提供大量个性化开发，建设期越长越难替换（见表 1）。各大高校理工科专业也普遍使用 MATLAB、SolidWorks、AutoCAD 等一系列国外软件。可以说，国外工业软件已"入侵"到我国从基础教育到商业应用的各个领域。

表 1 国产 ERP 软件与国外 ERP 软件的比较

	国外 ERP 软件	国内 ERP 软件
1	有自己的开发语言和平台，有数据库和核心底层技术。	缺乏核心底层技术，基本都在国外软件工具上开发。
2	混合云架构，支撑几万或更多用户的在线运用。	多数在国外数据库上应用。
3	拥有大型企业的经验与客群，世界 500 强企业案例众多。	需要大型工业企业的经验，国际化企业案例偏少。
4	行业覆盖度广且有纵深，满足多产业和国际化需求。	行业覆盖度不足。

2. 缺乏培育国产工业软件发展壮大的生态环境

工业软件的成长需要与工业需求的深度融合和应用数据的大量积累，倘若缺乏市场需求和数据积累就失去了孵化培育、做大做强的机会。而目前我国的实际情况是，从高校教育到企业应用，基本都是国外工业软件"一统天下"。国外工业软件巨头往往同时研发多种软件，相互配套。例如，产品生命周期管理 PLM 软件与计算机辅助设计 CAD 软件等，相互之间数据和模型读取都十分方便。用户为便于使用，往往会"自我捆绑"，从同一家公司购买多款软件，形成事实上的竞争壁垒。例如，西门子公司的 Teamcenter 与 NX，美国 PTC 公司的 Windchill 与 Creo，法国达索的 Enovia 与 Catia，都通过这种方式建立了产品生态圈。而我国缺少国产工业软件应用氛围，工业软件企业以中小企业为主，大部分产品功能单一且不系统，在成熟度、实用性、稳定性、兼容性等方面与国外同类产品相比差距较大，也影响了国产工业软件产品生态的建成。

（二）瓶颈分析

1. 政府部门在扶持发展方面走了弯路

美国政府在工业软件的发展历程中发挥了重要作用。自1995年提出"数字化建模和仿真创新战略"到《先进制造业伙伴计划》，始终将高端工业软件置于国家核心战略地位，相应出台了大量支持本国工业软件发展的政策，提供扶持资金。如2018年美国防部主导推出"电子复兴计划（ERI）"，资金规模达到2.16亿美元[①]，全球EDA电子设计巨头Cadence和Synopsys分获2410万和610万美元的资助。

我国工业软件起步较早，但受到内部"重硬偏软"、主管部门变更，外部软件渗透、抢占市场等综合影响，发展道路极为曲折。工业软件是典型的跨界融合产品，是在基础科学研究基础上通过软件技术研发来开展工业设计、分析、规划和管理的产物。从这个角度来看，与发改委、科技部和工信部均有密切关系。自"七五"开始，我国陆续安排"CAD攻关项目"等对工业软件研发给予扶持，曾经还列入863计划。转折基本可以认为从"十二五"时期开始，工业软件被纳入"两化融合"的信息化领域，划归工信部负责。对工信部而言，自主工业软件研发属于基础科研，不属于工业企业信息化建设，无法安排专项经费给予支持。两化融合重点支持对象是制造企业，国产工业软件研发公司基本得不到直接的支持。访谈专家也表示，前些年，我国基本上没有针对工业软件制定相关政策，政策性扶持资金的规模较小，工业软件在战略性新兴产业扶持目录上也处于边缘地位。与此同时，国外工业软件大量进入我国，逐渐占据了市场，国产工业软件的地位更加弱化，从中央到地方、从政府到企业，都忽视了本土工业软件的发展。

2. 工业软件的基础研究较为薄弱

工业软件是制造业的大脑和神经，应用范围广泛，横跨产品全生命周期，对基础研究要求非常高。但目前我国在这方面存在一些短板：一是基础研发人才培养力度不足以为工业软件企业提供人才支撑。当前我国很多高校重应用不重基础研发，在工业软件理论、算法、程序设计与实现等研发方面的能力弱化。计算力学等基础课程抛弃基础理论

---

① 林雪萍：《中国软件失落的三十年，这里的黎明静悄悄》，https://www.sohu.com/a/246889412_11520（"搜狐"，编写时间：2018.08.13，访问时间：2021.01.13）。

知识传授，而主要讲国外知名软件的使用操作。培养学生注重"短平快"，以熟练应用国外工业软件为"荣"。二是高校和研究机构缺乏使用国产工业软件的氛围和环境。职称评选、科研成果考核和科研项目结题等都主要以发表SCI论文为依据。通过国外知名软件如MATLAB进行验证计算较易发表SCI论文，导致与使用国产软件或自行研发软件相比，研究人员更倾向于使用国外工业软件，也限制了高校和研究机构从事工业软件基础研究的积极性。三是工业软件开发人员报酬偏低导致大学毕业生无意从事工业软件基础研发。由于我国本土工业软件较弱，工业软件企业给出的员工待遇较低，工业软件开发人员年收入远远低于从事互联网等热门领域软件研发人员的报酬。

三、加快上海工业软件发展的对策建议

工业软件决定着上海制造业发展的高度和深度。成熟的工业软件是在研发、应用、改进的不断迭代中发展壮大的，市场缺乏信心，没有应用需求，就失去了孵化培育的土壤。虽然上海工业软件在部分领域已形成一定的规模和基础，但与国内众多地区存在着相同问题：战略规划和高度重视不够；高端领域发展薄弱；具有国际影响力的企业和产品匮乏；生态环境有待完善等。为此提出以下对策建议：

（一）高度重视工业软件标准化发展

一是建议成立由分管市领导牵头，由市发改委、市经信委、市科委等相关委办领导组成的上海市工业软件发展领导小组，统筹协调全市工业软件发展。二是从国家顶层设计考虑，从上海城市定位和发展目标出发，制定上海市工业软件发展的长期规划和中短期行动方案。三是主动对接国家战略，积极参与重点制造业领域的国产智能产品体系化和标准化研究。从源头出发，构建适合上海产业和经济发展的相关标准体系。

（二）打造良好的工业软件产业生态环境

一是建议由政府部门牵头，以制造业龙头企业和软件业龙头企业为双核心，组建上海工业软件发展联盟。选取航空航天、集成电路、汽车、船舶等重点产业领域，鼓励成立工业软件实验室，并结合丰富的应用场景，促进上海重点行业工业软件的开发、推广

和应用力度。鼓励高校采用本土工业软件开展教学，鼓励本土工业软件产品优先应用，营造良好的工业软件产业生态圈。二是加强工业软件企业和互联网企业的合作，鼓励发展平台型、网络型工业软件，为中小制造企业提供工业软件云服务。三是鼓励制造业龙头企业建立工业软件人才实训基地，培养具有双重职业技能、有工业体验的软件开发人才，横向上实现知识体系的复合性、纵向上实现从业经验的复合性。对于从事工业软件研发的人才，优先给予落户等方面的支持。

（三）加大对工业软件的政策扶持

一是大力支持对工业操作系统、工业数据库、工业软件开发平台等基础软件平台关键技术研究，引导产学研联合攻关。鼓励软件企业发展标准化、通用型、平台型的重点行业工业软件产品。二是持续加大对本土工业软件企业的扶持力度，重点培育工业操作系统、工业数据库、工业软件开发平台、工业软件编程语言等基础软件信息服务提供商。对于上海重点行业发展有支撑的软件企业，实施比一般软件产业更加优惠的工业软件产业税收减免政策。三是鼓励制造企业投资和并购工业软件公司。对于国内企业投资和并购国外工业软件企业，简化海外投资审批程序，实施相关税收减免政策。探索建立软件构件交易平台，促进软件成果转化和交易。

搭建在线研发设计平台，助力上海制造业数字化转型

编者按：数字化转型是事关大局、事关长远的重要战略，而制造业数字化转型是上海加快打造具有世界影响力的国际数字之都的主要抓手。生产工具的发展、通信技术的嬗变，令研发设计过程日益协同化、显性化，快速实现组织在线、沟通在线和协同在线，让研发设计平台的可见性达到前所未有的新高度。为了应对互联网业务的复杂性和不确定性的特点，现代技术的设计开发，逐步过渡到以客户导向，小团队（单兵）作战能力，快速链接生产要素，持续快速高质量地交付有效价值的方式。在线研发设计以其更高的机动灵活响应能力和更高的协同性，在制造业数字化转型和数字科创竞争中更能抢占先机，迎来发展新高度。

一、在线研发设计是驱动制造业数字化转型的原动力

当前，全球聚焦于"创新、创意、创业"孵化的在线研发设计平台发展迅速，在美

国硅谷地区，由网络孵化器、创客空间等新型在线研发设计平台构筑的完善的创新生态，不断孕育出引领全球前沿技术、商业模式和创新企业，成为推动美国经济发展的动力之源。现今我国也是位居全球前列的创业大国，各类在线研发设计平台已然成为帮助广大创业者聚集和链接各类创新资源的孵化平台，能够提供部分或全方位的创业服务，助力创业者专注于核心业务，促进创意和创新成果的快速转化。在北京、深圳、杭州、武汉、青岛等地区已经诞生了一批融合"创新、创意、创业"特色的在线研发设计平台。

（一）在线研发设计的内涵和平台功能

构建在线研发设计平台的初衷是通过云端协作模式，形成包括产品设计和产品仿真、产品质量可靠性设计、生产工艺仿真、产品设计在线快速展示、产品售后数据分析回溯等价值反馈闭环，有效解决产品复杂程度不断提升、研制周期不断缩短、协作范围广度和深度不断延展等一系列科研与工程管理问题。而"可视化"协作已经成为研发设计项目在线运作的主要特征，即身处不同地域、不同时区的研发资源，能够快速融汇起来，这是现代化在线研发设计手段演进的趋势。其效能主要体现在：

一是数据协同服务。[1]通过统一建模语言，构建统一的数据模型，为用户自动完成数据传递的分析、匹配、提醒等，减少工程技术人员的人工判断、分析、转换等过程，实现研发过程中数据的流转、集成和贯通，从最底层的数据层面加速产品研制协同过程。搭建多方参与的高效协同机制，丰富创业创新组织形态。

二是项目协同服务。以研发活动为中心，通过将研发活动标准化、模块化，建立研发活动之间的统一接口方式，并基于流程引擎驱动研发活动按研发流程流转，实现工程技术人员在产品研制过程中的协同工作，为用户构建数字化协同研制集成环境，使研发人员之间协同更加快速、通畅。

三是资源协同服务。用户可通过在线协同平台服务，基于研制需求，在云端将各单位相关专业技术人员组织成虚拟团队，实现跨地域、跨组织，集中力量、集中资源进行协同研制工作，打破传统模式下单位、部门、专业之间壁垒，面向任务为团队构建统一

---

[1] 《协同创新、研发上云，橙色云构建数字化时代下的研发新模式》，https://www.sohu.com/a/433789086_319781（"工控网"，编写时间：2020.11.23，访问时间：2021.04.15）。

的工作空间、统一的协同管理环境。优化劳动、信息、知识、技术、管理、资本等资源的配置方式，为社会大众广泛平等参与创业创新、共同分享改革红利和发展成果提供更多元的途径和更广阔的空间。

四是知识协同服务。以知识社区形式，为用户提供各类知识的发布、交流服务。用户可以创建自己关心的技术话题，也可以参与他人发起的感兴趣话题；用户也可将研发过程中产生的典型数据、活动、流程等作为知识共享到知识社区，分享心得，互通有无，培育技术交流和知识协同的良好氛围。

（二）在线研发设计平台加速"数字化共享经济"发展

从横向看，在线研发设计平台能有效打破地域、组织壁垒，在云端构建产品研发的统一协同工作环境，实现参与项目的团队各方人员基于平台的协同，极大扩展了协同的广度。从纵向看，面向产品研制过程中涉及的计划、活动、数据、知识等多个维度，建立研发协同体系，使研发过程中的协同工作按照统一模式进行，极大增加了协同的深度，从而在协同深度和协同广度上为研发协同效率提升提供保障。

以"众智平台"为例，其为在线研发的重要载体，也是时下风靡全球的"数字化共享经济"的主要表现形式之一。它可以帮助任何主体将特定任务分包给不特定社会大众的服务对接平台，通过大规模社会化协同的"聚众、力集、众智"的方式完成特定任务。在当前全球经济"数字+创意"转向的机遇面前，类似的例子不胜枚举。IBM、宝洁等行业巨头纷纷通过众包模式吸收来自全球的外部研发力量，降低企业研发成本；上海的"众智平台"建设已经成为在线研发设计产业链发展的核心环节。

二、上海建设在线研发设计平台的优劣势分析

近年来，随着移动互联网和数字技术的快速发展，数字化转型成为我国进一步推动产业生态变革和重构的关键词。上海作为中国经济发展最活跃、开放程度最高、创新能力最强的地区之一，在数字科创、数字创意领域有着诸多优势。一是上海的科研底蕴丰厚，是中国数字科技研究和数字基础设施最为发达的区域，有望建成中国乃至世界的人工智能、物联网、大数据、云计算、5G等核心技术的研发中心。二是上海的科创研发

能力强，且呈现多元化、开放性、融合发展的特点。作为国内首个联合国教科文组织认定的"设计之都"，未来有望实现"在线研发＋高端制造"，催生一批世界级设计产业集群。三是上海在设计产业领域具有良好的发展基础，聚集了国内规模最大的设计类院校，上海的创意企业长期注重 IP 及衍生品打造，通过深化产学研合作，汇聚众智推动区域协同创新，可将长三角的科研优势转变为产业优势。

但是，上海在线研发设计平台在建设过程中还存在一些短板，亟须不断探索完善，使其真正成为制造业数字化转型的提质之道。

首先，上海在线研发设计产业还未取得与其经济实力相匹配的突出成效。[①] 事实上，上海作为长三角的中心城市，在数字创意产业中的引领作用依然不强，发展模式过于追求"大"项目、"硬"科技，而忽略"小"创业和"软"创意，在很大程度上制约了长三角地区的综合竞争力。其主要表现为：一是知识产权保护制度亟待完善。互联网作为信息传播新途径的特殊性，创作、研发、设计等存在一定保密性，工作者对未公开发表的成果非常谨慎，在线成果的拥有界限仍不清晰，容易出现研究成果的知识产权纠纷。二是平台用户认证制度不够完备。部分平台中个体与集体用户身份认证机制不完善，用户自身条件，包括感兴趣的研究领域、技术特长等不纳入必选项。三是项目监管把控机制效率仍有待提升。亟待建立既具灵活性、吸引力，又能有效规范、监管平台项目的有效机制和方法。

其次，设计研发始终是制造业的灵魂，但是工业企业在数字化转型过程中依然存在瓶颈。传统产业升级，设计研发环节首当其冲、先试先行。作为实现智能化、数字化制造的核心之一，几乎所有的装备制造企业如今都已离不开研发与设计软件工具。目前主要问题为：一是在设计研发环节，制造型企业普遍存在研发活动分散独立、协同度低等弊端。不少企业尽管使用了相关的软件进行设计研发，但软件平台之间缺乏足够的连续性与协同设计能力，导致研发数据一致性差，版本控制和标准化管理更是捉襟见肘。二是一些侧重研发的企业面临核心数据信息泄密风险高、产品质量问题无法追溯等难题。一些企业虽已采用数字化辅助工具，但由于特殊的业务规则和个性需求，自建仿真环境

---

① 马亚宁：《在线科研新节拍　上海科技创新悄然兴起"云中漫步"》，载《新民晚报》2020 年 6 月 21 日，第 4 版。

投资大、利用率低，需要进行二次定制开发。

三、建设上海在线研发设计平台的对策建议

（一）线上研发设计平台助推传统产业数字化转型

制定《支持应用"云设计"平台助力在线研发目录》，涵盖研发设计、生产制造、经营管理、运维服务等全品类优质工业 App 供企业选择使用，借助互联网平台跳出实验室异地协同办公的困局，尤其对于制造业企业来说，研发数据是源头、核心，研发工作的延迟会影响到企业的交货工期。帮助企业研发人员远程复工，确保疫情后公司研发设计不停工，鼓励企业自主研发高端工业软件保障制造业研发工作跨区域的沟通协作，使研发企业在"云"上进行研发工作。

（二）引导形成高效、低耗、优质的在线研发服务体系

随着云计算的快速发展，云上协同办公将成为未来企业刚需，而目前主流的在线研发平台的基本设计理念即是将产品设计研发线上化，将人员、技术和工具在云端实现有效结合，打破产品研发过程中的协作壁垒，贯通研发全流程，轻松实现产品研发在线化目标，大幅提高生产力。上海应该创新理念和技术，制定《在线研发设计专项扶持计划》，鼓励企业将架构设计这一复杂的系统工程，转为全在线完成，解决架构设计中的多角色难协同、多资产难管控、多成果难复用等业务痛点，致力于为企业智能化研发建设提供有效支撑。

（三）健全知识产权保护制度

探索"在线成果"知识产权保护机制，通过政府采购或专项支持，鼓励各类平台重视相关的知识产权保护条例的设立及软硬件的保护设置。长期以来，上海高度重视制造业和高科技产业，而数字创意产业的特征刚好相反，这些小微企业往往是最具效率、最具活力和最具原创形态的创新主体，他们的知识产权保护往往被忽略，因此必须从推动创新和把握创新的角度，加大对小微在线研发企业的知识产权保护力度，特别加大平台认证监管，对恶意窃取原创知识产权的行为加大处罚力度，构建起有序创新生态。

（四）完善监管把控制度

尽管上海在发展数字创意产业方面具有良好的先天优势，但从目前的表现来看，与京津地区和珠三角相比甚至处于相对滞后的局面。根据《2016 中国数字创意产业发展报告》[①] 显示，上海、江苏、浙江的数字创意综合指数都落后于北京和广东。完善监管和把控制度，必须联动相关行业协会及行业专家信息库，协助提供项目方案质量的专业把控等，推动相关平台完善项目信息、资金使用合理监管制度。建立和完善相关资源配套、信息安全监管和项目遴选制度，为企业特别是小微在线创新企业营造更为柔性、更加友好的创新环境，使其可以心无旁骛，专心于研发和创新。

---

① 中娱数字创意研究院：《2016 中国数字创意产业发展报告》，第 24—30 页。

借力"新基建"，加快布局上海第三代半导体产业

编者按：第三代半导体产业发展水平是一个国家现代经济与高科技力量的重要象征，也是当前世界各国科技竞争的焦点。以 5G、物联网、工业互联网等为代表的"新基建"加速发展，已成为我国摆脱集成电路（芯片）被动局面，实现芯片技术追赶的"最佳赛道"，也为上海第三代半导体产业发展提供了宝贵机遇。结合已有产业、企业和资源优势，上海亟需不断锤炼打磨产品性能和竞争力，深挖创新性应用，促进上海第三代半导体产业良性、可持续发展。

第三代半导体即宽禁带半导体，以碳化硅（SiC）和氮化镓（GaN）为代表，具备高频、高效、高功率、耐高压、耐高温、抗辐射能力强等优越性能，是支撑新一代移动通信、新能源汽车、高速轨道列车、能源互联网等产业自主创新发展和转型升级的重点核心材料和电子元器件[1]。据 Omdia《2020 年 SiC 和 GaN 功率半导体报告》显示，到

---

[1] 第三代半导体产业观察：《第三代半导体材料之氮化镓（GaN）》，https://baijiahao.baidu.com/s?id=16709102242763911004（"百度"，编写时间：2020.06.30，访问时间：2021.04.15）。

2020 年底，全球 SiC 和 GaN 功率半导体的销售收入预计将从 2018 年的 5.71 亿美元增至 8.54 亿美元。未来十年将保持年均两位数增速，到 2029 年或将超过 50 亿美元。

我国第三代半导体功率电子和射频电子产业处于起步阶段，已初步形成从衬底、外延、器件 / 芯片到应用的全产业链，但整体技术水平还落后世界顶尖水平 3—5 年，亟需突破相关环节核心关键技术和可靠性、一致性等工程化应用问题。①

一、上海第三代半导体产业已初步具备发展基础

上海是国内集成电路产业最集中、产业链最完整、综合技术水平最高的地区。围绕第三代半导体产业相关环节，上海已有多家企业和科研机构进行布局。

在技术攻关方面，上海瞻芯电子科技有限公司是中国第一家自主开发并掌握 6 英寸 SiC MOSFET 产品以及工艺平台的公司。镓特半导体科技（上海）有限公司使用自主研发的 HVPE 设备生长自支撑 GaN 衬底，攻克了 GaN 高质量生长工艺、高良率剥离工艺、低成本研磨抛光工艺等关键技术，完成了中试开发，具备了量产 4 英寸自支撑 GaN 衬底的能力。上海芯元基半导体科技有限公司基于独创的蓝宝石复合图形衬底技术（DPSS），开发出低位错密度的高阻 GaN 材料，可用于电子功率器件和微波射频器件等的制备。中晟光电设备（上海）股份有限公司具有自主创新的 MOCVD 关键的核心技术，在 LED 照明和深紫外（DUV）应用领域，公司 MOCVD 设备已完成市场化运作和国产化替代。忆芯科技（UniSiC）宣布完成数千万元人民币天使轮融资，目前公司推出的基于 HPD 封装的 900V/820A@25 ℃三相 SiC 功率半导体模块已实现小批量交付。上海蓝光科技有限公司是国内首家从事氮化镓基 LED 外延片、芯片研发和产业化生产的企业。中微半导体氮化镓基 LED MOCVD 设备主要用于生产氮化镓基 LED 的外延片。上汽英飞凌汽车功率半导体（上海）有限公司研发新能源汽车驱动系统核心零部件电力电子驱动模块（IGBT 模块）。由华大半导体和复旦大学共建的上海碳化硅功率器件工程技术研究中心，聚焦碳化硅功率器件技术的研发及应用，协同产业链上下游。

在项目建设方面，上海电驱动股份有限公司承担的第三代半导体国家重点研发计

---

① 智慧产品圈：《第三代半导体材料产业化的机遇和挑战》，https://zhuanlan.zhihu.com/p/93878710（"知乎"，编写时间：2019.11.08，访问时间：2021.04.15）。

划重点专项"基于 SiC 技术的车用电机驱动系统技术开发"正在推进。新微半导体的化合物半导体项目落户临港新片区，定位于战略性材料和器件技术研发平台和量产线，解决国家在射频毫米波、光电器件和电力电子器件等领域长期面临的一系列"卡脖子"问题。北京华通芯电科技有限公司的第三代化合物半导体项目落户金山区，产品将广泛用于 5G 基站、雷达、微波等工业领域。中科钢研节能科技有限公司的中科钢研先进晶体产业化项目总部基地落户宝山区，引入具有自主知识产权的以碳化硅单晶生长核心工艺技术为代表的完整工艺技术体系。

二、国内相关省市正加紧部署第三代半导体产业

据相关资料统计显示，2019 年，我国各省市政府共出台了 32 项政策，聚焦支持第三代半导体产业发展，政策内容涉及集群培育、科研奖励、人才培育、项目招商、生产激励等多个方面。[①]

广东省：由广东省科技厅、第三代半导体产业技术创新战略联盟、东莞市政府及相关企业共同建设第三代半导体南方基地，以"平台公司＋研究院＋产业园区＋产业基金"四位一体模式建设构成全产业链生态创新体。深圳先后成立了深圳第三代半导体研究院、南方科技大学深港微电子学院、清华大学（深圳）研究院第三代半导体材料与器件研发中心等科研机构，在坪山设立第三代半导体（集成电路）未来产业集聚区。拥有海思、中兴、青铜剑、方正微电子、瑞波光电子等第三代半导体研发相关企业。

福建省：目前厦门、泉州等地的半导体产业链已经初步形成，全面发力材料与设备、晶圆制造、封装测试、应用等方面。厦门在三安光电、瀚天天成、芯光润泽等一批第三代半导体企业基础上，又大力引进士兰微等龙头半导体企业，加快第三代半导体产业集聚和发展。其中，厦门芯光润泽科技有限公司自主研发的国内首条碳化硅智能功率模块（SiC IPM）生产线正式投产。泉州依托三安集团、国家大基金等资源和优势，加快引入国内外先进的微波、射频及功率型器件等项目，努力打造超千亿元的化合物半导体产业基地。

江苏省：依托本身半导体坚实基础，迅速崛起成为国内第三代半导体重要产业聚集

---

① 未来智库：《第三代半导体专题报告：蓬勃发展，大有可为》，https://new.qq.com/rain/a/20201009A02A2C00（"腾讯网"，编写时间：2020.10.09，访问时间：2021.04.15）。

带。苏州第三代半导体产业创新中心成立，并举办了首届长三角第三代半导体暨新材料产业发展论坛。张家港高新区发力建设化合物半导体和集成电路产业基地，已集聚相关企业 20 余家，形成了完整的 GaN 外延、8 英寸芯片的实际产能，并初步完成化合物半导体设计—制备—封测—集成的完整产业链条搭建。涌现了苏州纳维、苏州晶湛、江苏能华、能讯半导体等一批典型企业。

浙江省：宁波在半导体器件、半导体材料等方面已形成贯穿芯片设计制造、封装测试、后端应用等领域的较为完备的上下游产业链，汇聚了金瑞泓科技、比亚迪半导体、芯健等知名半导体企业。嘉兴推动中晶半导体、斯达半导体 IPM 模块技改、博方嘉芯氮化镓射频及功率器件、第三代半导体产业技术研究院等一批标志性项目建设，打造微电子原材料、设计、封测、智能终端应用产业链。

北京市：中关村顺义园集聚第三代半导体企业 140 余家，初步形成了从装备到材料、芯片、模组、封装检测及下游应用的全产业链格局。其中，面向 5G 通信、新能源汽车、国家电网、轨道交通、人工智能等应用领域的产业化重点项目 20 项。依托北方华创、天科合达、华芯微、泰科天润、中科钢研和世纪金光等众多企业，基本覆盖了第三代半导体的全产业链链条。在标准专利、前沿技术创新领域具备较多资源，集聚技术和人才资源、专业投资机构、协会联盟和创新载体等，形成产业生态圈。

山东省：出台了专项针对宽禁带半导体的政策。主要集中 SiC 材料体系，围绕山东大学、山东天岳，济南提出建立宽禁带半导体小镇。推进了以天岳公司会同山东大学牵头组建第三代半导体产业技术研究院、德迈国际与曼彻斯特大学联合研究院，中鸿新晶第三代半导体产业集群项目、山东天岳二期等重点项目。

对上海的启示：第三代半导体产业依旧是投入大、周期长的产业，需要长时间的积累，也需要产业、科研机构和高校凝练共同体意识携手攻关。基于第三代半导体的射频器件和功率器件，具有明确的产品属性，需要在了解应用市场需求的情况下进行定制化生产，因此锤炼打磨产品性能和技术竞争力，比直接投资产线更为重要和紧迫。

三、全球第三代半导体产业发展态势

美国：成立半导体工作组，总统科学和技术顾问委员会（PCAST）加强半导体产业发展，使国家经济和安全受益。政府机构 / 企业联合开发，美国国家宇航局（NASA）、国防部先进研究计划署（DARPA）等机构通过研发资助、购买订单等方式开展 SiC、GaN 研发、生产与器件研制。目前在 SiC 领域，美国保持全球独大，拥有科锐、道康宁、II—VI、Dow Corning、Transphorm 等世界顶尖企业，占有全球碳化硅 70%—80% 产量。

欧盟：启动了产学研项目"LAST POWER"，由意法半导体公司牵头，协同来自意大利、德国等六个欧洲国家的私营企业、大学和公共研究中心，联合攻关 SiC 和 GaN 的关键技术。欧洲拥有完整的碳化硅衬底、外延、器件 / 芯片、应用产业链，独有高端光刻机制造技术，拥有英飞凌（infineon）、意法半导体（ST）、Sicrystal、Ascatronl、IBS、ABB 等优秀半导体制造商。

英国：创新英国（Innovate UK）是英国技术战略委员会转型而来的独立创新部门，牵头组建化合物半导体应用创新中心，投入 400 万英镑加速化合物半导体器件商业应用。由高校卡迪夫大学组建化合物半导体研究所和半导体研究中心，合作企业和机构 26 家，大学、政府、英国工程与物理科学研究委员会（EPSRC）投资超过 6000 万英镑，聚焦电力电子、射频 / 微波、光电、传感器四大技术。

日本：政府机构推动联合研发项目，"有助于实现节能社会的新一代半导体研究开发"的 GaN 功率元件开发项目，为期 5 年，第一年（2016 年度）预算为 10 亿日元。建立了"下一代功率半导体封装技术开发联盟"，由大阪大学牵头，协同罗姆、三菱电机、松下电器等 18 家从事 SiC 和 GaN 材料、器件以及应用技术开发及产业化的知名企业、大学和研究中心，共同开发适应 SiC 和 GaN 等下一代功率半导体特点的先进封装技术。拥有松下、罗姆半导体、住友电气、三菱化工、瑞萨、富士电机等厂商。

韩国：由政府机构主导研发项目，重点围绕高纯 SiC 粉末制备、高纯 SiC 多晶陶瓷、高质量 SiC 单晶生长、高质量 SiC 外延材料生长四个方面。在功率器件方面，启动了功率电子的国家项目，其中 SiC 粉末公司有 LG Innotek，晶体企业有 POSCO、Sapphire Technology、LG、OCI 和 SKC，外延企业有 RIST、POSCO 和 LG，SiC 器件公司有三星等。

对上海的启示：欧美、日韩等发达国家为了抢占第三代半导体技术的战略制高点，通过国家级创新中心、协同创新中心、联合研发等形式，将企业、高校、研究机构及相关政府部门等有机地联合在一起，通过协同组织，共同投入，实现第三代半导体技术的加速进步，引领、加速并抢占全球第三代半导体市场，在支持方向上则更加关注以应用需求带动研发，引导资源进入产品级的开发和市场终端应用。

四、加快布局上海第三代半导体产业的对策建议

一是政策引导，集中攻关。在上海战略性新兴产业重大项目或促进产业高质量发展专项中，设立第三代半导体技术攻关方向，加大产业链上游核心材料研发和关键设备的开发投入，推动企业从产业链条上下游联合发展，集中力量突破第三代半导体关键环节的短板，诸如衬底缺陷、良率提升、大尺寸突破、低成本等；碳化硅晶片面临的微管缺陷、外延效率低、掺杂工艺特殊、配套材料不耐高温等，以及氮化镓晶片面临的高质量、大尺寸籽晶获取等技术问题。夯实支撑产业链的公共研发与服务的基础平台，建立专业化技术创新中心，突破产业化共性关键技术。

二是市场主导，联动发展。在关键环节技术攻关基础上，推动上海第三代半导体相关企业，结合自己的技术特色和市场优势，面向5G通信、新能源汽车、光伏逆变器、消费电子电源、半导体照明、电力电子器件、激光器和探测器等应用场景，有针对性地细化产品开发，通过应用示范、验证、完善，进一步提升技术能级，扩大产品应用领域。另一方面，鼓励汽车、电子、通信、电力等领域企业，积极采用第三代半导体产品进行应用开发，引领市场消费新趋势，力争占据市场制高点。

三是完善生态，要素适配。采取"错位竞争、需求引领、补齐短板"的知识产权战略，建立有竞争力的专利池，力争取得国际核心知识产权的地位。鼓励龙头骨干企业通过整合并购、兼并重组，积极发挥行业创新引领与示范带动作用。加强资本支撑体系和保障能力，探索"平台＋孵化器＋基金＋基地"的模式，结合政府采购和保险补贴等方式，联动产业链上下游企业融通发展。制定出台第三代半导体产业人才导向目录，组织招才引智专项活动，重点引进第三代半导体相关领域的国内外领军人才和团队，实现靶向引才。

加快培育上海量子科技进入产业化应用的对策建议

编者按：2020 年 10 月 16 日，中央政治局就量子科技研究和应用前景举行第二十四次集体学习，会议强调"加快发展量子科技，对促进高质量发展、保障国家安全具有非常重要的作用"。量子技术属于前沿技术之一，是事关国家安全和社会经济高质量发展的战略性领域，当前正处于从科研走向应用的关键时期，上海必须将创新主动权和产业化应用主动权牢牢掌握在自己手中，从基础研究、应用研究、技术研发到产业化的全链条关键环节协同创新进行布局。

量子科技产业相关细分领域潜力巨大。据法国市场研究公司 Yole Développement 预测，包括运算、加密和感测等量子技术的整体市场价值将从 2018 年的约 4.8 亿美元成长到 2030 年的约 32 亿美元，复合增长率（CAGR）为 17%。波士顿咨询公司（BCG）预测，到 2028 年，工程师们将研发出可用于低复杂程度的量子模拟问题的非通用量子计算机，量子计算机市场规模将会达到 500 多亿美元，主要在制药、化学、材料科学等领域。据 BCC Research 统计分析，2019 年全球量子测量市场收入约 1.61 亿美元，并预测未来 5 年复合增长率（CAGR）将在 13% 左右。

一、国内量子科技产业化应用重点领域的发展情况

当前量子科技主要包括量子计算、量子通信和量子精密测量三大领域。[①] 据中国科技大学常务副校长、中国科学院院士潘建伟撰文分析，量子计算领域，国内整体上与发达国家处于同一水平线；量子通信领域，国内已处于国际领先地位；量子精密测量领域，国内整体上相比发达国家还存在一定的差距。

（一）量子计算

以量子比特为基本单元，通过量子态的受控演化实现数据的存储计算，具有经典计算无法比拟的巨大信息携带和超强并行处理能力，应用涵盖基础科研、新型材料与医药研发、信息安全与人工智能等领域。量子计算的核心优势是可以实现高速并行计算，量子计算机的量子比特数量以指数形式增长，算力将以指数的指数增长，其关键技术环节分别是量子芯片以及量子算法（量子退火、量子模拟、通用量子计算）。

目前国内代表性企业和研究团队：上榜《分析观察》(Analytics Insight) 杂志公布的 2020 全球十大量子计算公司名单的有百度、阿里。上榜知识产权产业媒体 IPRdaily 与 incoPat 创新指数研究中心联合发布的"全球量子计算技术发明专利排行榜（TOP100）"前 20 的唯一中国公司是本源量子，其自主开发的超导量子计算云平台基于超导量子计算机——悟源（搭载 6 比特超导量子处理器夸父 KF C6-130），已正式向全球用户开放。国内第一家研发光量子计算产品的企业上海思量量子科技有限公司发布了国内首款商用科研级光量子计算机，用于量子优化算法、量子搜索算法等前沿科技领域的研究。

（二）量子通信

利用微观粒子的量子叠加态或量子纠缠效应等进行信息或密钥传输，基于量子力学原理保证信息或密钥传输安全性。应用涵盖数据中心、政企专网、关键基础设施、移动

---

① 中国信息通信研究院：《2020 年全球及中国量子信息技术总体发展态势、行业市场规模及行业发展前景分析预测》，第 80—100 页。

终端以及远距离通信等领域。产业链从上游到下游主要包含基础光电元器件、量子通信核心元器件、量子通信传输干线、量子系统平台，以及应用层五个环节。其基本部件包括量子态发生器、量子通道和量子测量装置。

目前国内代表性企业和研究团队：量子通信领域排名最靠前的三家国内企业为国盾量子、问天量子和九州量子，其最核心的产品均包括量子密钥分发设备（QKD）以及单光子探测器。上海电信牵头或参与了 CCSA ST7 量子标准化专项组的《量子通信术语和定义》《量子保密通信应用场景和需求》《量子保密通信网络架构》《量子密钥分发与经典光通信系统共纤传输研究》等起草与评议。上海量子城域网共完成 4 个量子集控站节点、26 个用户节点的建设，占用的光纤达 1000 余芯公里，已为人民银行、工商银行、农业银行、交通银行、阿里巴巴、中国银行、上海银行、上海农商行等商业用户提供服务。

（三）量子精密测量

基于微观粒子系统及其量子态的精密测量，完成被测系统物理量的执行变换和信息输出，在测量精度、灵敏度和稳定性等方面比传统测量技术有明显优势。[1] 应用涵盖基础科研、空间探测、生物医疗、惯性制导、地质勘测、灾害预防等领域。其三种量子测量技术包括基于量子能级、基于量子相干性、基于量子纠缠。

目前国内代表性企业和研究团队：之江实验室量子精密测量大科学装置将为探索"电荷—宇称—时间反演（CPT）对称性是否破缺""替代目前核磁共振等心脑磁测量技术的更优解"等前沿科学问题和实现重大技术创新突破提供强有力支撑。国仪量子开发的脉冲式电子顺磁共振波谱仪等产品已上市，与能源和电力行业进行了合作研发。

二、国外正在竞相开展量子科技产业化应用的布局

（一）主要国家的政策举措

美国的做法：一是持续加大研发投入，抢占核心关键技术。2018 年底美国通过《国家量子计划法案》(National Quantum Initiative Act)。2020 年 10 月，白宫科学和技术

---

① 张萌:《量子测量技术进展及发展建议》，https://www.sohu.com/a/284749186_735021（"搜狐网"，编写时间：2018.12.27，访问时间：2021.04.15）。

政策办公室启用了国家量子协调办公室的官方网站，同时新发布了《量子前沿报告》。2021年预算案为包括量子互联网在内的量子信息科学提供了大量资助，对量子信息科学（QIS）的投资相比2020财年将增加50%。二是积极推进量子联盟，构成产业生态系统。美国政府联合学术界、产业界共同组建量子联盟，芝加哥量子联盟（Chicago Quantum Alliance）、量子信息边缘（Quantum Information Edge）和马里兰量子联盟（Maryland Quantum Alliance）先后成立，共同确定量子信息科学未来发展中的关键问题和重大挑战，简化技术转化流程。三是启动开发"世界首个量子互联网"计划，助推量子计算应用。2020年2月，美国国家量子协调办公室发布《美国量子网络战略构想》，明确提出美国将开辟"世界首个量子互联网"。7月，美国能源部发布《从远距离纠缠到建立全国性的量子互联网》，计划以美国能源部下属的17个国家实验室为核心节点，十年内建成全国性量子互联网。

欧洲的做法：一是协同创新量子技术、网络安全和提升产业竞争力。2018年10月，欧盟委员会启动欧洲量子技术旗舰计划，在未来十年内拟投资10亿欧元支持量子通信、量子计算、量子模拟、量子计量和传感等领域的研究。除爱沙尼亚、爱尔兰和拉脱维亚外，欧盟24个成员国加入欧盟量子通信基础设施计划（QCI），共同研发和部署欧盟量子通信基础设施。二是投入大笔资金确保处于量子科技研究前沿。英国2014年启动的"国家量子技术项目十年计划"中投资10亿英镑，其中，包括新成立的国家量子计算中心（NQCC），由英国科研与创新署（UKRI）投资9300万英镑建立。2020年9月，英国政府宣布斥资1000万英镑支持该国的首台量子计算机落地，该项目由总部位于美国加州的企业Rigetti领导，牛津仪器、渣打银行、英国初创公司Phasecraft和爱丁堡大学联合参与。

日韩的做法：日本聚焦量子计算领域。2013年，日本成立量子信息和通信研究促进会以及量子科学技术研究开发机构，计划在10年内投入400亿日元（约3.75亿美元）支持量子技术研发。2020年，日本政府预算中有关量子技术研发的费用比2019年翻了一番，达到300亿日元（约2.81亿美元）。同时，将在年内成立负责整体管理和协调的主管机构，在8个领域建立核心研发基地，其中，超导量子计算机研发基地位于埼玉县的理化学研究所（Riken）；量子计算机利用技术研发基地位于东京大学。韩国聚焦量子通信领域。2014年12月制订发布了《量子信息通信中长期推进战略》，计划到2020年进入全球量子通信领先国家行列。战略确定了攻克核心技术、构建商用化基础和打造可持续发展能力的三大战略。在推进量子信息技术的研发及商业化方面，重点提高基于有线通信量子密钥通信的技术成熟度，攻克量子计算机的核心关键技术，开发量子元部件。

（二）对上海量子科技发展的启示

一是创新运用机制。协调各方力量共同参与量子科技的研究工作，发挥"集中力量办大事"的体制优势。二是做好谋篇布局。明确发展定位和发展路径，以鼓励创新、包容创新的发展思路，支持更多类型的企业参与竞争，将上海量子科技产业化做大做强。三是营造良好生态。结合上海实际，深化研究如何在法制环境、财税政策、知识产权保护与成果转化、人才培养、融资体制等方面，创造更多的保障条件。

三、加快推动上海量子科技产业化应用的对策建议

量子科技发展突飞猛进，正成为新一轮科技革命和产业变革的前沿领域，上海亟需前瞻布局、创新突破、场景开放，加快培育发展量子科技，对促进高质量发展、保障国家安全、集聚上海量子科技产业国际竞争新优势具有非常重要的作用。

（一）前瞻布局，夯实量子科技基础研究

前瞻布局，围绕上海量子科学研究中心、上海交通大学、中电 32 所等高校和科研机构，强化量子计算、量子通信、量子精密测量等领域基础研究工作，保持上海量子科技基础研究相关领域的稳定投入。推动量子科技关键领域核心环节研发纳入国家科技重大专项和重点研发计划、上海科技重大专项，持续加大对量子通信理论、方法及相关器件研究的支持力度。积极参与量子密码国际标准和相关协议的制定，在可能的量子通信和量子计算机新型架构等领域尽早获得国际话语权，推动国家尽快提出量子互联网发展战略。

（二）创新突破，加快量子科技产业技术转化

创新突破，组织多部门产学研协同攻关，加快量子中继器、天基中继站点、量子储存、量子密钥分发系统关键器件、量子通信广域组网等技术创新突破，进一步提高相关

系统的稳定性和可靠性，解决量子科技相关设备的小型化和轻量化问题，降低制造和运行成本，在实行军民融合发展战略的大背景下，充分利用军地两种资源，加强合作、协同创新，推动量子科技研究成果在实际系统中的及时转化和应用，力争上海在关键领域核心环节抢占制高点，同时加强在全球的知识产权布局及有效运营。

（三）场景开放，打造量子科技产业生态系统

依托开放场景，推动不同领域的不同所有制市场主体在量子技术发展初期参与进来，协同突破芯片集成、空间技术、高端材料等关键环节，建立行业竞争优势。通过政府专项、产业资金和社会资本等多渠道资金，大力支持相关高校和研究机构、企业强强联合，强化量子互联网的理论研究、技术研发、设备生产、网络应用等产业链上下游的协同。基于上海量子城域网的开放应用，进一步加强上海量子互联网产业链布局，以上海为龙头，协同推进长三角量子通信干线网络建设，推动量子通信在电子政务、金融、大数据、云计算等领域的应用，在长三角地区率先构筑可持续发展的量子通信产业生态系统。

推动上海氢能储运模式和关键技术创新的对策建议

　　编者按：氢作为一种清洁高效的能量载体，能量密度高、来源广，调峰储能潜力大，被视为解决能源资源问题和环境危机的途径之一，备受发达国家关注。随着氢能产业的兴起，未来"氢能社会"必然要实现制氢、储氢、运氢、加氢、用氢每一个环节相互循环与快速匹配才有意义。储运在整个氢能供应链中占有很大比重，并发挥着关键作用，高效利用的氢能储运模式将是氢能大规模产业化发展的必要基础条件。上海作为环境承载力有限、国内环保标准最高的地区之一，在加快建设"五个中心"和打造高端产业增长极的过程中，亟待进一步创新氢能储运模式及关键技术。

　　我国是世界第二大炼油国和石油消费国、第三大天然气消费国，2019 年我国原油对外依存度为 70.8%。[①] 2020 年 12 月 16 日—18 日召开的中央经济工作会议将"做好碳

---

① 中国石油企业协会、对外经济贸易大学一带一路能源贸易与发展研究中心：《中国油气产业发展分析与展望报告蓝皮书（2019—2020）》，第 50—65 页。

达峰、碳中和工作"列为 2021 年八大重点任务之一，为我国构建清洁低碳、安全高效的能源体系提出明确的时间表。

氢能作为新能源新兴领域，与传统化石能源相比，具有清洁环保、可再生特点，被视为全球最具发展潜力的清洁能源之一，也是构建我国新能源体系的重要支撑。从氢能产业"生产—消费"角度，"采—制—储—运—加—用"构成了一个完整的氢能产业供需体系。[①] 其中，加氢站是氢能产业基础设施建设中的重要一环，也是氢能主要储存点。氢能的安全储运（包括氢能的贮存和运输）将直接影响着氢能的应用，是制约氢能发展的最主要技术瓶颈。"十四五"期间上海如何找到经济、高效、可行的储运模式，将是推动氢能产业化发展的关键。

一、国内外氢能储运模式及关键技术分析

（一）氢气储存

氢介质的储存方式主要分为气态储氢（气氢）、液态储氢（液氢）、固态储氢和有机液体储氢。其中，高压气态储氢已经得到广泛应用；低温液态储氢在航天领域得到了部分应用；固态储氢和有机液体储氢尚处于示范阶段。

1. 高压气态储氢

高压气态储氢是目前最常用并且发展比较成熟的储氢技术。充氢放氢速度快、设备结构相对简单、技术相对成熟，但体积储氢密度较低，且需要高压力储存以增大储氢密度。关键技术集中于内衬层、缠绕层和过渡层。气态储氢设备包括高压储氢气瓶和固定式储氢压力容器。

从高压储氢气瓶方面看，目前正在应用的主要有四类：单层全金属气瓶（Ⅰ型）、金属内胆纤维环向缠绕气瓶（Ⅱ型）、金属内胆纤维全缠绕气瓶（Ⅲ型）、非金属内胆纤维全缠绕气瓶（Ⅳ型）。其中：

Ⅰ型储氢气瓶制造效率高。但容器壁厚过大导致其单边热处理淬透性差，热处理后均匀性差，制造工艺技术难度大。

---

① 段焕强：《氢能储运关系氢能产业未来》，https://consult.ac.cn/article-0-201906-11002.html（"中科咨询"，编写时间：2019.06.10，访问时间：2021.04.15）。

II 型储氢气瓶相对于 I 型降低了内胆厚度，但生产效率更低、成本更高。例如，国外使用的多为美国 FIBA 公司的 99 MPa II 型储氢气瓶；国内尚无固定式 II 型储氢气瓶。

III 型储氢气瓶抗氢性能好、储氢质量分数高、缺陷分散（可实现未爆先漏）。但制造成本高，难以做大单个容器的大容积，一般在车载气瓶或固定式气瓶组中采用该气瓶。如，国际上某些加氢站采用多个 III 型储氢气瓶组成的气瓶组给加氢站供气，但属于非主流技术；国内尚无固定式 III 型储氢气瓶。

IV 型储氢气瓶主要用于车载气瓶，相对于 III 型成本可以下降 30%，而且国外车载气瓶现普遍使用 70 MPa 压力等级的 IV 型储氢气瓶。主要生产商包括美国的 Quantum 公司和 Lincoln Composites 公司、加拿大的 Dynetek 工业公司、法国的 Mahytec 公司，全球标准法规都围绕这个方向制定；国内在这方面尚未有成熟产品和相关标准法规。

从固定式储氢压力容器看，主要包括扁平绕带式容器和层板包扎式容器，目前仅在国内使用，国外尚未见到这两种产品作为储氢容器的报道。扁平绕带式容器有效容积大、抗氢脆性能好、缺陷分散（可实现未爆先漏），制造成本相对 II\III\IV 型高压储氢气瓶纤维缠绕容器更低，相比单层储氢容器更高，但制造工艺复杂、焊缝较多、制造效率较低，一旦钢带松动存在轴向爆破风险。多层包扎式容器容积大、制造工艺复杂、焊缝多且分布集中，在容器封头与筒体连接焊缝处的焊接工艺尤其复杂，易发生焊接缺陷导致容器轴向爆破风险。例如，国内开原维科生产的 99 MPa 多层包扎储氢容器产品，市场占比率较高。

2. 低温液态储氢

低温液态储氢技术体积储氢密度高，液氢的密度为 70 kg/m³，但氢气液化能耗高，约为氢气能量的 1/3，长时间存放液氢的静态蒸发损失较大。目前国内已基本掌握高低压液氢容器的设计、制造工艺等核心技术，已小批量生产，但现阶段主要用于军事和航天，民用领域较难接受。国外低温液态储氢已应用于加氢站和车载系统中，据悉全球约 1/3 以上的加氢站是液氢加氢站，其中日本、美国及法国的市场比较多，但在车载系统中应用不成熟，存在安全隐患。

3. 固体储氢

可做到常温常压储氢，储氢容器易密封。一旦出现氢气泄漏时，由于固态储氢放氢需吸收热量，可以自控式地降低氢气泄漏速度和泄漏量，提高储氢装置的使用安全性，特别适合于对体积要求较严格的场合。固态储氢在燃料电池汽车上的使用，是最具发展潜力的一种储氢方式。储氢材料主要可分为物理吸附储氢和化学氢化物储氢。

当前，国内 TiMn 系固态车储氢系统已成功应用于燃料电池客车中，不需高压加氢站，在 5 MPa 氢压下 15 分钟左右即可充满氢，已累计运行 1.5 万公里；40 m^3 固态储氢系统与 5 kW 燃料电池系统成功耦合，作为通信基站备用电源，可持续运行 16 小时以上；小型储氢罐已批量用于卫星氢原子钟，为其提供安全氢源，并已形成 3 项固态储氢相关国家标准。此外，德国 HDW 公司应用了燃料电池 AIP 潜艇开发的 TiFe 系列固体储氢系统，实现了迄今为止固体储氢的最成功的商业应用。

4. 有机液体储氢

目前处于从实验室向工业化生产过渡阶段。其反应过程可逆，储氢密度高；氢载体储运安全方便，适合长距离运输；可利用先有汽油输送管道、加油站等基础设施，但技术上操作条件相对苛刻，加氢和脱氢装置较复杂；脱氢反应需在低压高温下进行，反应效率较低，容易发生副反应；高温条件容易使脱氢催化剂失活。

5. 对四种储氢模式应用的综合研判

高压气态储氢是当前的主流，但因为安全性其发展一直受到限制，且储氢密度较低，不适合大规模长距离运输，在氢燃料汽车上的应用并不完美，可以推测未来的应用会相对减少。低温液态储氢由于高成本、储运难度大，在国内的发展面临重重困难。长期来看，在国内商业化应用前景不如其他储氢技术。固态储氢成熟体系的储氢材料重量储氢率偏低，成本偏高，亟待开展实用型储氢新材料开发、配套工程化和应用技术开发。随着储氢合金使用便利性提升和成本降低，其有望成为未来主流的储氢方式。液态有机储氢可以利用传统的石油基础设施进行运输、加注，方便建立像加油站那样的加氢网络，相比于其他技术而言，具有独一无二的安全性和运输便利性。但该技术尚有较多的技术难题，未来会极具应用前景。

（二）氢气运输

氢气从制氢厂到加氢站需要经历运输环节。目前国内外的氢气运输技术可以分为气态、液态、有机载体（LOHC）及固态储氢运输等四类。

1. 气态氢气运输

国内主要为长管拖车运输、低压管道运输。长管拖车运输设备产业在国内已经成熟，石家庄安瑞科、上海南亮、鲁西化工等公司都生产长管拖车。国内大规模的低压管道运输还没有形成。国外低压气氢管道运输处于小规模发展阶段。

2. 槽罐车液氢运输

主要使用液氢槽罐运输，液氢槽罐车运输在国外应用较为广泛，国内目前仅用于航天及军事领域，但相关企业已着手研发相应的液氢储罐、液氢槽车，如中集圣达因、富瑞氢能等公司已开发出国产液氢储运产品。

3. 有机载体储氢运输（LOHC）

利用某些烯烃或芳香烃等有机液体（LOHC）与氢气在催化剂作用下产生加氢反应，生成氢键复合物，从而实现氢气在常温常压下的安全高效运输。在运输目的地，对复合物进行脱氢处理，以获取氢气。

4. 固态储氢运输

利用稀土系、钛系、锆系和镁系等金属或合金的吸氢特性，与氢气反应产生稳定氢化物，在常温常压下运输至目的地之后再通过加热释放氢气。

5. 对四种氢气运输模式应用的综合研判

未来大规模使用氢气，需要运输和配送基础设施，将氢气生产场地与用户连接起来。发展初期，氢的运输将以长管拖车、低温液氢、管道运输方式；发展中期，氢的运输将以气态、液态氢罐和管道输运相结合；发展远期，氢气管网将密布城市、乡村，成为主要运输方式。

二、上海氢能储运产业发展的基础现状

（一）加氢站建设具备一定先发优势

据香橙会研究院统计显示，截至 2020 年 12 月底，中国累计建成 118 座加氢站（不含 3 座已拆除加氢站），其中 101 座建成的加氢站已投入运营，待运营 17 座，在建 / 拟建的为 167 座。上海已建成加氢站 10 座，位居全国第三；广东建成的加氢站最多，累计达到 30 座；山东以 11 座排在第二位。上海在建 / 拟建加氢站 28 座，位居全国第二；广东以 29 座高居榜首；河北以 21 座位居第三。

另据上海电气核电集团有限公司相关调研数据显示，当前加氢站主要分布在上海、广东、江苏等地区，多数以内部试验为主，商业化运营的较少，且压力等级多为45 MPa，仅有少数压力等级为70 MPa。若要实现燃料电池车商业化应用，70 MPa的加氢站将是未来市场的主流。

（二）拥有较为完整的氢能储运相关产业链

已集聚了上海电气、上海华谊、捷氢科技、律致新能源、氢枫能源、瀚氢动力、上海舜华、华熵能源、上海重塑、上海驿动等氢能产业链上下游相关企业。正打造金山"氢源碳谷小镇"、嘉定上海氢能与燃料电池产业园、青浦氢能特色产业园、临港新片区中日（上海）地方发展合作示范区等特色产业园区。初步形成氢燃料电池的整车厂商核心部件研发以及产业企业测试、评价和认证机构，示范运营商以及基础设施建设商在内的较为丰富的产业链资源。

（三）推出与氢能储运发展相适应和可操作政策

市区两级政府部门围绕氢能产业链建设和储运应用牵引发展，已陆续发布了一系列支持政策。2019年7月，嘉定区印发《嘉定区鼓励氢燃料电池汽车产业发展的有关意见（试行）》；2020年5月，临港新片区管委会出台《临港新片区综合能源建设三年行动计划（2020—2022年）》；2020年9月，青浦区发布《青浦区氢能及燃料电池产业规划》；2020年11月上海市政府印发《上海市燃料电池汽车产业创新发展实施计划》等。

三、促进上海氢能储运模式和关键技术创新的对策建议

构建多元清洁能源供应体系，不仅是我国经济社会持续健康发展的有力支撑，也是为维护世界能源安全、应对全球气候变化、促进世界经济增长的应有贡献。据中国能源局发布的信息，中国2019年碳排放强度比2005年降低48.1%，提前实现了2015年提出的碳排放强度下降40%—45%的目标。面对我国能源迈向高质量发展新阶段，上海更应发挥自身优势，在布局氢能产业发展新格局的背景下，重点突破氢气储运的关键环节和核心技术，力争在国内形成新的引领优势。

（一）有力支撑国家制定氢能管理办法和储运技术标准完善

寻求国家部委支持，加强顶层设计，推动国家制定氢能管理办法和技术标准完善。参照能源法中天然气的管理办法，尽快制定氢的管理办法。借鉴欧美发达国家液氢和汽油视同一样，作为燃料可以在公路上进行运输的经验做法，探索推动国内液氢运输审批流程，列入中华人民共和国国家标准危险货物分类和品名编号，协同相关部门接受申请，尽早启动液氢申请上路运输。

鼓励行业和重点企业牵头，研究制定包括高压力等级（90 MPa 甚至 100 MPa 以上超高压容器）、超低温（−253 ℃）等极端条件、新材料（塑料内胆）、新技术与新工艺（深冷高压）等发展方向的储氢设备的技术标准。在一定范围内，放宽国内相关技术规范及标准对材料碳含量及抗拉强度的限制。推动储氢材料和系统标准规范及安全评价体系完善、进一步完备相关安全评价装备和检测基地。

（二）有效推动存储容器及相关技术的国产化

依托上海电气核电集团有限公司正在建设的高压氢环境材料检测实验室，在99 MPa 储氢压力级别，鼓励产业链相关企业研发多层的低成本储氢容器并升级国产临氢材料，解决国产临氢材料升级和储氢容器设计制造的"卡脖子"问题；努力攻克99 MPa 级单层储氢容器的热处理工艺；进一步提升国产碳纤维质量和稳定性，尽快实现国产替代进口碳纤维材料。鼓励产业链相关企业，积极开展大型低温液氢容器及其安全绝热系统优化设计工作，实现低温液氢存储容器及相关技术的国产化。

（三）有序开展实用型储氢新材料应用技术开发

鼓励企业、高校、科研院所充分联动，认真分析细分市场，在现有成熟的储氢材料中筛选出性价比最合适的配对材料，开展工程化和应用技术研究，推动成熟的储氢材料能尽快在特定的细分市场中得到很好的应用。以产品为导向，鼓励产业链相关企业开发高容量储氢新材料，不仅要追求高性能，同时要充分考虑材料成本和批量制造成本，找到原材料成本低、批量制备技术易于控制的材料和技术。

借力城市数字化转型，推动5G网络健康发展

编者按：5G是新型基础设施的重要组成部分，随着智慧交通、智慧园区和智慧工厂等创新应用场景持续拓展，面向城市数字化转型新要求，上海要跑出数字基建建设加速度，推动5G、千兆宽带等高速网络覆盖，优化5G频谱资源配置，助推5G技术创新应用，服务经济社会高质量发展。

一、城市数字化转型需求牵引5G网络迅猛发展

5G作为现代信息通信网络的重要载体，是发展数字经济、城市数字化转型、构筑万物互联的基础设施。随着上海市集成电路、生物医药、人工智能三大先导产业规模倍增，电子信息、汽车、高端装备、先进材料、生命健康、时尚消费品六大重点产业加快发展，各领域对5G的需求成倍增长，5G网络迎来高速发展期。

（一）5G基站规模化部署进一步加快

近年来，上海聚焦基础设施、应用牵引、产业集聚，全力打响"双千兆宽带城市"

品牌，先后发布了《关于加快推进本市5G网络建设和应用的实施意见》《上海5G产业发展和应用创新三年行动计划（2019—2021年）》和《上海市推进新型基础设施建设行动方案（2020—2022年）》，以及《上海市5G移动通信基站布局规划导则》等政策文件和相关要求，在加快推进5G规模部署、实现全域覆盖的同时，持续提升了5G产业协同创新与集聚发展能力。

在网络建设方面，截至2021年1月，上海已累计建设5G室外宏基站3.3万个、5G室内小微基站逾5.7万个，基本完成浦东、虹桥两大机场主要区域、地铁地下站厅站台的5G网络覆盖，即将完成南京东路、徐家汇、陆家嘴等上海十大商圈深度覆盖。在应用推广方面，上海聚焦十大领域，明确"十百千"目标，以行业示范应用带动5G产业链、业务链、创新链融合发展，在智能制造、智慧医疗、智慧教育等十大领域推进了292项5G应用项目，包括商飞、商发、外高桥造船厂、中烟机械、自仪院、洋山港智能重卡、华山医院等标杆示范应用。

（二）5G小微基站已成为泛在化刚需

相比4G，5G使用频段更高，随着应用场景的推广加深，预计将有70%以上需求来自室内部分，这对电信运营企业的室内覆盖能力提出了新要求。传统的室外宏基站难以实现广深覆盖，而小微基站在产品形态、发射功率和覆盖范围都要小很多，成为实现室内覆盖的最佳方案，是室外宏基站的重要补充。中国移动提出了小微基站融合室分方案，通过室内小微基站外接多副无源室分天线，逐步应用于智慧停车场、智慧商超、智慧医院、智慧博物馆等场景；中国联通在小基站建设方面也做了很多探索，应用场景包括高价值高流量的大型场景、容量需求适中的中小场景，以及容量需求低的小微场景；中国电信也在积极探索5G时代低成本实现室内覆盖的解决方案。

二、5G网络发展面临的挑战

（一）频率资源日趋紧张

从电磁频谱划分上看，国内用于移动通信的黄金频段资源紧张，空间业务和地面业务、公用网络与专用网络之间频谱资源使用竞争和不平衡更加突显，频谱资源供需矛盾和结构性紧缺日益突出，特别是 5G 频段使用需要更加突出公用和专用的平衡，因此加强频谱效率管理，提升频率使用效益，才能满足更多领域应用需求。

（二）基站设置需求激增

5G 使用频段较高，有效覆盖半径较小，5G 基站的站间距将缩小至 200—300 米（典型值），基站数量将是 4G 基站的 2—3 倍，城市可供 5G 基站选址建设的站址资源趋于紧张，管理难度进一步加大，统筹做好 5G 基站布局规划显得更加重要，鼓励更多市政设施开放形成站址资源，持续推进 5G 基站管理工作精细化。

（三）电磁兼容要求更高

5G 基站设置具有泛在化特征，因使用频率与空间业务使用频率相同和相邻，故极易与周边卫星地球站等无线电台站发生电磁干扰，影响相关行业无线电台站安全运行，为避免干扰影响，部分区域 5G 基站有效覆盖能力受到制约，这要求更加注重行业间无线电台（站）电磁干扰防护，因地制宜开展试验验证，提升无线电安全防护能力，更好地实现兼容并存，维护电波秩序。

三、5G 网络健康发展的对策建议

（一）统筹优化频谱资源，挖潜赋能

随着新一轮 5G 频率使用许可的颁发，电信运营企业进一步获得在部分 4G 使用频段上开展 5G 业务许可，上海电信、上海移动、上海联通和东方有线分别获得中低频段 140 MHz、160 MHz、150 MHz 和 60 MHz 带宽使用许可，用于开展 5G 业务的频段资源得到补充。同时为进一步缓解 5G 频谱资源紧张，满足通信企业、物联网技术企业新产品、新功能研发测试需求，上海积极开展 900 MHz、2600 MHz 等频段的清频工作，并将 5900 MHz 频段作为智能网联汽车无人驾驶道路测试用频，保障无人驾驶演示活动等新型用频需求。加强 5G 专网建设及网络切片技术方案的应用探索，做好频率的划分和使用方案，为不同的应用场景提供定制化的网络，服务基于 5G 车路协同车联网、5G 独立组网的智能工厂等场景的大规模试验，支持智能网联汽车道路测试、智能制造等示范

应用和试点推广。

（二）持续加强规划引导，提质增效

一是以 2020 年上海市发布的《上海市 5G 移动通信基站布局规划导则》为抓手，明确 5G 基站布局规划总体要求，明确和引导区级、区域性布局规划的编制要求和路径，总体上形成"1 个市级布局规划导则、16 个区级 5G 布局规划和 X 个区域性规划"的"1+16+X" 5G 基站布局规划体系。二是结合"上海市产业地图"及 5G 行业应用趋势，做好区域性 5G 基站布局规划指导，引导区域 5G 基站合理建设，鼓励 5G 基站充分利用路灯杆、道路指示牌、高架桥龙门架等城市公共基础设施资源，开展融合建设。三是探索开展 5G 基站公众服务能级和行业创新应用能级评估，提升 5G 网络服务能力。在公众服务能级评估方面，应明确相关的网络指标、使用要求等，形成不同的能级评估等级；在行业创新应用能级评估方面，应结合全市 27 个重点行业，按照产业对 5G 网络特性的差异化需求，将 5G 产业应用归为不同类别，并形成相应的能级评估指标。

（三）提升安全保障能力，保驾护航

一是推进 5G 基站干扰问题解决，促进 5G 健康发展。上海应坚持分类处置原则，对同频干扰，持续开展区域测试验证，探索同频干扰对消技术，并助推相关卫星地球站"换星移频"改造工作；对邻频干扰，指导电信运营企业落实技术改造措施，对受影响的卫星地球站完成技术改造，确保本市重大活动、重要任务期间 5G 基站零干扰。二是完善干扰协调机制，推动同广电、气象等部门的信息共享，加强民航、铁路、水上、轨交等行业的沟通联系，建立跨部门、跨行业的协同联动工作机制，共同推动 5G 干扰协调落实。三是增强安全保障能力，着力加强 5G 频段监测能力建设，实现对更高频段（含毫米波）的监测，加强监测机动力量和应急响应能力建设，形成同时处置 2 起并发性应急事件的机动响应能力，保障 5G 网络环境安全有序。

第二编
经济数字化

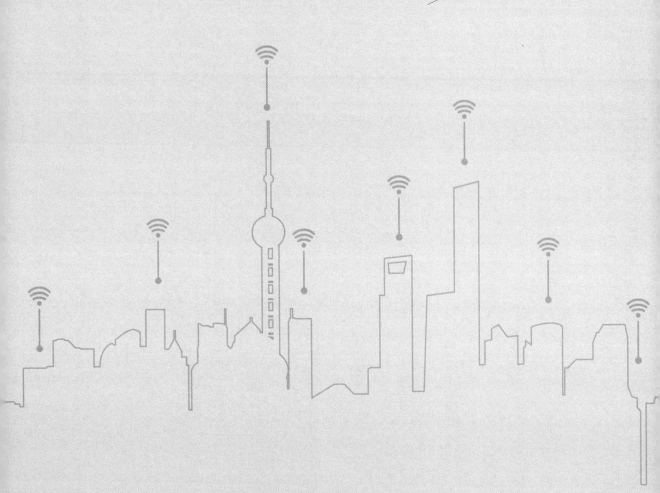

上海制造业数字化转型发展的路径和对策建议

　　编者按：在城市数字化转型过程中，推动"上海制造"迈向"上海智造"具有重要的战略意义。本文从制造环节的视角出发，分析信息技术赋能制造业实现数字化转型的三种路径，结合上海市制造业的现状归纳发展要点，并提出增强产品研究设计能力、推动技术与生产加速融合、加强共性技术创新、全面培育技术人才队伍等政策建议。

　　随着5G、人工智能、物联网、区块链等新一代信息技术的蓬勃发展与应用赋能的推进，技术赋能作用从消费端逐渐覆盖至生产端，制造业数字化发展的步伐明显加快。对于上海而言，制造数字化转型是城市数字化转型过程中的关键一环，也是打造创新策源高地的重要发力点。研究分析制造业数字化转型发展的路径及特点，对推动"上海制造"加速迈向"上海智造"具有重要的实践意义。

一、制造业数字化发展的路径

　　当下，信息技术的赋能节点已经覆盖至传统制造链的每个环节，即贯穿需求捕捉甚至需求创造、产品研发、采购、生产、营销等全部环节。根据产业发展的特性和技术积累差异，制造业数字化转型的路径展现出"自下而上""自上而下"及"中间突破"三种路径。①

（一）路径一："自下而上"从需求到供给推动转型

移动通信的进一步覆盖和移动终端的普及促成了电商的迅速崛起，使得部分消费品在消费端率先实现数据积累和信息技术应用。依托广阔的国内市场支撑，在大部分市场需求可以被精准捕捉的前提下，推动食品、服装、家居等轻工业的生产端完成数字化智敏化转变，即实现"自下而上"地转型。通过打造柔性生产的工业互联网平台，将供给和需求充分数字化，构建精确的生产模型，指导生产要素的弹性管理、生产工序合作协同、生产组织的高效执行。在"自下而上"的路径中，依赖中心化的平台获得大样本的需求数据是关键的基础条件，用以分析需求端的全貌。数据模型越准确，对制造企业研发、生产的指向作用越明确，数字化转型带来的收益越显著。在实践中，"自下而上"的转型路径多发生在供需力量呈现"买方市场"的充分竞争市场中，且企业的固定资产投资规模较小、生产流程较简单、技术要求不高。例如，盒马以数字化重构餐饮零售消费模式，通过分析销售大数据构建清晰的消费者画像，实现C2M的定制化生产，并将生产、加工、物流、运营等全链路数字化贯通，实现消费互联网和产业互联网的融合发展。

（二）路径二："自上而下"从供给到需求实现转型

依托信息技术的不断发展推动产品本身的迭代是制造业转型发展的另一路径。在"自上而下"的转型路径中，拥有先进、可靠的核心技术是制造业转型的关键，即通过坚实的基础创新实现技术和数据的积累，不断利用技术的原研能力打破产品设计的框架，开辟发展的蓝海，锻造技术变革的先发优势。在实践中，"自上而下"的路径发生在供给方影响力更大的"卖方市场"中，行业所需的技术水平较高，企业通过将创新带来的附加值凝聚在产品研发和销售服务两端，实现整体较高的投资回报水平。例如，上

---

① 冯国华：《打造大数据驱动的智能制造业》，载《中国工业评论》2015年第4期，第38—42页。

海飞机设计研究院，作为中国商用飞机有限责任公司的设计研发中心，使用数字化方式使大型系统中所有子系统的建模与仿真信息整合成一个整体，构建面向数字孪生的建模仿真体系，支撑民机产品"产—研—服—用"产业链各环节的协同工作，增进跨行业、跨地区的互动合作，从而带动民机产业链数字化建模仿真能力提升。

（三）路径三：从生产环节进行"中间突破"转型

在 5G、人工智能、物联网等技术快速发展的背景下，将智能技术融入生产流程是继自动化之后的一大趋势，生产过程的数字化智能化转型也是技术赋能的重要路径之一。目前，制造过程数字化的表现形式主要是生产设备运行工况多元信息的感知和认知，以企业综合生产指标优化为目标，运用自动协同控制系统实现生产过程数字化，充分发挥数据支撑工作经营层、生产层、运行层的协同决策的作用。在"中间突破"的路径中，掌握适应复杂工业环境的智能化技术，打造具有感知、认知、决策功能的生产过程，实现高效化、最优化的生产是关键。例如，上海电气集团在电机状态监控及故障诊断中，基于电机状态监测数据，根据故障发生瞬间的机组信息，再现故障场景，为发电机维修提供科学的依据；基于大数据分析进行预测性维护提示，提前部署检修任务，减少非正常停机，大幅降低运维成本，提升设备利用率。

二、上海制造业数字化转型发展的切入点

上海制造业的结构相对偏重，具有较高的固定资产投资壁垒，规模效应显著，对产品的掌控能力较强。因此，从供给端和中间生产环节进行突破转型是更具有实践性的战略选择。

（一）把握产品智能化升级趋势，推动价值链向两端延伸

在传统的制造业全球分工中，附加值最高的研发设计环节长期被欧美国家占据，致使国内的产品原创性研究能力偏弱。在劳动力等生产要素成本优势逐渐降低的趋势中，依靠上海强大的生产能力和广阔的内需市场，上海应该进一步适当摈弃"拿来主义"，着重加强重点产业在产品研发设计环节的综合能力，打造具有较强影响力的行业领先品

牌，推动创新链、产业链和价值链的融合发展，实现价值曲线向两端持续攀升。

（二）降低技术与实践的壁垒，推动研发与生产的二次融合

制造业的自动化生产技术的应用历史已接近 80 年，计算机集成制造、敏捷制造等模式取得了一定范围的普及，但制造业数字化转型的进程仍处于探索初期。对于大型的制造业来说，生产流程偏长、工业环境开放复杂、制度约束一般较多，较难在短时间内形成足够的数据积累支撑算法模型的研发和优化，使得新一代信息技术与生产实践本身的融合过程相对较长。为加速数字化转型进程，上海应利用大型制造业聚集的优势，积极作为，不断拉近技术研发与生产实践的距离，打造创新要素丰富、应用场景完备、制度环境友好的数字化转型发展生态。

三、推进上海制造业数字化转型发展的政策建议

（一）提升制造业的产品研发与设计能力

重视基础理论和技术的研究积累，加强对智能产品及核心零部件的原创研发能力的长期支持。在原研的技术基础相对薄弱的领域，鼓励企业"走出去"，以上海生产能力为比较优势，通过联合开发设计等方式争取参与到制造环节的上游及核心环节中，逐步吸收、培育相关的研发创新能力。进一步重视数字化工业设计，加快数字化工业设计产业的集聚，争取培育一批顶尖的数字化工业设计企业队伍，推动从"技术找设计"到"设计找技术"的转变。

（二）推动技术与生产实践的加速融合

促进物联网、5G 等技术研发与生产制造需求的进一步对接，支持工业生产场景的进一步开放，鼓励支持基于实际项目需要的"二次研发"。重点发展复杂工业环境下的感知技术，增强数据读取精度以及非标准化数据的获取传输能力。积极发展工业机器人产业，通过推广人机协作技术增强机械化生产过程的灵活性和决策能力。发展以工业数据驱动的技术创新模式，进一步消除工业数据交换共享的壁垒，组织开展参考模型、术语定义、标识解析、评价指标、安全等基础共性标准和数据格式、通信协议与接口等

关键技术标准的研究制定，探索制定重点行业数字化制造标准，推进数字化制造标准国际交流与合作，推动工业数据的加速汇聚与融合应用。坚持创新发展理念，保持政策的延续性和一贯性，久久为功，聚焦重点培育数字化生产技术优势。

（三）加强关键共性技术创新

建设整合现有各类创新资源，联合行业企业、研究机构、高校、政府等多方力量，基于集成电路、装备制造等重点领域，支持设立创新联盟及若干数字化制造领域的制造业创新中心，开展智能感知和识别、基于5G的信息传输、数字化建模、动态仿真和可视化等关键共性技术研发。从局部节点到全部流程、从小范围到整体、从短期尝试到长期应用，逐渐引导规模较大的制造企业加大对数字化制造的投入力度，推动创新—应用—再创新的加速循环。

（四）全面培育技术人才队伍

以人才为抓手，增进制造业数字化转型发展的"内力"，注重多层次的人才队伍建设。加快引进和培养一批技术研发能力突出、掌握核心技术、带动制造业数字化转型的技术塔尖人才。进一步优化科研环境，适当加大激励力度，以制度改革激发科研主体活力。着力培育一批具有技术研发与生产管理背景的复合型人才，改进制造企业的生产组织形式，提升数字化制造企业运营水平。大力弘扬工匠精神，鼓励产教融合、校企联合，培养一批门类齐全、技艺精湛、爱岗敬业的高技能人才，为制造业数字化转型提供有力的发展支撑。

低碳化背景下上海氢燃料电池汽车产业发展的对策建议

编者按：2020 年 9 月，我国对 2060 年前实现碳中和做出承诺，这对各产业的低碳化发展提出了更高要求，而氢能作为全球能源技术革命的重要方向，可以从根本上推动这一目标的实现。我国是世界最大的制氢国，具备拓展氢能应用的基础条件，目前氢能最有前景的应用方向是以氢燃料电池形式用于汽车等交通运输领域。汽车产业是上海工业经济的一大支柱和优势产业，应紧跟国内外氢燃料电池汽车产业的发展趋势，及时研究制定符合上海特点的氢燃料电池汽车产业发展对策。

低碳化发展和能源供应安全是一个国家实现可持续发展的战略选择，尤其是在当前环境问题日益突出、国际关系风云变幻的情况下，已成为全球各国共识。据国际氢能委员会预计，到 2050 年，氢能将承担全球 18% 的能源终端需求，可能创造超过 2.5 万亿美元的市场价值，减少 60 亿吨二氧化碳排放。燃料电池汽车将占据全球车辆的 20%—25%，届时将成为与汽油、柴油并列的终端能源体系消费主体。

我国作为能源消耗量巨大的国家，应该坚持低碳化发展理念，加快自身能源结构优化，而发展氢能产业可以同时解决上述两大难题。在 2019 年政府工作报告中提到"推进充电、加氢等设施建设"等与氢能相关的内容之后，各地都在追逐氢能产业新风口，据不完全统计，仅 2019 年国家及省市新颁布或修订的氢能相关政策就超过 70 项，如何在百花齐放的氢能政策中找准定位，是各地产业政策制定部门需要考虑的问题。其中，氢燃料电池汽车是最受关注的产业领域。

一、国内外氢燃料电池汽车的发展趋势 [①]

2019 年，全球汽车及新能源汽车销量分别为 9129.67 万辆和 220.98 万辆，其中的氢燃料电池汽车销量为 1.04 万辆。尽管从目前的汽车销量数据来看，氢燃料电池汽车仍处于发展的初期，在制氢、储运加氢、应用等方面都面临不少技术瓶颈，但由于氢燃料电池汽车相较传统汽车及其他电动汽车的巨大优势，其未来发展潜力不容忽视。

氢燃料电池汽车作为新能源汽车的一大方向，受到世界各国的广泛关注，不仅政府层面如美国、日本等出台了针对氢燃料电池汽车的产业政策，企业层面如丰田、本田、现代等也都已推出多款采用氢燃料电池的量产车型。

（一）关键技术分析

氢燃料电池汽车关键技术主要是氢气的制备、储运及氢燃料电池。在氢气的制备方面，当前主要方式是化石能源制氢及工业副产氢。未来的趋势是以可再生能源制氢进一步降低能耗及污染。以 2020 年新建成的世界最大氢能源厂——日本福岛氢能研究场为例，该厂制氢方式是先通过太阳能发电，再用电解水法制氢。在氢气的储运方面，当前主要方式是高压气氢储运和低温液氢储运，国外以低温液氢储运为主，我国以高压气氢储运为主。未来的趋势是采用有机液体储氢及固态储氢，进一步提升储氢量及安全性。在氢燃料电池方面，主要部件包括电堆、氢氧循环系统、水热管理系统、电控系统及数据采集系统，其中电堆是核心部件，由双极板和膜电极两部分组成，膜电极又由催化剂、质子交换膜和碳布碳纸构成，由于电堆及电堆组件膜电极的技术壁垒较高，当前国

---

① 储鑫、周劲松等：《国内外氢燃料电池汽车发展状况与未来展望》，载《新能源汽车》2019 年第 4 期。

内以进口或合作生产为主。

（二）国内外产业推进情况分析

从国外看，世界主要发达国家已在燃料电池汽车技术研发、产业链构建及加氢站建设方面取得优势。其中美国、日本、韩国、欧盟等国家和地区不仅明确了氢能产业发展战略，制定了一系列产业政策，持续支持氢燃料电池技术研发，推进氢燃料电池试点示范及多领域应用，结合其资源禀赋特征确立制氢技术路线等，而且不断完善氢能产业政策体系。[1]

美国是最早关注氢能的国家，相关产业政策包括2002年发布的《国家氢能发展路线图》、2005年修订的《能源政策法》、2018年发布的《可再生氢能路线图》等。目前美国氢燃料电池乘用车保有量位居世界第一，氢燃料电池及储氢领域专利数位居世界第二。日本经济产业省于2019年3月发布了新版《氢能与燃料电池路线图》，提出了燃料电池汽车推广应用、燃料电池动力系统经济性、加氢站建设及运营等新的发展目标。同时，日本制定了"氢/燃料电池战略技术发展战略"，不仅规定了具体的技术发展项目，还明确了符合路线图中每个领域设定的目标。该战略着眼于三大技术领域：燃料电池技术领域、氢供应链领域和电解技术领域，确定了包括车载用燃料电池、固定式燃料电池、大规模制氢、水制氢等10个项目作为优先领域，并通过互相合作来促进技术的研究与开发。韩国在氢燃料电池汽车上，虽然起步落后美日但发展迅速，并于2018年发布了《氢燃料电池汽车产业生态战略路线图》，从加氢站建设、氢燃料电池车研发及推广等方面推动氢燃料电池汽车的普及。另外，戴姆勒、斯堪尼亚、曼恩、沃尔沃、依维柯、福特、壳牌和OMV等全球领先的卡车制造商和能源/石化公司于2020年12月宣布启动h2accelerator（H2A）协议，将促进整个行业的同步投资，为氢燃料重型运输的大规模市场推出创造条件。

从国内看，随着我国氢能及燃料电池汽车产业的不断发展，我国氢能产业政策导向及产业定位逐渐明朗。2019年10月召开的国家能源委员会会议指出，探索先进储能、

---

[1] 罗艳托、杨湘华：《全球电动汽车发展现状及未来趋势》，载《国际石油经济》2018年第7期，第58—65页。

氢能等商业化路径。2020 年 4 月 10 日，国家能源局发布关于《中华人民共和国能源法（征求意见稿）》，首次将"氢能"纳入能源范畴，而此前氢能一直被定性为"危险品"。4 月 23 日，财政部、工信部、科技部、发改委联合发布了《关于完善新能源汽车推广应用财政补贴政策的通知》，决定选择有基础、有积极性、有特色的城市或区域，重点围绕燃料电池汽车关键零部件的技术攻关和产业化应用开展示范，中央财政"以奖代补"方式给予奖励。11 月 2 日，国务院办公厅印发《新能源汽车产业发展规划（2021—2035年）》，要求攻克氢能储运、加氢站、车载储氢等氢燃料电池汽车应用支撑技术，到2035 年我国燃料电池汽车实现商业化应用。国内一些省份及市出台了氢能及其氢燃料电池汽车领域相关政策，其中广东最多，江苏紧随其后。但综合分析发现，氢能专项政策明显少于政策总数，大量氢能源相关政策以新能源汽车政策与环保政策的形式发布。

相关数据显示，截至 2019 年底，国内氢能源汽车产销分别完成 2833 辆和 2737 辆，同比分别增长 85.5% 和 79.2%，布局客车与专用车领域的企业居多。在建和已建的加氢站有 130 多座，其中 61 座已经建成，投入运营的加氢站有 52 座。初步形成了京津冀、长三角、珠三角、山东半岛及中部地区等产业集群和示范应用，在示范运营区域运行的各类汽车近 4000 辆，燃料电池商用车产销和商业示范应用的规模位居国际前列。国内相关产业园也在同步加快建设和项目引进、孵化。另据高工产研氢电研究所（GGII）梳理，截至 2019 年 3 月，国内有超过 22 个氢能小镇、氢谷、氢能产业园、氢能示范城市成立，其中大部分园区处于规划、建设中。

从上海看，具备良好的工业基础，与氢能产业链密切相关的石油化工及汽车产业均为上海传统优势产业。作为国内较早介入氢能和燃料电池领域的城市，上海在加氢站建设、氢能产业链布局及氢能产业政策制定等方面具备先发优势，走在全国氢能和燃料电池应用的前列，位居"2020 中国氢能城市竞争力 30 强榜单"（Trend Bank 势银发布）的榜首。

相关数据显示，2019 年，上海实现氢燃料电池汽车产量近 1100 辆，已建成并运营7 座加氢站，形成 23 条氢燃料电池电堆产业链、21 条制氢产业链、18 条加氢站产业链、11 条氢燃料电池系统产业链，已发布《上海燃料电池汽车发展规划》《上海市燃料电池汽车推广应用财政补助方案》等政策文件，2020 年 5 月出台的《上海市推进新型基础设施建设行动方案（2020—2022 年）》中明确提出，要再新建 20 座加氢站，推动上海氢能产业加快发展。

从氢能产业链来看，在上游制氢环节上海的工业副产氢充足，在现有氢燃料电池汽车产量及保有量情况下可以保证供给；在中游储运及加氢环节上海凭借提前布局，已在储运研发及加氢站建设上取得一定成效，目前上海的加氢站数量仅次于广东；在下游应用环节上海依托汽车产业的传统优势，具备氢燃料电池汽车从整车到零部件，从设计研发到检验检测较为完备的产业体系，处于国内领先地位。[①]

（三）产业链主要环节的代表企业

从总体上看，氢燃料电池汽车企业按产业链划分，可以分为上游制氢、中游储运加氢、下游应用等环节。其中，制氢及储运加氢企业方面，主要是传统能源企业，如我国的国家能源集团、中国石化等，或是行业巨头，如日本东芝集团、丰田汽车等。应用企业方面，可分为整车企业与零部件企业。国际整车企业以乘用车为主，代表车企及车型为丰田 Mirai、本田 Clarity 及现代 NEXO 等；国内整车企业以商用车为主，代表车企有申龙客车、中通客车、上汽大通、飞驰汽车等。零部件企业主要生产氢燃料电池系统、氢燃料电池电堆、电堆组件膜电极等，其中从事氢燃料电池系统、氢燃料电池电堆生产的国外企业有加拿大巴拉德（Ballard）、加拿大水吉能（hydrogenics）等；国内企业有潍柴动力、大洋电机等。从事电堆组件膜电极生产的国外企业有美国 3M、美国戈尔（Gore）等；国内企业有武汉理工新能源、鸿基创能等。

从上海方面看，据不完全统计，上海目前从事氢能与燃料电池汽车技术研发、制造的企业数量已超过 30 家。在上游制氢环节，主要由气体生产企业及化工企业组成，如上海浦江特种气体有限公司、上海石化等；在中游储氢及加氢环节，主要由上游制氢企业及加氢站运营企业组成，如上海舜华新能源系统有限公司、上海中油申能氢能科技有限公司等；在下游应用环节，主要由整车和关键零部件企业组成，如上海申龙客车有限公司、上汽大通汽车有限公司、上海重塑能源科技有限公司、上海捷氢科技有限公司等。除了产业链上的企业外，上海部分高校也通过产学研合作等形式与氢能领域相关企

---

① 张瀚舟：《上海市氢能发展总体技术路线选择》，载《交通与运输》2019 年第 4 期，第 65—68 页。

业围绕氢燃料电池开展合作，如同济大学于 2019 年与雄韬氢雄签署战略合作框架协议，共同打造氢能燃料电池联合实验室。

二、上海推进氢燃料电池汽车产业发展面临的挑战

近年来上海氢燃料电池汽车产业发展迅速，取得了显著的成效，但仍需克服以下问题和挑战：

一是氢能供给单一且不够环保。氢能真正成为绿色能源需要综合考虑全产业链上的污染问题。现上海的氢能来源主要是工业副产氢，该途径获取的氢虽然成本低但纯度不高，易在氢气中混入甲烷等气体，同时若进行产业结构调整或氢燃料电池汽车大量投产，可能出现氢能供给不足。

二是氢气易挥发易爆存在较大的安全隐患。氢气所固有的属性，使得产业链各个环节都需要时刻注意安全问题。由于氢能及氢燃料电池汽车诞生的时间较短，相关设计经验不足，切实保障氢能的使用安全是一大挑战。

三是加氢站建设成本较高且暂无统一标准。目前加氢站的建设成本约为加油站的 2 倍，扩大加氢站规模面临较高的成本压力。同时业内对加氢站建设标准尚未统一，扩大加氢站规模需要考虑兼容性。

四是氢燃料电池关键技术研发能力不足。不管是整车还是零部件都以系统集成为主，在氢燃料电池关键零部件电堆及电堆核心组件膜电极研发方面，存在核心技术"卡脖子"问题。

三、上海加快氢燃料电池汽车产业发展的对策建议

氢能是面向未来的能源，氢燃料电池汽车代表着未来汽车的主要形态之一。从经济方面来看，国家经济运行稳步发展，支撑氢能源产业园建设及运营；从社会方面来看，人口增长、清洁能源消费量增加等因素促进氢能源产业发展；从技术方面来看，制氢技术不断进步、成熟；从政策方面看，国家及相关省市相继出台氢能源应用相关利好政策。在此背景下，上海应该把握氢能及氢燃料电池汽车的发展机遇，积极应对发展过程中的困难和挑战，努力打造更科学合理的氢能发展体系和氢燃料电池汽车产业发展

模式。①

（一）优化氢能供给结构

目前上海的氢能供给模式较为单一，建议优化氢能供给结构，充分利用好"废氢"，改进工业副产氢过滤提纯技术提高利用率，充分利用好"弃风""弃水""弃光"等构建分布式可再生能源，提升风能、水能、太阳能等可再生能源及生物制氢的氢能供给占比，推动氢能供给质量及供给稳定性提升。

（二）完善氢能安监体系

在氢能产业链中，保障各环节安全是重中之重，因此有必要构建涵盖整个产业链的氢能安全监管体系。参考国内外保障氢能生产及使用安全的经验，研究制定产业链各个环节的相关安全标准，明确相关考核及惩处措施，采用先进的安全监管软硬件系统，充分利用好各类数据资源，以体系化的方式全方位保障安全。

（三）探索混合建站模式

为推进加氢站铺设，降低加氢站建设及运营成本，除新建专用加氢站外，积极探索混合建站模式。混合建站模式有两种类型：一种是在原有加油站、充换电站的基础上通过一定改造实现加氢功能；另一种是新建混合站，原生具有加油、充电、加氢的功能。除此之外，也可以通过 PPP 等方式进一步降低建设及运营成本。

（四）加强关键技术研发

研究制定氢能及氢燃料电池汽车产业发展导向目录，梳理产业链上存在的关键技术"卡脖子"问题，鼓励本市企业通过自主创新、引进技术的吸收与创新、产学研合作、产业联盟等多种形式加强关键技术研发。积极利用长三角一体化建设的有力契机，围绕产业链务实开展产业主管部门、企业、高校及科研院所、行业协会等跨区域合作，助力技术研发。

---

① 李苏秀、刘颖琦等：《基于市场表现的中国新能源汽车产业发展政策剖析》，载《中国人口资源与环境》2016 年第 9 期，第 158—166 页。

附件 1 国内相关省份及市氢能源及氢燃料电池汽车相关政策

相关省市	主 要 内 容
北京市	《北京市加快新型基础设施建设行动方案（2020—2022 年）》提出：探索推进氢燃料电池绿色先进技术在特定边缘数据中心试点应用，组建 1—2 家国家级制造业创新中心；打造国内领先的氢燃料电池汽车产业试点示范城市。
河北省	《河北省推进氢能产业发展实施意见》提出：到 2022 年全省建成 20 座加氢站，燃料电池公交车、物流车等示范运行规模达到 2500 辆，重载汽车实现一定规模示范；到 2025 年，累计建成 50 座加氢站，燃料电池汽车规模达到 1 万辆。到 2030 年，至少建成 100 座加氢站，燃料电池汽车运行超过 5 万辆，其中乘用车不少于 3 万辆。
邯郸市	《邯郸经济技术开发区加快氢能产业发展实施方案（2020—2022 年）》提出：举全市之力，实施氢能核心技术装备攻坚行动，将邯郸经开区打造成国内一流的氢能产业集群和装备制造基地，致力发展氢能全产业链工业化生产能力。
张家口市	《氢能张家口建设规划（2019—2035 年）》提出：将氢能产业发展成为张家口市的重要支柱，总量目标为 2021 年、2025 年、2030 年、2035 年全市氢能及相关产业累计产值分别达到 60 亿元、260 亿元、850 亿元和 1700 亿元。到 2020 年全市投入使用的氢燃料电池公交车、物流车、出租车计划达到 1800 辆，建成加氢站 21 座，实现制氢每年 2 万吨、制造氢燃料电池发动机每年 1 万套、生产氢燃料电池客车每年 4500 辆。
白城市	《白城市新能源与氢能产业发展规划》明确：以 2018 年为基期，提出了到 2020 年、2025 年、2035 年近中远期发展目标。力争到 2035 年，白城风电装机 2000 万千瓦、光伏装机 1500 万千瓦，年生产氢气能力达到百万吨级，产值近 2000 亿元（人民币），累计投资可达到 2000 亿元，形成具有国际影响力的新能源与氢能区域产业集群。
天津市	《天津市氢能产业发展行动方案（2020—2022 年）》提出：到 2022 年，氢能产业总产值突破 150 亿元；引育 2 至 3 家在氢燃料电池及核心零部件、动力系统集成、检验检测等领域具有国际竞争力的优势龙头企业；建成至少 10 座加氢站、打造 3 个氢燃料电池车辆推广应用试点示范区，开展至少 3 条公交或通勤线路示范运营，累计推广使用物流车、叉车、公交车等氢燃料电池车辆 1000 辆以上；建成至少 2 个氢燃料电池热电联供示范项目。
山东省	《山东省氢能产业中长期发展规划（2020—2030 年）》提出：山东省将通过 10 年左右的时间，建成集创新研发、装备制造、产品应用、商业运营于一体的国家氢能与燃料电池示范区，在核心技术领域和标准化体系方面取得突破。
济南市	《济南新旧动能转换先行区氢能产业发展规划》提出：先行区将在产业核心区高质量规划 20 平方公里的"氢谷"，将布局 35 座加氢站，示范推广的氢燃料电池汽车规模超过 3000 辆。在先行区内建设运营的商业化、公共服务用的加氢站、加油加氢站，最高给予建设企业 900 万元的建设补贴。

相关省市	主 要 内 容
青岛市	《关于进一步压实专班责任统筹推动新旧动能转换重点任务落地落实的工作方案》提出：成立 13 个产业专班，其中，由该市发改委牵头的新能源新材料产业专班将聚焦发展新能源汽车产业，实现氢燃料电池汽车"零的突破"，年内实现氢燃料电池商用车下线投产。
潍坊市	《潍坊市氢能产业发展三年行动计划（2019—2021 年）》提出：突破核心技术、打造氢能产业聚集区、建设低成本氢气供应体系、布局及建设加氢站、加强示范推广和建设研发平台及标准体系等六大任务。规划建成 8 座以上加氢站，推广氢能源燃料电池公交车、乘用车、市政环卫车 300 辆，重点推进智能氢燃料电池重卡、物流车、叉车等物流交通工具的示范应用。同时《潍坊市促进加氢站建设及运营扶持办法》明确：对本市进行加氢站建设、加氢站加氢的企业给予补贴，最高补贴 600 万元。
济宁市	《支持氢能源产业发展意见》和《济宁市加氢站建设管理暂行办法》提出：对建设的日加氢 500 公斤的撬装式加氢站和固定式加氢站，每个分别补贴 400 万元、800 万元。对氢能公交车和氢能物流车车辆购置款按照国家标准 1∶1，对加氢站运营销售氢气，按每公斤 20 元进行补贴。
铜陵市	《铜陵氢能产业发展规划纲要》提出：在 2022 年，铜陵市将培育聚集氢能产业链中的企业超过 20 家，氢能相关产值达到 15 亿—30 亿元，在 2025 年培育聚集氢能产业链中的企业超过 30 家，氢能相关产值达到 80 亿—100 亿元，而到 2030 年，氢能相关产值达到 300 亿—500 亿元。
六安市	《关于大力支持氢燃料电池产业发展的意见》明确：对于加氢能力达到 400 kg/d 的 35 MPa 加氢站或加氢能力达到 200 kg/d 的 70 MPa 加氢站，按加氢站设备投入金额的 30% 补助，最高不超过 200 万元。对于加氢能力达到 1000 kg/d 的 35 MPa 加氢站或加氢能力达到 400 kg/d 的 70 MPa 加氢站，按加氢站设备投入金额的 30% 补助，最高不超过 400 万元。
苏州市	《苏州市氢能产业发展指导意见（试行）》指出：到 2020 年，氢能产业链年产值突破 100 亿元，建成加氢站近 10 座，氢燃料电池汽车运行规模力争达到 800 辆。到 2025 年，氢能产业链年产值突破 500 亿元，建成加氢站近 40 座，公交车、物流车、市政环卫车和乘用车批量投放，运行规模力争达到 10000 辆。
常熟市	《常熟市氢燃料电池汽车产业发展规划》提出：明确加快推进加氢站建设，提升氢能产储运支撑能力。2019—2022 年目标是围绕氢燃料电池汽车的应用和推广示范建成一批市场优化运营的公共加氢站。同时《常熟市关于氢燃料电池产业发展的若干政策措施》明确了氢燃料电池汽车、加氢站的补贴标准和范围。除国补、省补外，常熟市级财政补贴标准为乘用车 5 万元 / 辆；轻型客车、货车 8 万元 / 辆；大中型客车、中重型货车 13 万元 / 辆。在加氢站建设运营方面，一次性建设补贴最高补贴额不超过 400 万元。运营补贴连续三年，每年最高不超过 100 万元。

相关省市	主 要 内 容
张家港市	《张家港市氢能产业发展三年行动计划（2018—2020年）》提出：在张家港市建成加氢站10座，并给予建站企业补贴。对于加氢能力达到500 kg/d的35 MPa加氢站或加氢能力达到200 kg/d的70 MPa加氢站，按加氢站设备投入金额的30%补助，最高不超过300万元；对于加氢能力达到100 kg/d的35 MPa加氢站或加氢能力达到400 kg/d的70 MPa加氢站，按加氢站设备投入金额的30%补助，最高不超过500万元。同时《张家港市氢能产业发展规划（征求意见稿）》明确：到2020年，全市氢能产业链产值规模突破100亿元，到2025年，全市氢能产业链产值规模力争达到500亿元。到2035年，氢能产业链产值规模突破1000亿元。
镇江市	《2018—2020年镇江市新能源汽车推广应用地方财政补贴实施细则》明确：在本市上牌的燃料电池汽车补贴标准为当年度中央财政相应车型单车补贴额的40%，地方财政补贴总额最高不超过扣除国家补贴后汽车售价的60%。燃料电池乘用车将按照搭载燃料电池系统的额定功率进行补助，燃料电池客车、货车采取定额补助。
如皋市	《扶持氢能产业发展的实施意见》明确：到2020年建成加氢站3—5座，公交、物流配送等公共服务领域新增车辆中氢燃料电池汽车比例不低于50%。到2030年，氢能产业年产值突破1000亿元；氢能和新能源汽车企业建设高水平研发平台的最高可享受1000万元的资助。
太仓市	《2019年太仓市新能源汽车推广应用财政补贴实施细则》规定：燃料电池汽车购置补贴标准是依据2019年购买上牌的燃料电池汽车符合国家新能源汽车技术指标要求并办齐相关手续的，按照附件1对应标准的0.8倍补贴。国家和省有关部门有新规定的，将根据实际情况予以调整。
浙江省	《浙江省培育氢能产业发展的若干意见》提出：2020年浙江要建成加氢站30座以上；到2022年依托综合供能服务站浙江要建成加氢示范站20座。同时《浙江省汽车产业高质量发展行动计划（2019—2022年）》提出：要加快培育燃料电池汽车产业链，支持燃料电池电堆等关键技术研发，鼓励有能力的企业加快研制燃料电池汽车。
宁波市	《关于加快氢能产业发展的若干意见》提出：到2022年，宁波不断完善氢能产业体系，建成加氢站10—15座，探索推进公交车、物流车、港区集卡车等示范运营，氢燃料电池汽车运行规模力争达到600—800辆，推进清洁能源制氢与储运、氢能分布式系统建设。到2025年，建成加氢站20—25座，氢燃料电池汽车运行规模力争突破1500辆。
嘉兴市	《关于加快嘉兴氢能产业发展的若干意见》提出：到2022年，建成液氢等氢能源生产企业2家以上和固定式加氢站8座以上（包括综合能源站）；新引进10家以上氢能相关企业或项目；全市运行氢能汽车200辆以上，力争建成1个氢能分布式发电项目。到2025年，氢能产业年产值突破300亿元。全市建成20座以上固定式加氢站（包括综合能源站）；氢能源汽车数量突破1500辆；氢能相关规模以上企业数量突破50家。意见还指出，对加氢站（固定式）按实际设备投资额进行补助，比例最高不超过50%，金额最高不超于400万元；根据市场情况合理调控加氢使用价格，并鼓励和引导加氢站运营企业寻找性价比更优的氢气来源，市财政按20元/kg给予加氢站运营企业加氢补贴，每年补助标准降低5元/kg。

续表

相关省市	主　要　内　容
嘉善县	《嘉善县推进氢能产业发展和示范应用实施方案（2019—2022 年）》明确：要加快推动嘉善县氢能与燃料电池产业发展和开展燃料电池汽车试点示范，嘉善县力争将在 2022 年完成 120 kW 的单电堆设计与开发，燃料电池产能达到 10000 台，销售达到 5000 台。配合嘉兴市建成加氢站 3—5 座，使燃料电池公交车占新能源公交车保有量 50% 之上。
福州市	《关于加快福州市产业发展的工作意见》提出：要推动加氢基础设施、氢能产业园建设，加快氢燃料电池发动机项目落地建设、批量生产，争取建设国家级氢能源研究中心，加大氢能源汽车应用推广。至 2020 年，力争氢能产业规模居全省前列。
河南省	《河南省氢燃料电池汽车产业发展行动方案》提出：到 2025 年，示范应用氢燃料电池汽车将累计超过 5000 辆、加氢站达 80 个以上，基本形成以客车为主，环卫、物流等氢燃料电池汽车全面发展的产业格局，氢燃料电池汽车相关产业年产值突破 1000 亿元。同时《河南省加快新能源汽车推广应用若干政策通知》明确：对燃料电池加氢站按照主要设备投资总额的 30% 给予奖励。将新建燃料电池加氢站建设用地纳入公用设施营业网点用地范围，其用途按照城市规划确定的用途管理，采取招标拍卖、挂牌出让或租赁方式供应土地。
新乡市	《新乡市氢能与燃料电池产业发展规划》和《新乡市氢能与燃料电池产业发展实施意见》提出：2020 年建成加氢站 2—3 座，氢能与燃料电池公交示范线路 2 条，运行规模不低于 50—100 辆，氢能与燃料电池全产业链年产值争取突破 10 亿元，2025 年争取突破 100 亿元。
江西省	《江西省新能源产业高质量跨越式发展行动方案》提出：重点加强电堆核心零部件及膜材料、催化剂等关键原材料研究，建设制氢、储运等重要配套环节，引进并发展质子交换膜燃料电池、碱性燃料电池以及固体氧化物燃料电池。围绕氢燃料电池等重点领域，着力引进一批技术领先、投资规模较大，能够带动重点领域突破、提升产业层次，完善壮大新能源产业链的企业和项目。
武汉市	《氢能产业发展规划方案》提出：在制储氢基础设施层面，聚集超过 100 家燃料电池汽车产业链相关企业，燃料电池汽车全产业链年产值超过 100 亿元；建设 5—20 座加氢站。到 2025 年，武汉将产生 3—5 家氢能国际领军企业，建成加氢站 30—100 座。燃料电池公交车、通勤车、物流车等示范运行规模达到 2000—3000 辆。氢能燃料电池全产业链年产值力争突破 1000 亿元，成为世界级新型氢能城市。
株洲市	《株洲市氢能产业发展规划（2019—2025 年）》提出：到 2025 年，株洲市将建成加氢站 12 座，燃料电池公交大巴生产能力 2000 辆 / 年，燃料电池乘用车及商用车生产能力 8000 辆 / 年。
广东省	《关于粤港澳大湾区氢能产业先行先试力争上升为国家战略的提案》及《促进氢能产业发展办法实施细则》明确：对新建立的氢能企业或研发机构重大项目，按项目投资协议、土地出让合同等文件约定时间完成竣工、投产或运营，固定资产投资总额达到 5000 万元、1 亿元、5 亿元、10 亿元的，分别给予 500 万元、1000 万元、5000 万元、1 亿元奖励，同一企业按差额补足方式最高奖励 1 亿元；加氢站方面最高给予 600 万元的建设补贴。

续表

相关省市	主 要 内 容
深圳市	《深圳市 2018 年新能源汽车推广应用财政支持政策》明确：在燃料电池汽车方面补贴标准是燃料电池乘用车 20 万元／辆，燃料电池轻型客车、货车 30 万元／辆，燃料电池大中型客车、中重型货车 50 万元／辆。
广州市	《广州市氢能产业发展规划（2019—2030 年）》提出：至 2030 年实现产值 2000 亿元。到 2022 年，完成氢能产业链关键企业布局，环卫领域新增、更换车辆中燃料电池汽车占比不低于 10%；燃料电池乘用车在公务用车、出租车、共享租赁等领域示范应用达到百辆级规模，实现产值 200 亿元以上；到 2030 年，建成集制取、储运、交易、应用一体化的氢能产业体系，实现产值 2000 亿元。从产业链各环节着手，近期谋划约 50 个重点产业项目和 50 个加氢站项目，支撑产业快速形成规模化发展态势和推广应用局面。
东莞市	《关于印发东莞市完善促进消费体制机制实施方案的通知》提出：积极培育氢能源产业体系，加大氢燃料电池汽车推广应用力度，鼓励各方资本合作共建氢能源产业基地。加快推动氢能源基础设施规划布局，力争 2020 年建成 1—2 家加氢站或加氢加油（气）合建站。
茂名市	《茂名市氢能产业发展规划（征求意见稿）》提出：按前期（2019—2022 年）、中期（2023—2025 年）和后期（2026—2030 年）三个阶段推进。预计 2022 年氢能产业总产值将达到 30 亿元，2025 年氢能产业总产值达到 100 亿元，2030 年氢能产业总产值突破 300 亿元。
佛山市	《佛山市南海区氢能产业发展规划（2020—2035 年）》提出：至 2025 年将建成加氢站 30 座，2030 年将建成加氢站 60 座，2035 年建成加氢站 80 座以上。以财政资金作为种子基金，吸纳社会资本参与，主要支持核心关键技术创新与转化、氢能产品推广应用、产业发展支撑平台建设、重点企业成长扶持等。二是创新融资担保机制，结合"支持企业融资专项资金"和"南海区中小企业融资风险补偿专项子基金"，为高新技术转化、中小企业发展、龙头企业快速成长提供融资担保。
江门市	《江门市新能源汽车推广应用地方财政补助实施细则（2016—2020）》（征求意见稿）提出：在 2017 年 1 月 1 日至 2020 年 12 月 31 日，新能源公交客车和燃料电池汽车地方补贴标准按不超过国家补贴的 50% 进行补贴。
海南省	《海南省清洁能源汽车发展规划》提出：要坚持充电为主、加气为辅，加氢提前布局的原则，力争通过 3—5 年时间，建成覆盖全省、满足各类型清洁能源汽车应用基本需求，充换兼容、快慢充互补、多场景结合、智能化的充电加气、加氢网络。
南宁市	《关于调整完善南宁市新能源汽车地方财政补贴政策的通知》提出：燃料电池汽车按国家补助的 80% 给予地方补助。自治区和南宁市地方补助政策叠加后，南宁市除燃料电池汽车外的新能源汽车获得地方补助是国家标准的 50%，燃料电池汽车获得地方补助是国家标准的 100%。

续表

相关省市	主 要 内 容
六盘水市	《六盘水市氢能源产业发展规划（2019—2030 年）》提出：结合氢能源项目布局及六盘水市加油加气站点规划，开展加油与加氢站合建示范工程，同步考虑在各县（市、特区、区）及各经济开发区（产业园区）布局加氢站点，将建成加氢站近 20 座。
山西省	《山西省新能源汽车产业 2019 年行动计划》提出：山西将依托太原等城市现有氢燃料电池汽车相关产业开展试点示范，支持太原等地申报国家级试点示范城市，并将山西打造成中国"氢谷"。2019 至 2020 年，山西省将培育有影响力的氢能与燃料电池技术研发中心 1 个、燃料电池汽车检验检测中心 1 个，在示范运行城市，建设加氢站 3 座、示范公交路线 10 条，形成 700 台的运营规模。2021 年至 2022 年进行推广应用，公交示范线路 300 条，加氢站增加到 10 座。2023 年至 2024 年实现规模运营，加氢站达到 20 座，全省公交线路开始运行，预计达到 7500 台车辆的运营规模。山西将依托太原市、大同市、长治市等城市现有氢燃料电池汽车相关产业开展试点示范，未来将支持这几个城市申报国家级燃料电池汽车试点示范城市。力争 5 年后，形成技术体系健全、产业链完善、产业闭环，具备市场竞争力的氢能生产、利用示范基地。
长治市	《长治市上党区氢能产业扶持办法》明确：设立氢能产业发展专项扶持资金，简化加氢站建设项目审批程序，加氢站建设根据加氢能力给予补贴，最高补贴 800 万元。对符合本《办法》的氢能源车辆，给予一次性购车补贴。
重庆市	《重庆市氢燃料电池汽车产业发展指导意见》提出：到 2022 年，建成加氢站 10 座，探索推进公交车、物流车、港区集卡车等示范运营，氢燃料电池汽车运行规模力争达到 800 辆；到 2025 年，建成加氢站 15 座，在区域公交、物流等领域实现批量投放，氢燃料电池汽车运行规模力争达到 1500 辆。
四川省	《四川省打好柴油货车污染治理攻坚战实施方案（征求意见稿）》明确：鼓励开展燃料电池货车示范运营，建设加氢示范站；支持替代燃料、混合动力、纯电动、燃料电池等技术攻关，鼓励开发氢燃料等新能源专用发动机，优化动力总成系统匹配。
成都市	《成都市氢能产业发展规划（2019—2023 年）》提出：到 2023 年，成都市氢能产业力争实现主营业务收入超过 500 亿元，建设全国知名的氢能产业高端装备制造基地，全市推广应用燃料电池汽车 2000 辆以上；建设覆盖全域成都的加氢站 30 座以上，形成以成都平原为中心，辐射全省的氢能综合交通网络。
宁夏回族自治区	《关于加快培育氢能产业发展的指导意见》提出：到 2025 年力争建成 1 至 2 座日加氢能力 500 公斤及以上加氢站。支持银川市率先开通 1 至 2 条示范公交线路运营氢燃料电池公交车。推进宁东能源化工基地氢能友好示范产业园建设，对单独或联合建设并经自治区相关部门认定的氢能领域重点实验室、工程技术研究中心、企业技术中心一次性给予 100 万元资助，新获批国家级工程中心和企业技术中心的给予一次性 200 万元支持。

资料来源：据公开资料整理。

加快高端磨床装备产业数字化转型的对策建议

编者按：中国世界制造业中心地位的确立和国内汽车、航天航空、军工及机械制造等行业的快速发展对国内先进制造装备技术，特别是精密高效的数控磨床设备和技术，提出更高、更大的要求。国内高端磨床装备与国外相比尚有差距，后续应进一步加快推进我国高端磨床装备的智能化、绿色化、超精密化、高速高效化、复合化与高稳定性发展，自主创新开发性能优异的精密高档数控装备，努力改变磨床行业从"跟跑"到"领跑"的状态，实现高端磨床装备为代表的国内整体机械制造业的快速发展。

当今制造业已经进入多品种、小批量生产时代，具有制造周期短、生产成本低等新的特点。磨床是装备制造业的"工作母机"，高端磨床是发展高端装备制造业的"利器"，是高端装备制造业的关键。高档数控机床是先进的生产技术和军工现代化的战略装备，而磨床技术不仅是我国现代化工业发展的基础性技术，也是体现国家工业机械程度和精密程度的关键环节。然而，在上海机床行业中，仅有上海机床厂有限公司相关团队致力于高端磨床装备的研发与应用，面对社会各领域日益提高的制造需求，上海高端磨床装备的发展应得到充分的重视。

一、国内外高端磨床装备产业发展现状比较

目前，在高端磨床装备行业呈现跨国公司、外资企业、国有企业和民营企业相互竞争的格局。但相比国外先进产品在各方面的发展现状，我国高端磨床装备发展尚有进步空间。

（一）国外高端磨床装备产业发展现状

众所周知，跨国公司及外资企业有强大的技术、规模、品牌、人才、制造、管理、服务方面的优势，在高端市场占据一定的领先地位，比如 Hardinge、Naxos、Capco、Studer 等国外品牌。以世界知名的磨床生产产业集团——斯莱福临集团为例，下辖 8 家专业磨床制造企业，在不同的磨床制造领域占据世界领先地位。

磨床制造领域范围非常广泛，高端磨床可以分为超精密磨床、复杂型面磨床、复合磨床、重型磨床等类别，可以加工内外圆柱面、内外圆锥面、平面、成形面和组合面等各种加工对象。其中，作为需求量最大的内外圆磨床，其生产厂家不乏佼佼者，成立于 1912 年的瑞士 Fritz Studer AG 具有该领域的世界领先水平。

Studer 公司是行业内硬精加工机械制造第一名，世界 30 大机床制造商之一。Studer 磨床广泛应用于汽车、工具、精密工程、航空、交通及重工业、医疗卫生、机械制造、电力、模具等行业。该公司下的数控万能内外圆磨床 S41 是由人造花岗岩床身、线性驱动的导轨系统、转塔式砂轮头刀架、工件头尾架和砂轮修整器等组成，搭配良好的编程界面及功能全面的数控编程软件，可以高效地完成大部分日常的磨削加工。

基于对世界高端磨床的典型企业与代表性产品的分析，世界高端数控磨床装备主要向着智能化、绿色化、超精密化、高速高效化、复合化等方面重点发展。

（二）国内高端磨床装备产业发展现状

随着国民经济的高速发展，国家重点发展的航空航天、船舶、汽车、轨道交通、新能源等产业对高速高精多轴联动的高端数控机床、自动生产线、自动化辅助装配、自动

化输送等高端装备要求日益增多，需求正不断向精密、高效、专用、大型等高端磨床装备倾斜是当今基本格局。

在近几年的市场快速变迁中，磨床装备在分化中加速调整转型的步伐。国内一些厂家，如上海机床厂有限公司（以下简称"上机"）、华辰精密装备（昆山）股份有限公司、北京第二机床厂有限公司、无锡机床股份有限公司等企业都在积极探索产品结构、产业结构的调整，提高高端磨床产品的技术含量、产品质量和可靠性，重点发展中高档、多功能数控磨床，走"专业、专精"的道路，以满足市场迅速发展和变化的需要，增强与国外进口数控磨床的竞争力。

然而，在上海机床行业中，仅有上机致力于高端磨床装备的研发与应用。上机研制的产品中，有 H402-AZ 超精密大尺寸光学玻璃平面磨床，用于大尺寸光学玻璃零件，代表了我国国产数控磨床在超精密磨削技术上的先进水平，但从精密到超精密磨削技术，上海厂家正不断钻研，在高精度与稳定性方面，尚有更多进步空间。

对于磨床技术来说，市场上德国、瑞士处于第一梯队，日本、意大利等处于第二梯队，韩国、中国台湾处于第三梯队，上机的部分产品处于第二梯队，国内大部分产品仍处于第三梯队。

我们从产品性能、企业经营、市场需求三大维度，将上机和国外公司进行了综合实力的对标，对标发现上海磨床装备与国外公司之间存在的差距有：一是高端磨床装备产品性能的全面差距，特别是在可靠性和关键技术的掌握和运用上；二是在企业的经营管理上还有不小的差距，如发展理念、机制、效率等；三是提供工艺解决方案与售后服务的差距，上海厂家普遍无法解决这方面的问题，造成满足不了用户需求的局面。

从创新发展及产品研发方面，上海磨床企业存在的突出问题有：核心技术仍有缺失、技术基础较为薄弱、新型技术研发体系尚未形成、技术进步的路径依赖危险等。

二、上海高端磨床装备产业发展面临的问题

上海高端磨床装备产业企业现阶段面临的困难、制约高端磨床装备发展的主要瓶颈和短板主要有以下几点：

（一）装备的可靠性与精度稳定性差

高精度静压主轴系统／电主轴系统以及闭式静压导轨是高档数控机床的核心功能部件，国内自主研发核心功能部件的性能仍与国外有一定差距，造成国内公司产品开发速度慢，造成机床的适应性和满足度远达不到市场的需求。与此同时，磨床的可靠性和精度稳定性不高，引进智能化和信息化技术不足，尚未形成有效地生产加工自动化成套装备解决方案的能力。

（二）技术人才缺乏

我国是个人口大国，虽然各地包括上海从事机床整个产业链的人众多，但是缺少能够对数控系统、功能部件、刀具、测量仪器进行创新研究的人才。磨床装备不仅产品类型多，而且有不少产品为定制产品，需要投入的设计人员较多，当今人才吸引力不足，人才数量持续下降。

（三）科研乏力

机床业长期以来，重生产、不重科研；重主机、不重配件；更不重基础技术、应用技术的科研，也就不可能进行深入系统的科研工作。对加工工艺及用户数控加工软件、机床监控及性能分析等共性技术进行深入和系统的研究十分重要。

（四）科研合作不够深入

企业与企业、行业、设计制造厂、机床工业相关部门、高校研究院所，乃至用户缺乏紧密合作，阻碍了高端磨床装备产品的快速发展。

三、推进上海高端磨床装备发展的建议

上海有着良好的产业环境和丰富的智能化先进技术应用场景，具有高端磨床装备发展的优势，应进一步抓住机遇，以核心技术为基础，与政府引导相结合，促进快速发展。

（一）政府政策鼎力支持，重视成果应用转化

国家对机床行业的支持中，2009 年启动的 04 专项是最令行业振奋的兴业之举。然而 04 专项实践虽有成果，同时也存在不少问题。除了资金强度不足之外，最重要的就是资金使用效率较差，限制条款过多，实际上这类扶持工程化的项目最终目标应关注能否实地应用、能否规模化使用。

（二）核心技术持续升级，坚持创新

1. 掌握高端磨床设计的核心技术，为用户提供全面解决方案

研究开发高端数控磨床，必须掌握其核心技术。我们应具有自主知识产权，开发适应于高端磨床装备的开放式数控系统，开发适用于各种工艺需求的应用软件，建立磨削工艺数据库。结合用户的工艺要求，才能够为用户提供全面的解决方案。

2. 重视数字化技术的开发与使用，提供有效提升效率手段

在磨床加工与制造过程中借助如"数字孪生"等来实现从产品研发、设计、生产，直到服务的全过程，从而提高生产力、可用性和过程可靠性，优化加工精度、设计、加工过程乃至维护和服务。

3. 加强创新平台建设，提高工艺创新手段和能力

加强创新平台的建设，有利于突破行业发展中的关键技术装备制约，同时，对加强产学研合作、完善产业创新体系、增强行业科技创新及产业化物质支撑具有重要意义。

（三）培养高技能人才，建设高水平队伍

1. 提升员工技能水平，营造人才培养环境

机床行业是技术与劳动力高度密集的行业。尽管现代技术有利于智能制造的高速发展，但是怎样去发挥所掌握的技术优势，还须依靠高级技术人才去完成。而现实是机床企业普遍存在高技能人才匮乏现象，建议除了重视开发人才培养外，更要关注高技能人才的培养和使用，加快建设高端磨床装备与智能制造教育体系，营造高技能人才培养环境。

2. 减少人才流失，做好队伍稳定性建设

人才队伍的稳定性对于高端磨床装备的发展实现可持续性将起到至关重要的作用。

上海各高校开设相关专业，体现了国内对培育后备力量的重视性，但毕业流向的关键性问题没有得到根本解决，进入行业内的员工无法达到预期的满意度，最终转行。解决这一现象的关键在于，应把具有合适能力的人员安排到合适的岗位上，真正做到"人岗适配"，才能使双方达到合适的满意度。

3. "引进来、走出去"，提升整体水平

在制造业，工艺远比制造难度要大得多，我国缺的不只是技术工人，更缺的是工艺师，我国磨床行业严重缺少各方面的专家、人才。上海应紧紧围绕国家重大需求，以更大力度引进"高精尖缺"人才。可以通过借用外力的形式，聘请国内外专家进入研发设计团队，带动年轻骨干的快速成长；另外，通过国际合作平台，输送年轻技术人员去国外培训也能起到很好的效果。同时这些方式也可以很好地激励其他科研人员自身能力的提高，在各方面继续寻求更广泛的合作。

加快发展上海航空租赁业的对策建议

　　编者按：航空租赁业作为支撑现代航空制造业发展的生产性服务业，是航空运输服务及金融业的重要关联产业，处于航空价值链高端。伴随着国内通航市场的飞速发展，航空租赁业和航空维修等有望首先迎来繁荣。上海在加快"十四五"民用航空产业布局时，可通过构建全流程和全方位的关联支持产业服务体系、完善教育体系与专业培训系统、形成高素质的专业人才队伍、提供经营便利性和法律保障等，促进航空租赁业务从规模大到能力强的提升，加速发展上海民用航空经济服务链核心产业。

　　航空租赁业起步于 20 世纪 70 年代，并逐渐成为航空运输领域中重要的组成部分。来自《经济日报》的信息，全球在飞的 2.5 万架飞机中约 40% 归航空租赁公司所有，而在国内这一比例更是达到 70%。① 航空租赁主要是由租赁机构通过贷款、融资等方式，

---

① 商瑞：《航空租赁路在何方——疫情冲击下的航空租赁产业状况调查》，第 3 段，http://www.xinhuanet.com/fortune/2021-01/13/c_1126975818.htm（"新华网"，编写时间：2021.01.13，访问时间：2021.04.15）。

向飞机制造商购买飞机，并租赁给航空公司收取租金的业务形式。同时，航空租赁公司还提供飞机采购和生产解决方案、发动机和零部件维修、债务担保、飞行培训等多种服务，直接或间接拉动行业和其他产业的发展。因此，对航空公司来说，直接购买飞机需要占用大笔资金，而租赁飞机不仅可以极大地降低成本，还可以提高机队灵活性及交付速度，便于引进新机种和新机型，现已成为航空公司解决机队扩张与资金短缺矛盾的最为有效的途径之一。据国家民航局 2020 年数据显示，我国航空运输总周转量自 2005 年以来稳居世界第二位，并逐年缩小与第一位的差距。[①] 波音公司更是预测，未来 20 年，中国的航空公司将购买 8600 架新飞机 [②]，预计超过一半的飞机通过租赁方式引进。

民用航空产业作为上海高端产业集群的重要领域之一，是最体现硬核科技特征和集成创新优势的"五型经济"融合体。加快尖端技术创新突破，契合服务经济发展趋势，推动航空运输汇聚流量，吸引更多总部业态落地，深度融合全球竞合格局，是"十四五"谋求上海民用航空产业持续高质量发展的关键。其中，航空租赁作为航空产业链的重要环节，如何谋篇布局，将对上海民用航空产业发展起到非常重要的支撑作用。

一、航空租赁业的经营模式分析

经营租赁、融资租赁是飞机租赁的两种基本模式。为保持机队灵活性，大型航空公司通常会采用混合管理模式，以平衡资金压力与管理风险。

（一）经营租赁有力延展航空价值链

在经营性租赁业务中，租赁公司作为出租人从制造商、其他租赁公司或航空公司购买飞机，出租给作为承租人的航空公司赚取租金收益，并在租赁期内或租赁期末以出售飞机资产赚取处置收益，同时通过多重税收减免和返还，降低综合融资成本。

经营租赁时长通常较短，一般为 5—7 年，甚至短至 1 年左右，租金较高，但对于

---

① 赵展慧：《中国民航旅客运输量连续 15 年居世界第二》，第 1 段，http://www.gov.cn/xinwen/2021-01/13/content_5579329.htm（"中华人民共和国中央人民政府网"，编写时间：2021.01.13，访问时间：2021.04.15）。

② 侣凯：《波音预计未来 20 年中国航司将购买 8600 架新飞机》，第 1 段，http://www.cannews.com.cn/2020/11/12/99315082.html（"中国航空新闻网"，编写时间：2020.11.12，访问时间：2021.04.15）。

承租人来说具有较大灵活性。航空公司仅享有飞机的使用权,而非所有权,由出租人承担租赁资产的残值风险。

租赁业务分为干租和湿租两类,干租指出租人仅向承租人提供飞机租赁,湿租指出租人向承租人提供包括飞机租赁、机组、维修等各项打包服务。[①] 成熟的经营租赁行业往往成为链接实体经济与资本的平台,通过提供飞机全周期资产管理,拉动航空制造、维修、拆解等关联产业的发展,促进航空制造业服务业转型升级。

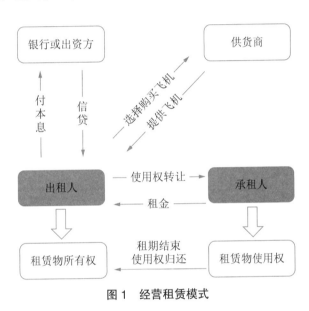

图1 经营租赁模式

(二)融资租赁盘活航空资产

在融资租赁业务中,租赁公司从制造商、其他航空公司或其他机构购买飞机,出租给航空公司,收取全部租金后再将飞机资产转移至航司,赚取租赁利息收益。租赁公司同样通过多重税收减免和返还,降低综合融资成本,并以降低租金的方式使承租人受益,减轻航空公司的资金压力。

融资租赁租期较长,一般为10—15年左右,基本接近飞机剩余的使用寿命或折旧寿命。承租人不得随意解除租赁协议,需负担飞机在租期内运营的一切费用,且租金要

---

① 林喆:《飞机租赁在全球扩张 背后原因何在?》,第27段,http://www.ce.cn/aero/201606/02/t20160602_12443075.shtml("中国经济网",写作时间:2016.06.02)。

按季或半年期支付。在约定租期内，承租人缴纳的租金足以覆盖出租人的投资成本，且在融资租赁到期后，飞机通常归承租人所有，航空公司最终会获得飞机的所有权。

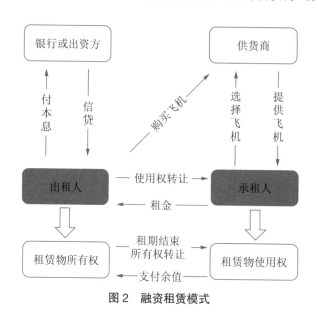

图 2　融资租赁模式

二、国内外典型区域航空租赁业发展动态分析

（一）国外航空租赁业发展格局特点

全球航空租赁业发展迅速。其中，爱尔兰是全球主要的航空租赁企业注册集聚地之一，至今仍是全球航空金融租赁公司注册的首选和融资中心，其 SPV 模式是航空租赁在全球范围内最广泛的交易结构。自 1975 年开展航空租赁业以来，爱尔兰政府陆续推出了多项有利于航空租赁业的优惠政策和措施，吸引了大批航空租赁公司在爱尔兰注册并将飞机资产放在爱尔兰，都柏林、香农等地形成了与航空租赁业相配套的产业群，大批从事航空租赁业务的法律、金融、技术和管理专业人才也向爱尔兰聚集。目前在爱尔兰注册的飞机租赁公司 50 多家，全球机队规模最大的前 15 家租赁公司中，有 14 家在爱尔兰开展航空租赁业务，拥有飞机总数 10000 余架，管理的资产规模超过 1000 亿欧元，即全球约 22% 的飞机机队以及 40% 以上的租赁飞机机队在爱尔兰管理。①

---

① 《爱尔兰飞机租赁产业发展情况》，第 1 段，http://ie.mofcom.gov.cn/article/ztdy/202101/20210103032456. shtml（"中华人民共和国商务部"，编写时间：2021.01.19，访问时间：2021.04.15）。

爱尔兰发展航空租赁业的税收优惠包括：一是所得税优惠。根据爱尔兰税法，处置飞机时的所得税税基非常小，且大多数情况下不用缴纳所得税。如果航空租赁公司的集团公司也在爱尔兰，同集团内飞机折旧带来的税务抵扣可以共享。二是预提税优势。爱尔兰与超过 70 个国家签订了双边税务协定。三是免收合同印花税。[1] 多重税收优惠使得欧洲空客公司和美国波音公司都将其飞机维修和保养业务集中在爱尔兰，再加上先进的基础设施、便利的交通条件，爱尔兰在航空租赁企业管理、交易、成本等各方面有着显著优势。

此外，鉴于各国自身的经济环境及行业发展阶段，不同国家的航空租赁模式各具特点。如，美国是信贷担保下的融资租赁模式，在信贷、保险、税收等方面制定了宽松的政策。日本推出杠杆融资租赁模式。法国则通过公司所得税及折旧、集团纳税等税收政策调节飞机租赁业务。新加坡作为亚洲重要的航空枢纽，培育了多家具有国际竞争力的航空维修企业，并向具有高附加值的高端制造、服务方向持续发展，通过政策引领、人才配套等措施，建立了健全的航空制造、维修和服务基地。此外，新加坡政府还推出了所得税优惠航空租赁激励方案，与 90 个国家签署双边税务协定，使得新加坡的航空租赁行业取得了长足发展。[2]

（二）国内航空租赁对产业集聚作用显现

国内航空租赁行业虽然起步较晚，但发展较快，50 多家中资航空租赁公司占据了国内新飞机租赁 90% 以上的市场份额。而在国内开展航空租赁保税业务的地区中，天津东疆保税港区始终处于领先地位。[3]

国内首单飞机保税租赁业务于 2009 年在天津东疆保税港区完成，通过借鉴爱尔兰等国家和地区的经验，天津东疆保税港区已成为全球第二大租赁产业聚集中心。目前，有 60 多家航空制造维修项目和 200 多家航空服务项目相继落地，涵盖机身总装、发动

---

[1] 程新星：《大巧若拙，重剑无锋——飞机租赁行业深度报告》，光大证券交通运输仓储行业研究，2020 年 12 月 18 日，第 15 页。

[2] 胡晓云：《爱尔兰、新加坡、香港及天津东疆保税区飞机租赁税收优惠政策浅析》，载《中国注册会计师》2018 年第 11 期，第 111 页。

[3] 商瑞：《航空租赁路在何方——疫情冲击下的航空租赁产业状况调查》，第 6 段，http://www.xinhuanet.com/fortune/2021-01/13/c_1126975818.htm（"新华网"，编写时间：2021.01.13，访问时间：2021.04.15）。

机维修、零部件生产及维修、飞机拆解再利用等各项业务，并积极探索整机保税维修、小时包修等创新模式，形成了从航空制造、航空租赁到航空维修的全产业链。①

天津东疆保税港区之所以走在行业前列，得益于不断摸索创新：

一是政策支持。2014年东疆保税港区出台《关于加快航空金融发展（暂行）鼓励办法》，鼓励航空租赁和航空配套产业健康发展，在投资、监管、审批、融资、税收等方面给予政策扶持。② 如，对设立在东疆保税区的SPV返还部分所得税和增值税，加上对于国内航司免预提税，帮助降低国内航司的综合融资成本。二是模式创新。天津东疆率先创新推出进口保税设备租赁业务模式，采购租赁标的物入区保税，并实现以租金方式分期缴纳关税和进口环节增值税，缓解企业现金流压力。天津积极支持飞机和发动机存量转租贷业务，支持航空公司进行飞机售后回租，通过搭建服务平台帮助盘活资产，提升租赁资产交易的活跃度。据天津税务部门统计，天津东疆2020年上半年退税金额达到了10多亿元。三是监管突破。通过跨海关特殊监管区域合作突破SPV设立的地域限制，减少企业对SPV管理的难度。天津海关拓展大型租赁设备异地监管范围，从飞机拓展到发动机、模拟机等航材，且覆盖至全国的10多家海关，帮助缩短设备进境、进出区和贸易租赁征税申报等手续，减少调用飞机成本。截至2020年9月底，天津东疆海关已累计办理超过1600架飞机通关租赁业务，占全国市场份额80%以上③，其SPV模式成为目前国内航司引进飞机最常见的模式。

三、发展上海航空租赁业机遇与挑战分析

（一）机遇：大飞机产业园—临空经济区融合发展助力上海成为世界级航空租赁中心

国产飞机的交付运行将为航空租赁业带来发展新机遇。现阶段，C919大型客机已

---

① 《保税区初步形成航空产业聚集效应 走出错位发展新模式》，第5段，https://www.tjftz.gov.cn/contents/6302/329027.html（"中国（天津）自由贸易试验区天津机场片区 天津港保税区"，编写时间：2021.01.26，访问时间：2021.04.15）。
② 孙忠：《东疆出台〈加快航空金融发展（暂行）鼓励办法〉》，第1—5段，http://news.cnstock.com/news，bwkx-201409-3184232.htm（"中国证券网"，编写时间：2014.09.18，访问时间：2021.04.15）。
③ 赵贤钰：《东疆海关助力航空企业打赢经济战"疫"》，第7—8段，http://bhsb.tjbh.com/html/2020-10/20/content_12127_3473979.htm（"滨海时报"，编写时间：2020.10.20，访问时间：2021.04.15）。

开启多机场、多区域协同试飞模式，全线进入高强度、高效率、高质量飞行试验阶段。2021 年，上海将力推国产大飞机 C919 取得适航证并交付首架飞机。[①] 随着 ARJ21 持续交付，后续 C919 交付使用以及 C929 开始研发，航空租赁业将成为国产飞机销售及租赁的重要通道，不仅能够推进国内航空产业发展，对于开拓国际市场更具有重要意义。特色园区的项目启动将加快制造业与临空产业集聚。2020 年 10 月，临港新片区大飞机园"一谷一园"首发项目，总投资额超 200 亿元的 22 个项目集中签约，未来新片区将汇聚航空研发、制造、运维、服务等产业链高端业态，预计 2025 年产业规模达到 500 亿元。[②] 在毗邻浦东机场和商飞总装基地的独特区位基础上，零部件制造和飞机维修业务的展开，将显著提升上海航空租赁业的竞争力，而航空租赁业的发展则会进一步反哺园区飞机零部件制造、维修等业务，形成制造业、金融、服务业融合发展的良性循环。随着研发、制造、物流以及各生产性服务平台的搭建，加上上海具有的独特的金融体系优势，蕴含着涵盖全产业链，包括飞机租赁产业的巨大发展机会。

（二）挑战：航空业短期低迷或将对航空租赁行业形成冲击

疫情常态化增大飞机租赁行业的短期经营压力。疫情期间，航空公司收入大幅下滑，中小航司纷纷面临经营危机，大型航空公司也不能幸免，国泰航空在 2020 年宣布重组及裁员计划，并停运旗下港龙航空。[③] 航空公司的经营风险也正随着产业链向上游传导。全球航空租赁行业普遍由于租金降低或延收导致现金流紧张，融资难度也有所提高。资产处置问题逐渐凸显。国内航空倾向于使用低龄飞机，三大航机队平均机龄仅为 6 年左右。受限于工程管理能力不足，因此 8—10 年以上的老旧飞机在国内市场并没有消化空间。如何实现飞机的市场再投放和飞机残值最大化，健全资产管理机制，对即将面临老旧飞机更新换代的航空租赁行业至关重要。经营租赁专业化不足，产业链配套

① 杨有宗：《上海：推动国产大飞机 C919 取得适航证并交付首架》，第 1 段，http：//m.xinhuanet.com/sh/2021-01/26/c_139697615.htm（"新华网"，编写时间：2021.01.26，访问时间：2021.04.15）。
② 张静：《临港新片区大飞机园来了！22 个项目入驻，总投资超 200 亿》，第 1—4 段，https：//www.thepaper.cn/newsDetail_forward_9680342（"澎湃新闻"，编写时间：2020.10.23，编写时间：2021.04.15）。
③ 朱瞻良：《国泰航空的裁员重组与疫情之下航空业的未来》，第 1 段，http：//www.china.com.cn/opinion2020/2020-10/28/content_76850652.shtml（"中国网"，访问时间：2020.10.28，访问时间：2021.04.15）。

有待完善。与国外领先航空租赁公司相比，国内缺少专业化的航空经营租赁公司是行业短板之一。简单的融资租赁业务主要服务于融资环节，并不能起到带动全产业链发展的作用。而专业化的经营租赁公司可通过提供维修、拆解、零部件销售等各个配套环节为飞机提供全周期服务，提升产业链制造及服务水平。目前中小航空公司因综合实力较弱，并不具有大型航空公司成熟的维修养护团队体系，在运营成本方面承担着较大的压力。

四、加快发展上海航空租赁业的对策建议

（一）构建全流程和全方位的关联支持产业服务体系

尽快推动与上海航空租赁业相配套的行政管理外包服务、税务咨询、投融资顾问以及法律事务的产业集群在浦东新区陆家嘴及临港新片区落地，既可以促进萌芽期租赁企业的发展起步，也有利于成熟租赁企业更专注于经营核心业务，更加专业化、国际化。同时，可考虑搭建统一航空租赁服务平台，规范行业标准，降低交易成本，加速资源整合，促进产业链上下游有序发展。

（二）完善教育体系与专业培训系统

推动长三角相关高校开设航空金融服务课程，鼓励本地律师协会、会计师协会定期组织航空租赁专业培训课程，为本市企业不同阶段的从业人员提供相应的知识支持。此外，各大机构间也保持着紧密的合作和互动，通过多种形式进行培训、研讨和交流，共同培育、扶持和维护上海航空租赁市场长期和健康的发展。

（三）形成高素质的专业人才队伍，提升行业资产管理水平

应关注对掌握专业的工程技术且熟悉资产管理业务的复合型人才的培养，同时应着力培养一批技术服务类的航空资产管理公司，在对飞机残值的风险把控、价值评估及交付技术管理等方面提升行业水平，健全飞机资产周期专业化管理机制，以帮助航空租赁公司通过流转和处置飞机资产，优化资产结构。

（四）从维修养护等制造业相关配套服务入手，带动全产业链发展

上海临港新片区已将航空产业链高端业态纳入规划，后续应在招商及管理中落实对航空维修、养护等产业链相关配套企业的扶持，开拓二手飞机机队管理、买卖、维修拆解以及飞机零部件销售等中后市场。重点对接国产飞机市场需求，建立国产飞机零部件维修基地，孵化培育一批专业度高，且具有协同效应的零配件制造、销售、维修企业，达到延伸产业链的目的。不仅利于中小型航空公司降低维护成本，减轻营运压力，更有利于提升自贸区航空租赁行业的综合竞争力。

（五）提供经营便利性和法律保障

航空租赁业务与保税区和自贸区规划建设密不可分，同时涉及海关、工商、税务、法律、外汇等各个部门的政策制定及管理。应做到规划先行，加强临港新片区政策创新研究，多委办相关部门联动。如，航空租赁业务涉及的收付汇问题，离不开外汇管理局、自贸区、银行以及行业代表的共同研究探讨。此外，应拓宽融资渠道，创新交易模式，完善税收机制，降低航空租赁业的融资成本，以更好地适应国产飞机的发展需求。加快制定贴合行业的创新政策对上海航空租赁业转型升级、拓展海外市场至关重要。

推进上海仪器仪表产业发展的对策思路

编者按：仪器仪表行业是国民经济的基础性、战略性行业，是为国民经济各部门提供计量、检测、调节和控制等技术装备的一个重要行业，是高端装备制造业、智能制造装备产业的重要组成部分，发展仪器仪表行业能促进我国由制造大国走向制造强国。仪器仪表本身的技术水平，可以从自有知识产权的仪器仪表在国民经济各部门及自动化装备中所占的比例来判断，它很大程度上反映出一个国家的科学技术水平、国民经济综合水平和工业现代化的水平，所以，经济发达国家无不高度重视仪器仪表的发展，我国更强调自主创新在仪器仪表发展中起到的重要作用。

一、国内仪器仪表产业发展概况

（一）国内仪器仪表产业发展概况

随着我国市场经济的不断发展，现在已建成规模大、品种齐全、综合实力强的仪器仪表产业，而且近年来的增长率明显高于全球仪器仪表3%—4%的增长率。历年（2015—2019年）仪器仪表产业主要经济运行指标比较见表1。

表 1 2015—2019 年我国仪器仪表产业经济运行指标

指标名称	2015 年	2016 年	2017 年	2018 年	2019 年
规模以上企业（个）	4311	4399	4622	4802	4943
主营业务收入（亿元）	9378	10214	10322.8	8977	8315
实现利润总额（亿元）	824	916	986.3	927	858
进出口总额（亿美元）	676	669.1	732.7	824	853

资料来源：国家统计局。

跟随国民经济的发展步伐，仪器仪表产业从产品种类、技术水平、经营模式上不断满足各行各业的需求，在发展的总体态势上还优于全国工业和机械工业（具体走势详见附件 1）。

（二）上海仪器仪表产业发展概况

目前我国仪器仪表产业是一个平稳发展的产业，与 2012 年相比，上海仪器仪表产业全产业 2013—2017 年五年间收入累计增长 46.30%，年均增长率 7.91%。在全国仪器仪表产业增长的带动下，上海仪器仪表产业虽能跟随发展，但在跟随发展上尚无超越之能，呈现滞后之势（年均增长滞后 2.09 个百分点），一段时间产业总量地位呈逐年下降之态势。但在 2017 年后，上海仪器仪表产业发展呈现上升趋势，利润总额占比上升0.74 个百分点，达到 5.92%（见图 1）。在 16 个子产业中，工业自动控制系统装置制造对全行业的贡献度最大，实验分析仪器制造的行业优势最高。

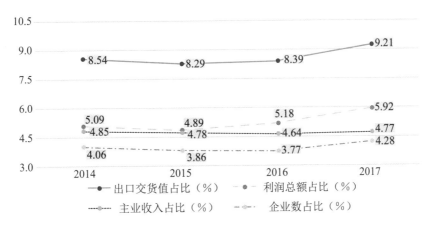

资料来源：国家统计局。

图 1 上海仪器仪表行业 2014—2017 年在全国行业地位比较

二、上海仪器仪表产业发展趋势和问题

（一）上海仪器仪表产业发展趋势

上海的工业自动控制系统装置制造技术水平以前在国内一直处于领先地位。现在，由于产业调整、技术人才大量流失、国外仪表大量冲击国内市场、国内企业研发投入不够等因素，制约了上海仪器仪表产业的快速发展，所以地位有所下滑。但相比全国情况来看，上海的产品门类齐全、系统成套能力强、自主开发水平高、技术先进等优点还是比较突出的，综合实力仍然在全国具有很强的竞争优势。

尤其是上海作为国际大都市，产业技术基础、技术创新能力、技术和服务支撑能力在全国居首位。主要是依托一批国际知名的自动化仪表生产企业如 ABB、艾默生、科隆、施耐德、GE、西门子，特别是一批国有和民营的知名自动化企业，如上海自动化仪表有限公司、上海宝信、上海新华、上海威尔泰、上海光华等，它们在某些领域继续保持着领先的技术，它们的优势产品如控制系统与软件、流量仪表、控制阀、物位仪表等均处于领先水平。

电工仪器仪表制造、实验分析仪器制造及传感器制造领域这些年也迅猛发展。未来，仪器仪表行业将有三大发展趋势：一是微型化，微电子技术、微机械技术、纳米技术、信息技术等综合应用于生产中，传感器体积将变得更小。二是多功能化，受惠于上述技术的运用，集成多样的功能模块，传感器功能将更加齐全。三是人工智能化，人工智能技术席卷全球各领域，传感器行业也不例外，产品将用人工智能技术取代人的一部分脑力劳动，解决传统方法不能解决的问题。

（二）推进上海仪器仪表产业发展面临的困境

上海仪器仪表产业企业总体发展良好，比较重视科技创新、科技研发、知识产权，且与高校合作比较多，但是行业中还面临以下问题和困难。

1. 中小企业研发投入不足

上海的仪器仪表企业以中小企业为主，虽然大部分企业比较重视研发、支持创新，研发投入占销售收入的比例较高，但研发投入总额偏低，难以支撑企业开展基础理论研

究和产品核心部件、关键技术的自主开发，而且相比国有企业、大型企业能够争取到更多的政府支持项目，中小企业获得政府支持的能力偏低，因此也造成行业整体的研发投入不足，自主开发能力较差，缺少自主知识产权的创新技术。

2. 产业化效果不明显，产业结构不合理

行业企业和高校、科研院所合作较多，但研究成果产业化效果不明显。自20世纪90年代初期开始，我国仪器仪表产业具有高技术含量的领域，参与竞争的主要方式是引进或合资生产产品。在引进、合资、国产化过程中，国内企业缺乏对产品关键技术的研究，不能独立地对产品进行升级换代。虽然上海仪器仪表产业在一些重点领域、关键技术方面有一些突破，甚至还有一批产品处于行业的中高端，也出现一批"专精特新"企业，但产品整体处于中低端水平，竞争激烈，产业结构不合理。

3. 高端人才匮乏，发展不平衡比较突出

企业的竞争，关键是人才的竞争，但在国内外同行的冲击下，上海原有国有仪器仪表企业的人才流失严重，中坚力量基本上都进入了外资企业，人才年龄两极分化。除个别企业外，全行业面临如研发、工艺、技术管理等复合型高端人才的匮乏。所以，行业发展中大与强的不平衡、产量与质量的不平衡、质量与价格的不平衡现象非常严重，从而形成产业虽大，高端不足，低端过剩，供需矛盾突出的情况。如此以往，长期低价竞争的市场环境，优质不能优价，显然严重阻碍了企业的发展。

4. 经营成本居高不下、市场竞争力低弱、关键芯片对外依存度高

由于行业主营业务成本居高不下，加上低价恶性竞争，致使企业增收不增利的现象比较严重。有部分企业甚至出现了营收增长或基本持平，但是利润却下降80%—90%的状况，导致这一现象的主要因素是人力成本、原材料、芯片及元器件等相关费用价格的大幅上升，上海一些企业的产品特点是单项能力强，总体实力弱。在人力方面，研发型人才的数量和质量远远无法满足市场的需要；在财力方面，很难跟跨国的企业竞争。因此在国内市场，本土企业相对外资企业，明显处于弱势地位，实则缺乏大型综合性工程的集中调控能力。

由于中国在高端芯片领域基础薄弱，对外依存程度高，导致国内仪器仪表内部的关键芯片长期依赖进口。在当前国际贸易战频发的背景下，关键芯片的供货期延长，严重

影响国内仪器仪表的供货周期，目前也成为仪表仪器行业的发展瓶颈。

三、推进上海仪器仪表产业发展的对策建议

国家和地方政府从"十一五"时期开始加大了仪器仪表行业的科研投入，相关企业在政府资助下完成了一些关键技术、关键部件和分析仪器整机的研制，部分产品取得了工程化和产业化成果，为产业的发展和国内仪器仪表产业整体水平提升提供了一个良好的发展条件。现在更需要政府在产品基础原理、还未突破的核心部件关键技术、产品应用技术等方面加大支持力度，使我国仪器仪表在高端市场上取得根本性的突破。对策与建议如下：

（一）支持企业高端产品的技术创新

企业开发高端产品存在研发投入较大、成功率低等风险，因此会回避或放缓实施此类项目的研发，往往造成行业存在技术短板。因此政府应加大对高端产品的支持力度，逐步建立分担企业产品技术创新风险的相关制度，激发企业的创新意愿，突破产业高端产品技术瓶颈。

（二）支持公共技术服务平台的建设，构建多个不同专业产学研用平台

上海目前在仪器仪表的产品应用和检测技术等方面已经构建了一些公共技术服务平台，但应用效果不显著。在高端产品的基础原理、关键部件核心技术等方面，如传感器的基础材料、MEMS 芯片领域，还缺乏真正支持行业研发和交流的公共服务平台。仪器仪表产业涉及多个领域，其发展与周边技术的发展密不可分，需要打破领域的界限，形成多个跨专业、跨领域并融合相关核心优势技术的产学研用平台。

（三）加大仪器仪表高技能人才培养支持力度，针对行业特点实施普惠政策

为了进一步推进仪器仪表行业科技创新水平，应加大对产业高技能人才培养的支持力度，设立高技能人才培养基地，建立人才评估考核体系，提升产业高技能人才的覆盖面和深度。针对仪器仪表产业多品种小批量和中小企业多的产业特点，突破政策一刀切、进入门槛高的弊端，实施有针对性的普惠政策。

（四）支持企业走出去

鼓励企业走出去，开拓海外市场，开展国际产能合作，把握好重点市场，并积极响应国家"一带一路"等发展战略，开发新兴市场，扩大上海仪器仪表产业在国际市场的影响。对于企业走出去的高端产品，在产品研发、市场推广、出口检测等方面的费用给予一定的支持。

附件1 历年仪器仪表、全国工业、机械工业主营业务收入增长率比较

历年仪器仪表主营收入增长率比较

	2015	2016	2017	2018	2019
同比增长率（%）	5.72	9.2	10.4	8.6	5.54
比上年增长率（%）	6.18	7.71	1.94	−3.91	−3.04

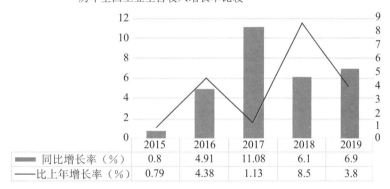

历年全国工业主营收入增长率比较

	2015	2016	2017	2018	2019
同比增长率（%）	0.8	4.91	11.08	6.1	6.9
比上年增长率（%）	0.79	4.38	1.13	8.5	3.8

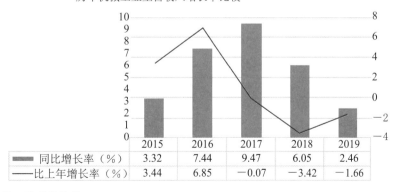

历年机械工业主营收入增长率比较

	2015	2016	2017	2018	2019
同比增长率（%）	3.32	7.44	9.47	6.05	2.46
比上年增长率（%）	3.44	6.85	−0.07	−3.42	−1.66

资料来源：国家统计局。

加快推进上海智能生物方舱产业化的对策建议

编者按：2020 年年初，新冠肺炎疫情在湖北武汉爆发，方舱在国内发展迅速并成为武汉疫情的拐点。在运行的 35 天里，武汉方舱医院提供的 12988 张床位以最快的速度、最小的社会成本却大幅扩大的收治容量极大缓解了疫情形势，是名副其实的生命之舟。[1] 所谓方舱，是指一种刚性的箱式装载体，通过加装不同的设备形成特定的功能，容积分为固定式和扩展式两种。方舱一词来源于美军的军事术语，因其具有灵活的转移性、极强的适用性、良好的气密性和防护性等优良特点，历经军用发展、领域扩展及民用转化，正朝着智能化方向突破，并被广泛应用于工程现场、指挥中心及医疗救援等不同民用领域。

我国在"十三五"生物医药产业发展规划中已明确提出，要提升生物医学工程发展水平。把握智能、网络、标准化的新趋势，大力发展新型医疗器械，提供现代化诊疗

---

[1]　喜加：《方舱医院：那些你不知道的故事》，载《人民周刊》2020 年第 6 期，第 27—29 页。

新手段，其中包含针对急性细菌感染、病毒感染等重大传染性疾病，要提供快速准确便捷的检测手段。国外方舱现已广泛用于移动式指挥所、通信控制中心、医疗救治、航空指挥塔、机械和电子修理所等，国内方舱的应用也备受关注，拥有广阔的应用前景。复旦大学医学院、中船集团上海船舶工艺研究所、上海中博信息系统工程有限公司及上海欧嘉实业有限公司等相关单位的专家提出，智能生物方舱是生物医药和智能制造融合发展的高端产品，上海具备产业先发优势和基础，应把握机遇，打通核心技术路线，加快创新示范和高适配推广。作为未来方舱技术主流发展方向，具有智能完备的自我保障能力、独立医疗救治功能、高适用性快速部署及全生命周期管理功能的智能生物方舱，无疑是产业化的突破重点。

一、国内外生物方舱技术的发展现状

方舱的研制和用途演变经历了三个阶段：

第一阶段是方舱问世，主要为军事战争服务。方舱最初出现于 20 世纪 50 年代，美军用于朝鲜战争。20 世纪 60 年代，针对战需探索电子方舱、医疗方舱、扩展方舱及维修方舱等的研制、性能模拟和提升，美军研制出第一代方舱机动医院"自给式可运输野战医院（NUST）"、第二代方舱医院"新型陆军机动外科医院"。[1] 20 世纪 70 年代，方舱的发展呈现出多样化的趋势。据报道，美军投入使用的各类方舱达 180 多种；英国、德国、法国也陆续开展医用方舱研究。[2]

我国的方舱研发始于 20 世纪 70 年代，也同样起步于军事领域。1982 年中国第一台自主研发的军用方舱在空军第二研究所诞生[3]；1989 年原电子部第 705 厂研制出第一台大板式方舱[4]，军用方舱在我国军事装备中逐步得到更广泛的应用。

第二阶段是组配灵活，拓展到应急医用救援。20 世纪 90 年代，随着世界反恐局势

---

[1] 小灵：《武汉要建的 11 个"方舱医院"有多牛？》，第 3 部分 战场创造的方舱医院，https://www.guancha.cn/xiaoling/2020_02_05_534574.shtml（"观察者网"，发表时间：2020.02.05）。

[2] 李岳彬、魏世丞等：《方舱技术发展综述》，载《机械设计》2019 年第 4 期，第 5—11 页。

[3] 董虎军、马冬芳等：《我国方舱设备的发展回顾》，载《移动电源与车辆》2009 年第 1 期，第 41—42、48 页。

[4] 王政、王雪丽：《军用方舱发展趋势》，载《现代军事》2016 年第 5 期，第 70—72 页。

的日益严峻，战场防护与战场抢救成为各国的研制重点。美军成功研发"可部署医疗系统"，采用帐篷－方舱混合式结构，模块化程度较高，组配方式灵活。法国也随之研制出技术互联方舱医院，将手术舱、复苏舱和技术保障舱联合组成互联舱，采取方舱集中供水、电、气等新型技术供应模式，大大提高救治效率。① 方舱在数量不断增多的同时也向通信、指挥控制、交通等民用部门不断扩展。

相较国外而言，我国医用方舱的研究略晚。20 世纪 90 年代初，从我军研制第一台手术方舱起，陆续开展了医疗方舱的研究。21 世纪初期，为进一步提高野外应急医疗救助能力，我军在第一代方舱医院的基础上，研发了具有"三防"能力的第二代医疗支援保障方舱系统，大幅提升了现场救治能力，在汶川及玉树抗震救灾中展现出强大的医学救援能力。②

第三阶段是智能突破，生物方舱引领新方向。进入 21 世纪以来，方舱医院信息化作业能力提高，不断向系统化、标准化、通用化、组合化发展，环境适应能力不断提升。③ 同时，更为高端的移动式 P3 生物方舱成为追逐目标。美国哈佛大学早在 2004 年便开始了研制工作。截至目前，欧美发达国家已相继研发了多种可快速部署的移动式生物安全实验室，相关立法和理论研究较为先进，民用应急医疗领域移动式医疗方舱标准化程度高，构建了较为完善的国家生物防御体系，可有效应对各种新发突发传染病疫情和生物威胁，并逐步实现标准化和系列化。④ 如，法国研制了采用箱组模块化设计的便携式微生物实验室；捷克国防大学军队卫生学院研发了配备有生命支持系统的大型帐篷式生物安全实验室；美国也研发了可扩展式加强型移动生物安全实验室。近期，ABB 公司已成功研制智能方舱，并具备无人化检测配套能力。经历了半个多世纪的发展，美国和欧洲国家的方舱在技术标准、产品开发、技术性能、产品制造和装备应用方面均居先导地位，代表了当今世界的先进水平和技术发展方向。

---

① 张宗兴、衣颖等：《帐篷式移动生物安全实验室设计及在新型冠状病毒检测中的应用》，载《医疗卫生装备》2020 年第 2 期，第 1—5 页。

② 武悦、李燎原等：《智慧医疗救援模式下的移动应急医院设计探索》，载《建筑学报》2019 年第 1 期，第 111—116 页。

③ 谭树林、李若新等：《S95-100 野战机动医疗系统及其应用》，载《医疗卫生装备》2003 年第 1 期，第 104—106 页。

④ 王炳南、程正祥：《方舱医院发展与研究展望》，载《医疗卫生装备》2012 年第 1 期，第 92—93、96 页。

我国在进入 21 世纪后，方舱的研制也开始呈现多元化。2004 年，我国从法国引进 4 套国际先进的移动 P3 实验室，分别配给国家、上海、北京及广东疾控中心。经历过防治非典、禽流感后，我国加大了移动生物安全实验室的建设力度，同时制定和颁布了一系列实验室生物安全管理法规、规范和标准，进一步推动了我国生物安全实验室运行水平的提升。2006 年，军事医学科学院自主研发我国首个移动式生物安全三级（P3）实验室，使我国成为继美、法、德之后极少数能够独立设计和制造该装备的国家。[①] 但相比欧美其他国家，我国移动高级生物方舱数量和规模均严重不足，配备更是严重短缺。

二、上海发展智能生物方舱产业的基础优势

上海作为全国生物医疗领域的技术高地，拥有雄厚的生物医疗研发能力、丰富的临床资源，产业创新要素集聚、企业链条齐备、综合配套优势明显。在各类研发创新要素加速集聚以及政策驱动下，上海在智能生物方舱设计制造、软硬件配套及产业化推广等方面均具备了独立的技术能力和丰富的资源优势。

（一）技术探索成果初现，软硬件配套能力突出

目前，上海初步具备了智能方舱设计制造能力。复旦大学医学院早在 2018 年就牵头会同中船集团上海船舶工艺研究所、上海悦良生物科技有限公司、上海昌集特种集装箱有限公司建成 2 套集装箱式 P2＋ 实验室，并已投入实施使用。同济大学智能环境团队（国家土建结构预制装配化工程技术研究中心）于 2020 年研发成功了先进方舱生物安全实验室，主编和参编了《方舱核酸检测生物安全实验室通用技术要求》《生物安全实验室建设与发展报告》等。复旦大学医学院、上海宝山太平货柜有限公司、中科院上海有机化学研究所、上海海关保健中心等多家单位联合研制的"上海移动式核酸检测方舱实验室"，作为国内首个采用标准集装箱尺寸的 P2＋ 移动式核酸检测实验室，于 2020 年 8 月在浦东国际机场正式交付。上海申博信息系统工程有限公司在虚拟仿真、集控系统、中控系统研发方面积累了大量的经验，已开发多套较为成熟的产品，并承研了市科委的

① 李兵：《我国建成首个移动 P3 实验室》，载《中国社区医师：医学专业》2006 年第 23 期，第 61 页。

"P2＋方舱实验室智慧中控系统研发与应用项目"。上海欧嘉实业有限公司联合军事医学研究院、复旦大学、天津大学等多家科研院所承接了国家863高科技项目和国家重点专项，具备方舱消杀系统、无害化处置系统研制实力。上海昌集特种集装箱有限公司等多家公司在特种集装箱和方舱设计、制造等方面具备了丰富的经验和较强的技术能力。

上海已形成了以张江为核心，以金山、奉贤、徐汇等园区为重点的"聚焦张江、一核多点"生物医疗产业空间格局，并积极推动张江与金山、奉贤等园区错位互补、联动发展，初步形成了生物医药、创新化药、高端医疗器械等共同发展的产业格局，在医疗服务、人工智能、医疗大数据等领域实现了特色化发展，集聚了一批行业龙头企业。同时，上海市作为智能制造发展的新高地，在虚拟仿真、智能设计、运维、智慧控制等领域能力突出，可为智能生物方舱发展提供优越的软硬件基础。

（二）医疗研发能力雄厚，临床资源较为丰富

上海在生物医疗产业研发力量突出。早在《关于"设立上海生物医药产业投资基金"的建议》中就已提到，上海拥有我国实力最强的生物医药科研教育力量和创新资源之一，拥有复旦、交大等10多所高校，以及中国科学院上海生化所、神经所、药物所等30多家专业研究机构；分子生物学、新药研究等生物医药类国家级重点实验室16个，药物制剂、模式动物等国家和上海市工程技术研究中心20个。[①] 此外，诺华、罗氏、阿斯利康、雅培、辉瑞、赛诺菲安万特、西门子、通用、美敦力等10多家跨国制药和医疗器械企业在上海设立了研发中心；江苏恒瑞、扬子江、先声药业、浙江华海、山东绿叶等国内大型制药企业也在上海设立了研发机构。

上海也有着丰富的临床资源。根据上海市卫生健康委员会发布的《2019年上海市卫生健康统计数据》披露，上海共拥有卫生机构（所）5610家，其中医院387家；卫生技术人员21.33万人，其中医生7.77万人。医疗资源领域的显著优势，可为智能生物方舱应用提供丰富的临床验证条件。

---

① 沈伟国：《关于"设立上海生物医药产业投资基金"的建议》，载《上海人大月刊》2017年第8期，第30—31页。

（三）推广应用领域广泛，产业化前景良好

新冠肺炎疫情防控常态化下，智能医用器械逆市起飞，迎来了新的发展机遇。随着大数据、人工智能、移动互联网、数字孪生、虚拟仿真等新一代信息技术的发展日渐成熟，依托北斗卫星系统及5G通讯，配备智慧控制系统、专业小型化医疗设备、无人化医护检测、无害化处置等先进医用器械，在助力公共卫生系统的智能化管理方面大有可为，形成旺盛的市场需求。我国是全球仅次于美国的第二大医疗器械市场，医疗器械行业是我国重点支持的战略新兴产业，经历疫情"大考"后，智能医疗器械创新产业生态雏形已显现，推动了我国生物医学工程水平的不断提升。如，中国航天科工集团的P2+方舱移动生物监测站已成功装备于江苏、山东、黑龙江等疾控及医疗卫生系统；华大智造科技股份有限公司研制的"移动核酸检测+基因测序"双平台在海口投入使用。复旦大学医学院的集装箱式P2+实验室产品已接到江苏某地方医院的建设需求，预示着该类产品产业化推广的可能性。

智能生物方舱是公共卫生和传染病防控的重要前沿研究和解决世界生物安全的复杂智能系统，具有移动灵活、快速反应、安全可靠、经济实用等突出特点，可应用于军队战时的快速反应、广大牧区突发性疫情及时监测和控制、受灾地区疾病预防控制。对出入境检验检疫口岸所面临的随时可能受到突发性病毒侵害的情况，智能生物方舱同样也能提供极好的安全保障功能，未来有望推广至更为广泛的应用领域。

三、上海发展智能生物方舱产业亟待突破的瓶颈

我国生物方舱技术起步较晚，虽然在研究上有了长足发展，但局限于建筑及规划层面，总体落后于发达国家。尤其是欧美等极少数国家垄断了移动式P3实验室的核心设计和制造技术，并对我国进行技术封锁和限制进口；对于许可引进的设备，普遍价格高昂且仅有使用权；同时制定了严苛的审批制度，流程复杂漫长，短则1—2年，长则5—10年。即便审批通过，技术的先进性也大打折扣。对于上海来说，虽然在智能生物方舱研制和产业化方面有一定先发和基础优势，但在核心技术攻关、软硬件自主化、成果快速转化与实际应用方面仍存在一些难点问题。

一是智能生物方舱多专业交叉特点与现有设计制造及软硬件配套能力融合不足，存在专业壁垒。现有生物方舱多适用于单一种类样品检测，且循环利用率低，通用性较差，缺乏多模块间的互联互通技术，无法实现模块化组合快速部署、多模块间的协同合作。另一方面，运行可靠性不强，缺少统一的智能化监控系统，各功能单元间尚未实现数据信息统一管理，难以支持方舱规范化、信息化、高效化、全面化的智能管理。

二是核心设备及软硬件系统自主化能力薄弱，功能单一、智能化、无人化水平不足。现有生物方舱从设计、生产、运行到后期维护各阶段，在核心功能与配套系统设备等方面的国产化自主化能力不足，具备 P2 级以上生物安全防护能力的方舱数量较少。整体产业链不完善，缺乏智能化、无人化的核心技术，无统一的规范标准。如，对生物方舱环境的污染控制仍采用人工监测、人工消毒，缺乏自动化应急处置机制，自适应消杀系统不完备，方舱运行可靠性及人员安全性无法有效保障。

三是先进生物方舱技术与跨区域、多场景、高适配应用需求的对接还存在瓶颈。现有生物方舱标准化不足，在外形尺寸、重量控制、吊运强度、减震要求等方面存在较大差异，对空运、海运及陆运等多种运输方式的适配度不高。按照具体部署场景和不同应用需求，现有生物方舱的组合式部署方案单一，灵活性差，同时受限于山区、高原、邮轮等区域通信条件，以及现有生物方舱在异构系统集成、设备互联互通等方面的技术局限，生物方舱无法在该类区域快速部署。另一方面，智能生物方舱产品的可靠性距离批量装备还存在一定差距。现有生物方舱技术无法保障其全生命期的安全稳定运行，部分技术能力仍需不断迭代升级及有效应用验证。

四、上海加快推进智能生物方舱产业化的对策建议

对于智能生物方舱这一新兴领域，上海需从产业协同创新角度出发，深度嵌入产业布局，不断创新工作举措、强化技术攻关、推进供需对接，建立健全从设计、生产到应用推广等全生命周期管理的智能生物方舱产业链，逐步实现智能生物方舱的标准化、通用化、系列化及产业化发展，促进成为我国智能生物方舱制造应用新高地、核心技术策源地和系统解决方案输出地。为此，建议如下：

（一）完善规范标准体系，助力民用智能生物方舱标准化

目前，我国已逐步建立起方舱标准体系，军用方舱的发展进入技术规范化、质量优质化阶段。但相对于欧美成熟的方舱研制体系，我国民用方舱还存在部分局限性，在应对突发公共卫生事件下不同检测功能需求时，具体建设技术的标准还有所欠缺。上海应率先加强民用方舱相关立法和理论研究，整合集成优势资源，促进产学研用协同攻关，建立一套完善的智能生物方舱标准与技术体系，使我国智能生物方舱标准化、通用化发展与智能升级有据可依，并尽快提升标准化水平。

（二）打通核心技术路径，逐步实现方舱产业智能化

聚焦打通设计—建造—部署—运维等生物方舱全生命周期各环节核心技术路径，鼓励多方合作，突破模块化标准化设计、生产环境监控、自动化应急处置、自适应消杀、高适应性模块化组合部署、互联互通、数字孪生运行维护等智能生物方舱关键技术，研制符合 P3 生物方舱实验室的移动方舱，以及跨区域、多场景、高适配的智能生物方舱平台系统，全面提升现有生物方舱能力。强化创新链与产业链融合，规范化、标准化智能生物方舱设计，严格控制生产环境的无污染条件，提高智能生物方舱循环利用率，全面实现生物方舱产业链的智能化和无人化，推进生物方舱高端装备的智能化转型和新模式应用。

（三）开展创新应用试点示范，实现方舱跨区域高适配推广

围绕智能生物方舱技术发展特点和趋势，结合上海现有生物医疗产业区域优势及布局特征，组织开展智能生物方舱创新试验和应用试点，打造一批新一代智能生物方舱创新发展样板，形成可复制可推广的产业新模式。大力推动多专业、多场景、跨区域应用，如针对移动式医疗、疾控场景、生物制药生产线，机场、车站、港口等大型交通枢纽，邮轮等海上船舶、偏远山区、灾疫区等交通不便到达之地，以及航母等军事场所的特殊场景应用需求，开展智能生物方舱应用研究，提高智能生物方舱适用性，以规模化应用促进智能生物方舱技术和系统的迭代升级。

借力城市数字化转型，加快建设边缘计算应用数字工厂

编者按：边缘计算应用是人工智能与制造数据深度融合在制造场景上的典型体现，其发展对人工智能和大数据具有促进作用：一方面边缘制造大数据可以借助智能算法释放更多的潜力，让数据产生价值，提供更高的可用性；另一方面边缘计算能为智能算法提供更多的数据和应用场景，面向应用场景搭建高质量的数据集。传统的人工智能和工业大数据都存放在云端，而边缘智能技术在制造边缘部署边缘节点，直接从加工测试物理端设备获取数据并实现智能计算，将有力推动人工智能在智能制造应用的普及与发展。因此搭建基于边缘应用的工业互联网体系，能够解决边缘节点计算资源受限的难题，满足智能制造工业应用场景对任务响应的要求。

数字工厂、智能制造作为城市数字化转型中的主要单元，是不可或缺的场景应用，而边缘计算作为场景侧的数据计算处理平台，是连接物理实体以及云端平台的枢纽。边缘计算有着低时延、少带宽、高安全性的优势，可以快速应对局部性、实时、短周期数

据的处理需求，助力城市数字化转型中的场景大规模部署实现需求；同时，可根据不同场景对 AI 算法、机理建模等方面的差异化特点，进行计算资源的均衡化配置，可以大大提高城市数字化转型中的投资成效。

一、边缘计算在数字化工厂建设中的功能作用

传统制造行业虽然针对生产过程逐步配备了一定数量的数字化、自动化装备和信息系统，使得制造效率得到有效提升。然而制造单元系统闭环控制能力薄弱，边缘层装备停留在数控化、自动化层面，大量加工过程数据未得到充分集成与应用，影响加工工艺的优化迭代，质量一致性和安全生产水平提升面临瓶颈。在某种程度上，数字化工厂更多的是数控化工厂。数字工厂的内涵最主要的是将"价值流"充分融入到自动化技术和数字化技术的应用，从而构建更加优化与高效的生产运营和内外协同环境，即利用数据创造价值。

边缘计算应用数字工厂的价值体现的是面向制造单元建立云边端的边缘应用架构，通过物理端数据采集，云端建模以及边缘侧数据实时处理，一方面将前道制造单元产生的加工信息实时传递到后续制造单元，另一方面实时预测加工质量，并快速调整加工工艺参数，对产品最终质量进行有效控制，从而提升产品加工一致性。由于边缘计算可以在制造单元侧就近处理加工过程数据，解决实时性问题，并通过联通边缘计算节点，快速传递制造信息，使得上下游制造单元的信息共享，因此对产品加工质量改进有着重要的应用价值。

边缘计算应用数字工厂的作用主要体现如下：

（一）创新应用制造过程数据

采用边缘应用能够利用制造过程关键单元物理侧数据集、算法、模型夯实质量基础，突破工业算法赋能数据、数据赋能机理、工艺知识图谱开发与智能应用等关键技术，有利于制造知识的沉淀，其中核心是算法、来源是技术和技能，从而形成典型的制造过程数据创新应用的新模式。

（二）辅助解决行业机理模型

边缘计算应用尤其面向特殊制造过程，能够建立黑箱或者灰箱模型，辅助解决行业机理不清的难题。黑箱模型又称经验模型，是一些内部机理尚未被人们所知的现象，但可以通过输入—输出关系建立起笼统的因果关系。灰箱模型是难以通过模型完全提炼规律性信息和知识的模型，但可以通过将复杂的问题进行简化近似求解。例如火化工行业中的固体推进剂燃速与配方和装药生产过程的机理作用不清晰，需要通过输入—输出数据，建立两者之间的近似模型，用于结果预测。

（三）规范智能制造单元标准

边缘计算应用通过建立导则和标准，能够更加精确地规范智能制造单元内物联感知、数据规范与算法、平台架构及安全防护的基本要求，从而保障智能制造单元的标准化实施。

综上，企业在数字化工厂建设过程中，需要在数控化、自动化等机器设备硬装备和MES、SCADA 等信息系统软装备同步建设的基础上，进一步利用边缘计算技术，建设制造边缘的节点云，解决产品关键制造过程中数据的采、存、管、用，形成以数据和算法为核心的创新应用能力，助力产品质量提升，真正实现数据价值创造。

二、边缘计算应用数字工厂的现状和问题

（一）边缘计算应用数字工厂的现状分析

1. 国外情况分析

企业层面，谷歌公司采用"Cloud IoT Edge"将强大的数据处理和机器学习功能扩展到数十亿台边缘设备，比如机器人手臂、风力涡轮机和石油钻塔，这样就能够对来自其传感器的数据进行实时操作，并在本地进行结果预测。

标准层面，有关边缘计算的标准化工作正逐渐受到各大标准化组织的关注，主流的国际标准化组织纷纷成立相关工作组，开展边缘计算标准化工作。2017 年 ISO/IECJTC1SC41 成立了边缘计算研究小组，以推动边缘计算标准化工作。2017 年 IEC 发

布了 VEI（Vertical Edge Intelligence）白皮书，介绍了边缘计算对于制造业等垂直行业的重要价值。

2. 国内情况分析

企业层面，边缘计算技术与应用处于发展初期阶段，但是各地企业在边缘计算方面已经展开广泛探索，目前边缘计算主要处于技术研究、实验室测试，以及相对简单场景的预商用阶段。

英特尔和阿里云联合在重庆瑞方渝美压铸有限公司打造的工业边缘计算平台，采用了英特尔开发的深度学习算法和数据采集到协议转换的软件，以及阿里云开发的基于 Yocto 的操作系统（AliOS Things）、数据接入云端 Link Edge。该平台可以运行在工业边缘计算节点本地，并将结果聚合并存储在边缘服务器上，再通过阿里云的 LinkEdge 实现数据上云。

标准层面，2016 年 11 月 30 日，我国边缘计算产业联盟（ECC，Edge Computing Consortium）在北京成立。2016 年和 2017 年分别出版了国内的《边缘计算参考架构》1.0 和 2.0 版本，梳理了边缘计算的测试床，提出了边缘计算在工业制造、电力能源、智慧城市、交通等行业应用的解决方案。

在上海，工业边缘应用亦处在起步阶段。边缘应用主要面向工厂设备进行流数据的储存和处理，更多的是关注端的应用，或者说是面向工厂中的设备，不是面向工厂中的产品。由于没有建立起完善的云边端协同机制，所以在对产品加工质量价值的提升上贡献度较低。以航天领域为例，上海航天企业以产品加工过程中的问题为导向，通过产学研用合作模式，初步建立了云边端协同的模式，并同步建立了边缘应用的行业导则，目前正在持续的深化应用中。详见附件一，基于航天领域的边缘应用架构图。

（1）数据采存层：利用物联网技术实现测试设备的组网、测试业务的在线采集、实时采集以及边缘计算，形成"逻辑统一、物理分散"的分布式数据存储管理能力。

（2）数据管理分析层：建立业务信息系统到数据仓库的数据流转通道，实现数据流转无缝连接。

（3）数据服务层：包括业务算法开发、机理模型赋能开发，建立数据与算力的结合，方便数据赋能、数据产品开发等能力的形成。

（4）数据应用场景层：发布数据产品、完成数字化交付，结合可视化技术形成场景级数据应用、变现数据价值。

（二）边缘计算应用数字工厂遇到的问题瓶颈

1. 投入产出见效慢，模式复制推广难

工业边缘应用更多的是解决工厂内部的疑难杂症，从数据的采集、工业算法的选取，到机理模型的建立是一个知识经验固化以及优化的过程，整个过程繁琐而漫长，难以在短期内见到效果。同时又因为工业专业众多、业务场景复杂导致模式的可复制性不高，哪怕是同样的加工专业也会由于加工对象不同，影响加工质量的特征也会不尽相同，所以想要建立一个可以快速复制推广模式难度较高。

2. 专业化、数字化复合型人才缺口大，商业模式不健全

边缘应用在推广过程中，面临着软件服务商有算法没数据、制造企业有数据没算法的境况。边缘应用要想快速复制，需要培养大量专业化与数字化相结合的复合型人才，才能让软件服务商与企业制造方更好地在同一频道上对话，缩短探明机理的过程。

三、推动边缘应用与数字化工厂建设的政策建议

（一）推动制造企业以数字化转型为抓手，以用促建，提升场景应用价值为导向

企业数字化转型的核心是业务模式的转型，业务模式面向场景驱动，因此需要建立健全业务场景转型的体系架构，支撑企业产品化、专业化能力提升。

（二）创新商业模式，推动装备制造商、软件服务商以及企业制造方联合创新

由于业务场景中工艺专业知识至关重要，因此在数据采集方面需要装备制造商和软件服务商提前介入，充分考虑到需要采集的特征参数，并在装备出厂前完成传感器布置以及数据接口预留，从而避免在后续实际应用中出现传感器布置难、特征数据采集难的等现象，给场景应用带来极大不便。

（三）鼓励有条件的企业开放场景和数据，打造实训中心

由于工业场景的复杂性，使得边缘应用推广难度较大。为解决这一问题，需要建立面向不同行业的实训中心，让不同行业内边缘应用条件较好的企业开放数据和场景，并形成完善的建设导则和标准，这样边缘应用的模式才能快速地复制和推广。

（四）边缘应用是突破软件国产化的重要手段

软件本质是数据和算法的耦合。通过边缘应用，让制造业务场景的数据和算法见底。只有数据和算法见底了，过程机理模型才能具备清晰的条件。面向不同行业，将见底的数据、算法和模型进行耦合封装，就此形成具有行业特色的软件，这样软件化国产的道路才会更加地坚实有力。

附件 1 基于航天领域的边缘应用架构图

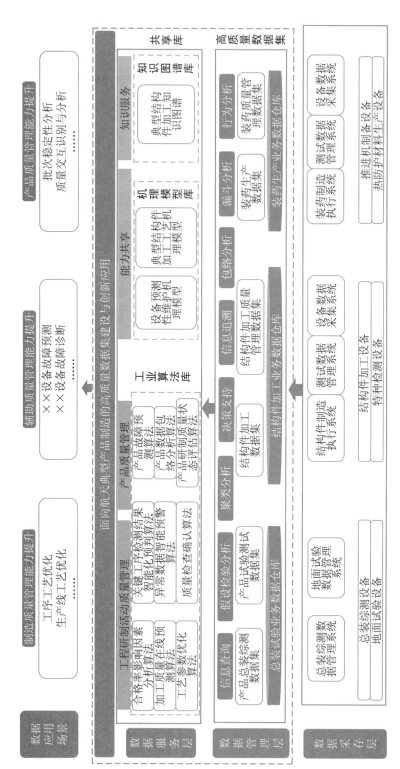

发展上海金融科技产业的对策建议

　　编者按：建设上海金融科技中心作为新时代深入推进上海国际金融中心建设的新内涵，是贯彻落实国家战略、推动上海国际金融中心和科技创新中心联动发展的重要着力点。党中央提出的"加快形成以国内大循环为主体、国内国际双循环相互促进的新发展格局"的论断使得上海金融科技产业对各行业的支撑和赋能作用被赋予了新的要求和使命。但是近两年以来，上海的一些金融科技产业发展问题亟待进行深入研究。

　　金融科技是以技术驱动的金融创新，能够产生新的商业模式、应用、流程或产品，从而对金融服务的提供方式产生重大影响。

一、不同视角下金融科技的场景应用需求差异分析

（一）新基建视角下金融科技场景应用

　　金融科技的本质还是科技，主要是人工智能、大数据、云计算、区块链、5G等，

它们已经形成了大量的场景应用。

1. 人工智能

人工智能（AI）金融典型应用包括：（1）基于生物识别的人脸识别，可应用于账户远程开户、业务签约等；（2）基于语音识别与处理，实现智能客服、营业网点机器人服务，减少运营成本；（3）基于OCR自动化视觉处理，将发票、合同、单据的信息结构化处理，提高效率；（4）机器学习应用于智能投顾，提高市场有效性，加快产品创新。（5）金融知识图谱，将大量信息汇集到关系网，作用于风险预警、反欺诈方面。

2. 大数据

大数据＋金融典型应用包括：（1）客户画像：大数据根据客户人口统计学特征、消费能力数据、兴趣数据、风险偏好等，捕捉潜在需求，实现精准营销与获客。（2）大数据征信：基于金融大数据，开发授信评估、信用报告、贷中预警等服务，降低信用评估成本，将审核周期缩短至秒级。

3. 云计算

云计算是金融科技基础设施，典型应用包括：（1）云＋大数据：云计算以分布式处理架构为核心，高度契合大数据处理，实现海量数据云端存储。（2）拓展系统处理能力：传统金融解决方案市场由IOE主导，即以IBM、Oracle、EMC为代表的小型机、集中式数据库和高端存储的技术架构，难以应对数据量级和计算复杂程度的增长，金融机构自行开发或购买云服务，弥补基础软硬件的不足，满足系统高性能和容灾备份的要求。①

4. 区块链（物联网）

区块链（物联网）赋能金融典型场景包括：（1）物联网：区块链是物联网底层万物互联的基础，确保底层资产交易真实可靠，提升交易安全性，降低信息不对称。（2）支付结算：支付收单机构间基于联盟链和智能合约实时自动对账，避免数据被篡改，全业务流程可追溯可审计。（3）资产管理：大量物品特征将会数字化，用户可借助互联设备管理自己拥有的实体资产。

---

① 泽平宏观：《中国金融科技报告2020》，第5页。

5. 5G

5G 赋能金融典型场景包括：（1）服务体验升级：5G 时代，网络延迟将缩小至毫秒级，加之边缘计算的应用，现有金融服务流程间的网络卡顿将不会再被用户感知，移动端的金融服务，速度和质量都将超了用户想象。（2）网点革新：5G 技术从一定程度上能够缩小空间距离为服务所带来的限制，缩小现有银行网点服务的盲区。（3）支付新体验：VR/AR 云化将不再受到带宽和时延的限制，数据传输、存储和计算功能可从本地转移到云端，体验也因时延减小更加贴近现实。

（二）产业视角下的金融科技典型场景应用

金融科技应用场景和赛道众多，金融机构与互联网企业各有优势，竞争与合作共存。总体来看，银行和保险科技投入多，在信贷、保险产品设计等领域应用成熟；证券和资管科技资金投入少，前沿科技渗透较低；互联网平台多以"支付＋场景"为入口，向金融机构导流，输出数据和技术优势。

银行应用场景包括消费信贷、供应链金融、智能柜台、智能投顾等，通过大数据、AI 贷前精准营销，贷后动态监控，构建信用评级体系，大幅提高业务质量和效率。主要挑战在于转型时间长、数据处理难度大等。保险产品在设计、销售、投保核保、理赔等环节均有金融科技渗透，显著扩大保险覆盖范围。主要挑战在于保险技术应用"重销售、轻服务"、中小险企数据运用和管理水平有待提升。证券和资管主要应用于经纪、机构服务等标准化业务上，在投行、合规风控等依赖人力和经验的业务尚未大规模应用。

互联网头部企业涵盖电商、社交、本地生活、直播等不同领域，但涉足金融服务路径相同，均以获取支付牌照为敲门砖，导流至高利润的借贷和理财板块，同时利用数据和技术向金融机构输出技术解决方案。

我们选取与上海制造业高度相关的、应用相对成熟的两类科技金融场景进行分析：

1. 区块链赋能小微企业融资

2019 年 10 月 24 日下午，中共中央政治局集体学习强调了区块链技术的集成应用在新的技术革新和产业变革中起着重要作用，要把区块链作为核心技术自主创新的重要突破口。供应链金融平台可以利用区块链技术增信应收账款的质量，增强应收账款作为储备资产的融资能力，通过应收账款数据即时上链的同时多方确认使得应收账款资产得以拆分、确权和流转，实现核心企业信用支撑下的应收账款分拆流转给各级供应商，帮助供应链底层的中小企业盘活应收账款，利用核心企业信用支撑分拆后的应收账款获得低成本融资。供应链金融平台利用应收账款进行融资的场景主要是应收账款的保理业务和应收账款资产证券化。

区块链赋能的供应链金融平台带来如下优势：第一，监管方可以作为节点企业根据平台应收账款多级流转数据侧面掌握核心企业上游供应商财务管理和生产运营情况，动态平衡供应链上下游成本与收益，促进供应链平台健康持续发展。第二，核心企业能够提升对供应链穿透式管控和预测管理能力，提高供应链生存能力、降低整体供应链成本、改善企业现金流。第三，供应链上游企业能够背靠核心企业信用实现应收账款流转，降低融资成本的同时提升融资效率。第四，金融机构得以依托区块链平台拓展在线金融服务、降低风险成本、扩大资产融资规模和客户规模，转化企业客户为平台合作伙伴，帮助具有发展潜力的中小企业获得融资和进行数字化转型。[1]

通常由第三方搭建区块链平台，核心企业自主搭建区块链金融平台。如联易融这样的第三方区块链平台在两年半的时间里，低成本发行了 1500 多亿 ABS/ABN，帮助不少小微企业度过了生死存亡期。

2. 保险领域科技金融应用

全球保险科技生态系统大致可分为十大板块：医疗险，包括健康险、预约管理、实践管理；寿险、养老金和储蓄，包括退休、（自动化）投资组合管理、投资人、财务顾问；车险、房屋保险、产险，包括驾驶员辅助系统、责任保险以及针对消费者需求的相关服务，如：移动和旅行；理赔和给付处理，包括理赔和给付的日常管理及管理解决方案；资产管理；分销，包括零售保险服务、经纪、市场（销售平台）、虚拟助手；IT 赋能，包括后端层级、中心数据层、云端基础设施、客户参与及互动、智能化处理和决策；比特币 / 区块链，包括比特币、电子钱包、外汇、数字货币、区块链；大数据及分析，包括 Hadoop、大数据分析、欺诈检测、预防和数据仓库；数据保护，包括保护客

---

① 江金泽：《区块链如何赋能小微企业：从挑战到实际用例》，https://baijiahao.baidu.com/s？id=1668544899491965675（"百度"，编写时间：2020.06.04，访问时间：2021.04.15）。

户数据、客户身份信息及登录信息、恶意软件保护。从 2005 年开始，保险科技生态系统呈现急剧增长，相比其他金融板块，就融资成熟度而言，保险科技依然处于起步阶段，在全球保险科技核心细分群中，医疗险、车险、房屋险及产险吸引到的融资额最多。

健康险领域活跃着种类繁多特色各异的创业公司，充分体现了保险科技生态系统的创新财富，比如以行为为本的寿险和健康险生态系统。具体场景例如采集并分析各种类型的海量数据（包括客户个人数据），通过忠诚度计划，奖励健康生活方式；利用数据分析技术，为老龄消费者提供健康险服务；运用技术手段，识别患者何时需要接受治疗，由此干预其医护方案，为患者和保险公司都节省资金。

车险领域也是一个活跃领域，具体场景例如帮助用户在需要时预约指定司机。服务还包括司机筛选和保险购买；提供移动按需定制平台，帮助有需要的用户联网寻找最近的道路援救服务供应机构；提供智能手机网络应用，让消费者在需要时可就近寻求紧急道路援助。可取代保险公司的产品和服务，在危急时刻为用户提供保障和服务；提供按里程收费的车险产品和服务。支持按里程定价，每月按照实际行驶里程数来计算用户的保费。

寿险、养老金以及储蓄领域的场景例如提供在线投资管理服务，为客户创建并管理投资组合。公司协助客户完成各类与股票、公司债、国债以及黄金产品有关的投资决策；为投资者提供财富管理服务。公司的软件可实现一屏监控所有投资收益、支出和绩效，还可以分析公募基金的表现。提供投资检查工具、个性化财务计划工具、风险评估工具以及其他相关工具。①

（三）金融科技与实体企业两种不同思维的差异分析

传统实体企业将产业整个过程看成一条价值链，价值链的上端是原材料，最下端是客户。一种产品或者服务从产生到最后到达客户端需要经历基础设施、产品、平台、渠道、场景等多个环节，而竞争的关键就在于把控价值链上的核心环节。并且，从这条价值链的构造上可以看出，传统实体企业仍是基于自身的结构或者产品思路，依照内部规章制度进行设计流程。如做产品时考虑往往是期限、价格等因素，设计完成后再考虑通

---

① 波士顿咨询：《全球金融科技的发展趋势》（BCG）（2017），第 32—43 页。

过哪些渠道销售给客户,也就是产品生产过程本身离客户还比较遥远,客户的需求传导到产品研发环境也存在一定障碍。新兴的金融科技从业者往往沿袭互联网或者电商思维来看待服务或产品,主要因素包括:用户、云、端。用户和用户、用户和云、用户和端之间的互动构成了动态、多维的生态系统。其中,用户是这个系统的核心,云包括云计算以及构建在云之上的数据服务、征信平台等基础设施,端则代表了大量的应用场景以及与场景紧密相连的产品。在这个系统中,一种金融产品或服务首先产生源自用户的需求,当某种需求在某个场景中被发现后,再反向进行相应的产品开发,并最终将产品嵌入到场景中,将金融化于无形,体现出从大工业时代的思维方式到信息时代的思维方式的转变。①

这两种思维有两个最大的不同:一是机构本位与客户本位的不同;二是线性路径与多维网状路径的不同。思维的不同所反映的也是传统产业与金融科技行业本身行业发展规律的不同。对传统企业来说,"用户+云+端"的思维可能显得过于抽象和简化,给人不知从何入手的感觉;对金融科技企业来说,价值链的思维可能显得过于陈旧和繁琐。从长远来说,两种思维的相互尊重和理解将是金融科技竞争与融合的必要前提。

二、发展上海金融科技产业主要制约瓶颈

(一)实体企业融入金融科技的能力和动力不足

金融科技已成为数字经济发展的核心驱动力,行业的关键参与者及影响范围已覆盖至包括金融与非金融主体的全方位参与,从而形成以产业为本、金融为用、科技创新的行业现状。

但是根据2020年7月上海市徐汇区(全国首批双创示范基地)提升科技型中小企业融资服务能级专题座谈会得到的信息,金融机构利用金融科技为企业提供金融服务的能级仍需较大提升,大部分金融基于现有风控管理手段等原因,对科技型企业提供固定资产和盈利证明等传统手段依然比较依赖。究其原因,在金融支持实体经济的共识之下,一方面,金融企业依然需要加大投入力度,通过金融科技创新,打破了传统金融模

---

① 波士顿咨询:《互联网金融生态系统》(BCG)(2014),第7—23页。

式无法覆盖的小微群体，实现了普惠金融的深度发展，以数字金融方式更好地服务产业经济发展；另一方面，仅仅是金融数字化还远远不够，如果产业数字化没有同步发展，强调普惠金融或者降低中小微企业融资成本，是做不到的伪命题。

（二）上海缺乏顶尖金融科技企业

上海金融业发达，融资便利，金融相关科技创新如区块链科技企业偏好上海，但是近年上海在金融科技创新领域逐渐失去之前的领先优势，不仅与北京的距离逐年加大，同时在不少领域被深圳、杭州超过。上海高校集中，智力资源丰富，同时制造业发达，长期靠产业升级推动科技创新，大企业内部垂直型的研发创新优势明显，但是缺少 BAT 之类的互联网科技巨头做新经济创新领头羊，也由于大部分金融机构总部均在北京的原因，相关金融科技分支机构也不在上海。2019 年，与金融科技密切相关的上海信息产业的 GDP 占比达到 16%，低于深圳的 34% 和北京的 23%。①

天冕大数据联合零壹智库《2020 年金融科技专利报告》显示 2020 年全球金融科技专利排行榜 TOP10 专利数量最多的 10 家企业，有 9 家来自中国，分别是平安集团（1622 件）、阿里巴巴（830 件）、腾讯（430 件）、蚂蚁集团（349 件）、中国银行（253 件）、微众银行（187 件）、复杂美（180 件）、泰康保险（177 件）和工商银行（139 件）。但是这些机构的总部均不在上海。

（三）上海金融科技生态发展仍然有短板

金融科技产业生态体系主要由监管机构、金融机构、科技企业、行业组织和研究机构组成。主要短板如下：一是金融科技产业规范与技术标准体系仍需完善。当前，从技术层面针对云计算、大数据、人工智能和区块链等新兴领域的相关标准制定方面已具备一定的积累，但是仍需结合金融业务应用场景，从金融科技产业发展实践和应用需求出发，制定明确的业务规范和技术标准，为金融科技技术应用与产业发展指明方向，划

---

① 晗桥亚洲：《上海城市风险大数据分析与资产估值 Cap Rate 报告（2020 年第二季度）》，http：//www.fangchan.com/data/13/2020-09-03/6707188739984396769.html（"中房网"，编写时间：2020.09.03，访问时间：2021.04.15）。

定界限。二是监管挑战。由于金融科技跨市场跨行业特性，金融科技去中心化的发展趋势以及金融交易规模和交易频度呈几何级增长，金融监管能力面临巨大挑战；三是金融科技广泛应用加深了金融信息安全风险。金融科技带来金融业务全流程化，金融信息数据使用范围大、渠道增加，客观增加了信息泄露的风险。金融科技应用衍生大量创新性金融服务模式，往往由于监管滞后性，带来了监管漏洞。四是金融科技应用仍然面临能力、成本、机制等多重制约。大数据平台构建在系统稳定性和实际使用效益方面均面临挑战，人工智能和区块链仍处于技术演进发展阶段，金融行业的应用价值还有待进一步挖掘。五是金融科技产业发展的专业化人才仍面临较大缺口。[1]

三、发展上海金融科技产业的对策建议

（一）发展数实共生的产业互联网＋金融是数字经济时代金融科技未来发展的路径

《金融科技（FinTech）发展规划（2019—2021年）》中强调，要正确把握金融科技的核心和本质，忠实履行金融的天职和使命，以服务实体经济为宗旨，在遵照法律法规和监管政策前提下，借助现代科技手段提升金融服务效能和管理水平，将科技应用能力内化为金融竞争力，确保金融科技应用不偏离正确方向，使创新成果更具生命力。本质上，就是形成金融＋科技＋产业的发展格局，具体路径就是产业互联网＋金融。

产业互联网＋金融的现实意义在于解决中小微企业融资难融资贵难题。中小微企业融资难不仅是中国的问题，还是世界性难题，不仅仅是银行自身的问题，还与中小微企业自身的特点有关。小微企业属于金融业长尾客户，存在抵押品不足、信用资质差、信息不对称、生命周期短等问题，银行开展小微金融业务也存在获客、尽职调查成本高、担保不足、风控流程长及成本过高等问题。借助产业互联网金融，通过"数字信息"的合理运用，可以有效解决中小企业存在的信息、信用孤岛，为小微企业提供与之匹配的金融服务。[2]

---

[1] 中国信通院：《中国金融科技生态白皮书2019》，第10页。
[2] 黄奇帆：《产业互联网金融是金融科技未来发展的路径》，https://www.thepaper.cn/newsDetail_forward_9745815（"澎湃"，编写时间：2020.10.28，访问时间：2021.04.15）。

金融科技已成为数字经济发展的核心驱动力，行业的关键参与者及影响范围已覆盖至包括金融与非金融主体的全方位参与，从而形成以产业为本、金融为用、科技创新的行业现状。除了直接赋能中小微企业，数字技术在供应链链主上的数字孪生应用，也是突破金融科技服务实体企业瓶颈的重要方法，通过供应链链主链接供应链上下游，也是产业信用和资产流转与金融科技衔接的有效途径。

产业互联网金融发展的关键节点逐步打通，进入成熟发展阶段。金融的底层逻辑是信用，在"数字信息"的驱动下，企业运营数据可以与金融服务紧密地结合起来，以信息流转带动信用流转，从而解决传统金融供给无效的问题。

（二）从长三角一体化统筹考虑，坚持投资基于新基建的创新主体和关键技术

1. 致力于投资建设创新基地和创新主体

上海如果在全球新一轮经济发展中保持领先地位，需要重申上海的领导地位始于对创新基础的再投资：一是聚焦发挥园区对产业的核心承载作用，建设一批具有全球影响力和竞争力的金融科技产业园区；二是优化上海及各地区层面的金融科技发展布局，打造并完善金融科技全链条生态系统。构建多层次金融科技企业孵化培育提升机制，大力引进和培育金融科技引擎企业与独角兽企业，构建金融机构、金融要素市场、金融科技企业等合作互惠的共生型金融科技产业生态圈。三是加强对世界级人才渠道投资并使其多样化，以及建设数字基础设施。四是从长三角产业链、创新链一体化入手，建立长三角金融科技产业示范区和联动机制，集聚资源和多方力量，打造创新基地和创新主体。

2. 支持关键金融科技技术投入

对创新关键技术的广泛投资是国家战略的必要因素。有针对性的政府行动可以调动资源，促进开发和制造突破性技术的努力。上海应该考虑扩大有针对性的支持，否则就有处于劣势的风险。

上海应聚焦加强与金融科技相关的人工智能、5G、大数据、工业互联网等数字技术创新，着力破解关键核心技术的瓶颈制约，激发企业创新主体活力，畅通产业创新和技术成果产业化路径。在早期技术开发中，政府采购是比补贴更为有效的工具。

（三）从数字资产权属划分、权益分配重构入手，制定数字时代的社会管理规则

中国银行业协会首席信息官高峰说，金融科技创新要防止以下三种倾向：一是没有围绕服务实体经济而是脱实向虚，损害消费者权益；二是监管套利，逃避政府管制，创造盈利机会并降低成本；三是过度采集客户数据，可能侵犯客户隐私。所以，需要重构数字时代的社会管理规则，如明确数据权益归属，形成数字经济时代的数据治理机制。具体做法，可以由政府通过 PPP 代表公众参与互联网公司的投资，代表公众持有数据资源部分的公共利益，在金融科技的平台领域"国进民退"。所谓"国进民退"不一定是政府亲自"下场"做平台，而是在平台企业初创时入股，去做风投，扮演类似当初淘宝创立时孙正义那样的角色。[①]

（四）打通生产、生活、生态，形成"三生"融合的金融科技综合应用场景

金融科技目前已经在生产、生活等领域有了众多的应用，但是只是单一场景居多，现在可以走融合创新的道路，如加强在社区中的综合应用，走智慧创业＋智慧出行＋智慧邻里＋智慧治理＋智慧健康＋智慧生态等综合场景融合的道路，利用金融科技实现数字民生、数字治理和数字经济。

---

① 赵燕青：《平台经济与社会主义：兼论蚂蚁金服事件的本质》，https://new.qq.com/rain/a/20201231A01PZG00（"腾讯网"，编写时间：2020.12.31，访问时间：2021.04.15）。

关于推进上海智能物流机器人产业发展的对策建议

编者按：2014年，国务院印发了《物流业发展中长期规划（2014—2020年）》，提出将物流业作为"支撑国民经济发展的基础性、战略性产业"。近几年来，我国相继出台了《关于进一步推进物流降本增效促进实体经济发展的意见》《新一代人工智能发展规划》等一系列文件，积极推进物流产业智能化升级。物流产业是多融合的复合型产业，聚焦物流仓储、运输和配送三大作业环节，涉及多项人工智能科技，通过智能物流机器人赋能中国智能物流产业的发展是当下的必然趋势。

随着物流产业成为"支撑国民经济发展的基础性、战略性产业"，在相关政策的推动下，物流产业历经规模化增长阶段之后，目前已进入稳定发展阶段，开始更加注重效率的提高、成本的降低以及服务质量的提升。智能物流作为智慧物流实现的基础和重要组成部分，从技术层面保障了智慧物流的发展与升级。整个物流产业链在进行着智能化、无人化革新，以智能仓储、物流自动驾驶、物流无人机为代表的物流科技协同运作，推动物流网络实现高效运转。与此同时，在"工业 4.0"理念以及《中国制造 2025》战略的推动下，构建以智能制造为根本特征的新型制造体系已迫在眉睫。

一、全球智能物流机器人产业现状及特点

（一）国际智能物流机器人产业发展情况

根据国际机器人联合会（IFR）最新发布的《2020 世界机器人报告》显示，在世界各地工厂正在运行的工业机器人五年内（2014—2019 年）在全球范围内增长约 85%，2019 年已经超过 270 万台，增长了 12%，创下新纪录。据《2020 全球机器人报告》发布称，2019 年，全球物流机器人销量飙升 110%。IFR 于 2020 年 10 月 28 日在德国法兰克福报道，全球专业服务机器人的销售额增长了 32%，达到 112 亿美元（2018—2019 年）。新冠肺炎疫情将进一步激发服务机器人市场，目前对机器人消毒解决方案、工厂和仓储机器人物流解决方案和送货上门机器人的市场需求猛增显示了这一趋势。

IFR 数据显示，亚洲仍是工业机器人最强劲的市场，新安装机器人份额约占全球供应量的三分之二。其中，中国存量增长了 21%，在 2019 年达到了约 78.3 万台。日本位居第二，约有 35.5 万台，增长了 12%。其次是印度，五年内数量翻番，约有 2.63 万台，增长达 15%。欧洲 2019 年机器人保有量达到 58 万台，增长了 7%。保有量分别为：德国 22.15 万台、意大利 7.44 万台、法国 4.2 万台、英国 2.17 万台。美国 2019 年机器人数量增加了 3.33 万台，升幅 7%，使总保有量达到 29.32 万台。

（二）国内智能物流机器人产业发展现状

1. 国内智能物流机器人产业发展情况

近年来，在电子商务、新零售等新兴商业模式创新发展需求的拉动下，在智能制造、智慧物流等发展理念的引领下，在人工智能、物联网、大数据、云计算等新技术的驱动下，物流机器人行业一路高歌猛进，行业内呈现如火如荼景象。智能物流成为技术发展的必然方向，未来物流机器人将更加智能化和柔性化，环境感知能力将会进一步增强，机器人系统、运动控制系统、调度系统将与人工智能深度融合，赋予机器人"看"和"认知"的功能，让机器人自行完成对外部世界的探测，实现对自身及周边环境状态

的感知，适应复杂的开放性动态环境，进而作出决策判断并采取行动，实现复杂层面的指挥决策和自主行动，可以识别、躲避行人和障碍物，辨别红绿灯，还能自动驾驶、路线规划、主动换道、车位识别、自主泊车等，极大地增强机器人智能化、柔性化和精准控制能力，实现上千甚至上万台机器人协同及调度，大大提高整体的仓储物流运作效率，帮助企业进一步实现数字化、智能化的敏捷供应链。从无人仓库到最后一公里配送，贯穿于物流作业的始末，助力物流行业加速进化，形成全新的物流生态系统。

2. 国内智能物流机器人产业发展特点

物流机器人市场面临市场需求大、规模大等特点，据业内人士分析，物流机器人在 2019 年将进行多场景地的小规模爆发，而真正的大爆发时间点就是 2020 年。AGV、KIVA 仓储物流机器人虽然帮人们解决了很多物流场景难题，但还有很大一部分需要依靠自主移动机器人来解决。

由于物流机器人在高精度零部件、智能算法等核心技术方面存在较高的技术壁垒，因此我国物流机器人的产品应用场景仍然有限，主要以电商物流为主，再加上物流机器人行业还没有一套完善统一的国家标准体系，我国物流智能机器人仍在发展中。

3. 国内智能物流机器人龙头企业情况

中国仓储物流机器人行业发展时间较短，大部分的仓储物流机器人厂商成立时间不超过 5 年，总体来说机遇与挑战并存。目前行业内已经涌现出几家发展速度较快、技术水平较高的仓储物流机器人厂商如海康机器人、快仓智能、极智嘉（Geek+）等，其中海康威视市场占有率接近 50%，快仓和极智嘉市场占有率超过 30%。由于行业发展前景较好，且机器人的技术研发需要大量的资金支持，仓储物流机器人行业的投融资动作频频。据沙利文统计，2017 年仓储物流机器人行业的融资总金额已超过 10 亿元。

海康机器人：杭州海康机器人技术有限公司近几年来运用智能控制、深度学习、强化学习等多项 AI 关键技术，专注智能传感、移动机器人（AGV）本体、平台软件的迭代开发，全面推进产品及解决方案在智能制造、电商零售、快递物流等行业的应用。作为智慧物流重要的智能装备提供商，海康机器人自主研发了多系列更具柔性的移动机器人，可按需实施，灵活调整路线，充分展现了厂内物流解决方案的多样性和灵活性，实现柔性化生产线。

快仓智能：上海快仓借助人工智能，赋能传统行业，打造智能新生态。快仓正在打造高柔性智能解决方案，助力行业降本增效，主要产品包括"智能搬运机器人""电商智能解决方案""工业 4.0 智能搬运"。智能搬运机器人层面：快仓通过人工智能技术与智能搬运机器人相结合，打造具有更高适应性，更快决策能力，更好鲁棒性的下一代智能搬运机器人，并赋予其智能驾驶能力、高环境感知能力等人工智能技术。智能仓储操作系统层面：人工智能技术赋能快仓智能仓储操作系统，为电商仓实现大规模动态资源分配，人工智能海量优化等功能，实现仓库的业务特性和订单量动态自调节。

极智嘉 GEEK+：北京极智嘉作为目前业内提供全场景解决方案的全品类物流机器人领导者企业，极智嘉（Geek+）的产品覆盖货箱到人拣选、货架到人拣选、协作拣选、分拣、搬运、叉车、智能仓和智慧工厂，利用行业领先水平的 AI 算法和机器人技术打造物流机器人解决方案，助力企业提升物流效率，实现物流和供应链的智能化和柔性化转型升级。自 2015 年推出国内首款商用拣选机器人以来，不断围绕企业需求和痛点展开技术创新和产品研发，其货箱到人系列 Robo Shuttle® 就是极智嘉着力为客户打造兼顾高存储、高效率、高柔性和高性价比"四位一体"机器人方案的创新成果。

二、国内智能物流机器人产业面临的问题瓶颈

随着中国制造 2025 的持续推进，我国在推动制造业智能制造升级转型的过程中，将智能机器人、物流机器人作为智能制造过程中最重要的智能装备，我国对于工业机器人的使用量将持续快速成长。因此，面对的问题也亟待攻破与解决。

目前，我国机器人还有三个新的产业瓶颈需要突破：一是机器人软件系统。现在机器人编程方法阻碍了机器人的推广，需要进一步优化软件系统，使得软件系统能够模块化地嵌入用户的 ERP 等系统软件中。二是机器人的校正方法。新机器人与现有工厂坐标匹配协同是非常复杂的过程，亟须自主掌握快速简洁的方法，才能让未来机器人像电视那样，一打开包装就能投入工作，需要通过研究简易的编程方式来达到快速部署项目的目的。三是机器人多传感器结合。传统机器人多使用位置传感器，未来要加入视觉传感器等，以增强协同实效。通过多融合导航、slam 技术的深入研究，增强机器人的适用性及鲁棒性。

综合来看，目前我国物流机器人发展过程中还存在以下突出问题亟待加以重视：

（一）目前机器人企业生存环境严峻

我国机器人市场在经历了连续九年的高速增长之后，却在 2018 年首次出现下滑。在行业增速放缓、竞争加剧的情况下，如何推动物流机器人企业迎难而上、保持健康发展值得进一步思考。机器人企业如果想要保持创新，就需要不断地投入研发费用，这对于还不足以获得较多订单的机器人企业是致命的。由于 2020 年度疫情的影响，全球各地的公司正在重新评估其全球供应链业务模式，从新冠肺炎疫情中吸取教训，这个事件极可能会加快对机器人的应用，在一些地区引领工业生产复兴，并重新带回就业机会。虽然机器人和自动化行业目前也无法摆脱经济衰退的影响，国际机器人联合会预计，在危机过后，机器人行业将会获得迅猛发展。

（二）机器人核心技术滞后

我国机器人核心部件大部分还是采用进口产品，国产机器人的性能、质量与发达国家的机器人产品还存在较大差距，定位导航精度、控制器、传感器等核心部件亟待突破。特别是控制器产品，在软件方面的响应速度、易用性、稳定性方面仍有欠缺。

（三）无序化竞争严重

尽管我国物流机器人发展已取得了巨大进步，但市场竞争无序，企业间互相排斥，互相打压，陷入低价竞争的怪圈，制约了行业的健康和可持续发展。

（四）产品标准化程度低

我国物流机器人行业之所以鱼龙混杂，用户对产品功能识别性低，还有一个重要原因在于产品标准滞后。虽然国家已出台有关标准，但不是强制性标准，基本都是推荐性标准，不利于市场规范发展。

（五）专业人才匮乏

由于物流行业工作人员大多对于物流机器人技术缺乏更深刻的认识和理解，因此，需要更专业的研发人员、设计人员来推动物流机器人技术的发展和应用。

三、推进上海智能物流机器人产业发展的对策建议

上海作为人工智能产业发展高地，有着良好的研发环境以及相关政策，具有一定的产业优势，因此要进一步抓住机遇，以市场驱动和政府引导相结合，促进智能物流机器人产业健康可持续发展。

（一）技术创新

对于物流机器人来说，技术是第一生产力，其涉及的关键技术主要包括核心零部件、导航技术、调度系统等。近年来，随着国内物流机器人市场竞争愈加激烈，并逐步向国际市场拓展，对技术升级的需求也更加迫切。

（二）开拓细分市场

在当前的物流机器人领域，在深入了解行业特点和实际需求的基础上，从电商、快递行业向更多细分市场进一步挖掘，将市场细分，有利于目前物流机器人企业的选择和发展。中国本土制造商仍然主要迎合国内市场，在本土客户那里这些本土机器人企业获得了越来越多的市场份额，国内物流机器人行业需要不断发展壮大，走出国门，加快开拓海外市场的步伐。

（三）新商业模式探索

在激烈的市场竞争环境下，应积极探索新的商业模式，如设备代运营、融资租赁、共享机器人平台等，以找寻更适合企业自己的发展路径。

（四）加大投融资力度

近年来，随着电商、快递行业的迅猛增长以及智慧物流的深入推进，物流机器人行业特别是AGV因柔性自动化优势突出、发展潜力巨大而备受资本青睐，多家机器人制造商（极智嘉、快仓、马路创新等）或科技公司（海康、鲸仓科技、思岚科技等）均获得了数目不菲的投资，为企业发展提供了强劲动力。吸引投融资可以有效提升物流机器

人企业实力、扩大企业规模。

（五）加快推进高技能人才队伍建设

加大机器人领域高技能人才的教育培训力度，培养从系统集成、安装调试、操作维护到运行管理的多层次、多类型的应用型人才。积极搭建校企交流平台，鼓励重点企业与国内外高等院校、研究机构建立人才联合培养机制，探索实施"校企合作、工学结合"的人才培养模式，实现人才培养与企业需求的良好对接，切实为物流机器人企业输送培养一大批高素质、高技能的应用型人才。

（六）疫情带来的机遇

新冠肺炎疫情的发生催化了市场对工业自动化、工业智能化的需求。事实上，智能物流这件事早已不再局限于仓储领域，在制造企业厂内物流的方方面面，都有物流机器人应用。就制造企业而言，智能物流机器人可以应用在从原料仓库到线边仓、从线边仓到产线、从产线到成品库等各个环节。企业要建设一个智能仓库或工厂，不可能没有物流机器人系统，它是名副其实的"新基建"，工业 4.0 的基础设施。这将为物流机器人行业带来巨大的市场机会。

关于推进上海工业机器人产业发展的对策建议

编者按：机器人行业是高端装备制造业、智能制造装备产业的重要组成部分，发展机器人行业能促进我国由制造大国走向制造强国。机器人本身的技术水平很大程度上反映出一个国家的自动化装备水平、科学技术水平、国民经济综合水平和工业现代化的水平，经济发达国家无不高度重视机器人的发展，我国更强调自主创新在机器人发展中起到的重要作用。工业机器人通常由核心零部件、机械本体和系统集成三部分构成。核心零部件包括减速机、伺服电机和控制器，核心零部件是工业机器人产业的核心壁垒。

一、国内外工业机器人行业基本情况

（一）工业机器人行业产业链整体情况

工业机器人是面向工业领域的多关节机械手或多自由度的机器人，是自动控制的、可重复编程、多用途、移动或固式的操作机，工业机器人整机产品类型主要包括如下产品：

表 1 工业机器人分类

图片	机种	定义及特点
	≤ 20 kg 6-axis	· 垂直多关节机器人，具有高灵活性、高定位精度等优点 · 含四轴垂直多关节（负载 ≤ 20 kg）
	> 20 kg 6-axis	· 垂直多关节机器人，具有高灵活性、高定位精度等优点 · 含四轴垂直多关节（负载 > 20 kg）
	SCARA	· 水平多关节机器人，适用于平面定位、垂直方向进行装配的作业
	Delta	· 并联机器人，以并联方式驱动的闭环机构，具有两个或者两个以上的自由度
	Collaborative	· 协作机器人，可与人直接进行交互，可用于取代重复性高、危险性强的工作

工业机器人产业链的上游为核心零部件，中游为整机，下游为系统集成。上游核心零部件研发制造主要包括伺服系统、减速器和控制器等，占工业机器人成本的 70% 左右。减速器、伺服系统（包括伺服电机和伺服驱动）及控制器直接决定工业机器人的性能、可靠性和负荷能力，对机器人整机起着至关重要的作用。中游是工业机器人整机制造，技术主要体现在整机结构设计和加工工艺，重点解决机械防护、精度补偿、机械刚度优化等机械问题，结合动力学控制算法实现各项性能指标，针对行业和应用场景开发机器人编程环境和工艺包以满足功能需求。下游面向终端用户及市场应用，包括系统集成、销售代理、本地合作、工业机器人租赁、工业机器人培训等第三方服务。

1. 2018 年工业机器人在全球、中国的规模分别约为 38 万、13 万台

按功能划分，工业机器人可分为包装、上下料、喷涂、搬运、焊接、洁净室、码垛、装配等，在全球、中国的规模分别约为 38 万、13 万台。其中以搬运与上下料、焊接与钎焊、装配与拆卸为主，其在全球市场中占空间分别为 18.30 万、8.20 万、4.90 万台，占比分别为 48.16%、21.58%、12.89%；在中国市场中占空间分别为 6.35 万、3.54 万、2.81 万台，占比分别为 48.85%、27.23%、21.62%，合计均占 80% 以上市场份额。

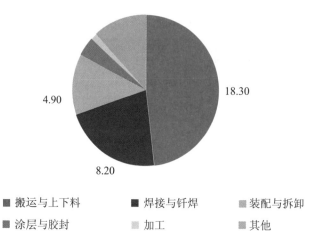

资料来源：IFR、CRIA。

图1 全球工业机器人市场（按功能划分，万台）

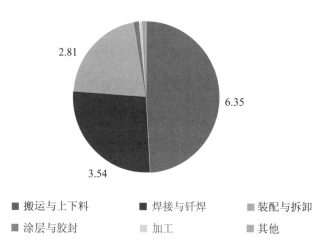

资料来源：IFR、CRIA。

图2 中国工业机器人市场（按功能划分，万台）

按机械结构划分，工业机器人可分为多关节机器人、平面多关节机器人、坐标机器人、圆柱坐标机器人、并联机器人、工厂用物流机器人（AGV）等，其中以多关节型、平面多关节、坐标机器人为主，其在全球市场中占空间分别为25.40万、5.05万、6.30万台，占比分别为66.84%、13.29%、16.58%；在中国市场中占空间9.12万、2.19万、2.12万台，占比分别为70.15%、16.85%、16.31%。多关节型机器人在全球市场和中国市场均占60%以上，几乎可应用于所有领域，以焊接、装配和搬运领域应用最多，其中汽车制造业是多关节工业机器人增长的主要驱动力。

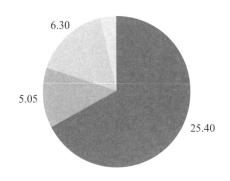

25.40

5.05

6.30

■ 多关节型　　▨ 平面多关节　　▨ 坐标机器人　　▨ 其他

资料来源：IFR、CRIA。

图3　全球工业机器人市场（按机械结构划分，万台）

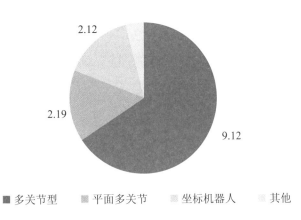

9.12

2.19

2.12

■ 多关节型　　▨ 平面多关节　　▨ 坐标机器人　　▨ 其他

资料来源：IFR、CRIA。

图4　中国工业机器人市场（按机械结构划分，万台）

按应用领域划分，工业机器人可以应用于汽车工业、3C、金属加工、化工橡胶塑料、食品加工等行业，其中以汽车和3C工业为主。2017年全球工业机器人在汽车、3C行业中占比分别为32.90%、30.50%，合计占比超过60%。汽车工业目前是工业机器人应用范围最广、应用标准最高、应用成熟度最好的领域，随着信息技术、人工智能技术的发展，工业机器人逐步拓展至通用工业领域，其中以3C电子自动化应用较为成熟，金属加工、化工、食品制造等领域工业机器人的使用密度逐渐提升。

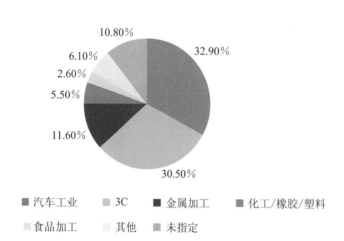

资料来源：IFR。

图5 全球工业机器人市场（按下游应用领域划分）

根据IFR，2018年全球工业机器人的安装量、保有量分别为42.23万、243.95万台，2013—2018年CAGR分别达18.85%、12.86%，保持快速上升趋势，2019—2022年全球工业机器人安装量整体保持增长态势，考虑到2020年开始的疫情影响，全球尤其是亚洲地区汽车、3C等行业销量下滑，导致工业机器人整机销量增长放缓。

资料来源：IFR《World Robotics 2019》。

图6 全球工业机器人的安装量和保有量

预计2020、2021、2022年全球工业机器人整机市场规模分别为163亿、171亿、178亿美元，系统集成市场规模分别为488亿、514亿、533亿美元。

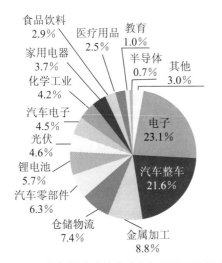 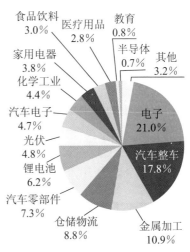

图 7 2018 年机器人系统集成市场规模（按行业）　图 8 2019 年机器人系统集成市场规模（按行业）

2. 机器人产业模式分析

目前，从机器人产业发展模式来看，主要有日本模式、欧洲模式和美国模式。日本模式下，机器人生产企业以开发新型机器人和批量生产优质产品为主要目标，由其子公司或社会上的工程公司来设计制造各行业所需要的机器人成套系统（所谓的一揽子解决方案），并完成交钥匙工程。美国模式下，国内系统集成企业基本上不生产普通工业机器人，需要的机器人通常由系统集成商外购，再根据需求自行设计制造配套的外围设备，完成交钥匙工程；欧洲模式强调一揽子交钥匙工程，欧洲系统集成商少，机器人的生产和用户所需要的系统设计制造全部由机器人生产企业完成。中国市场更接近于美国模式，即系统集成主要是由专业的系统集成厂商在做，在汽车（包括汽车零部件）、电子和金属加工等行业居多。

图 9 机器人产业发展模式

（二）工业机器人的产业现状

1. 国外机器人企业概况

目前，国外先进的机器人企业包括：日本的安川（YASKAWA）、发那科（FANUC）、德国的库卡（KUKA）、瑞士的ABB。这四家企业为全球主要的工业机器人供应商，被称为四大家族。工业机器人四大家族一起占据着中国机器人产业70%以上的市场份额，占全球约50%，几乎垄断了机器人制造、焊接等领域。

品牌	特　　　点
ABB	核心优势就是运动控制，还讲究机器人的整体特性，在重视品质的同时也讲究机器人的设计，但配备高标准控制系统的ABB机器人价格都很贵。
库卡	操作简单，但相对于ABB、发那科等机器人，库卡机器人的返修率是较高的。
发那科	市场份额稳居第一，精度很高，多功能六轴小型机器人的重复定位精度可以达到正负0.02 mm。
安川	稳定性好，但精度略差；负载大，稳定性高。相比较发那科的机器人来说，安川机器人的精度没有那么高。

2. 国内机器人概况

国内大部分市场份额被国外的四大企业占领，但国内的机器人也在蓬勃发展，涌现出一批优秀的机器人企业，以新松、新时达、埃斯顿、埃夫特等为代表，他们都在奋力赶追，加大研发和产业投入。

品牌	特　　　点
埃斯顿	国内高端自动化核心部件及运动控制系统、工业机器人及智能制造系统提供商和服务商企业之一。
新松	具有自主知识产权的工业机器人、协作机器人、移动机器人、特种机器人、服务机器人五大系列百余种产品，以自主核心技术、核心零部件、核心产品及行业系统解决方案为一体的全产业价值链。
新时达	以机器人和运动控制系统产品为核心，在国内独家建立了"关键核心零部件—本体—工程应用—远程信息化"的智能制造业务完整产业链布局。
埃夫特	在汽车行业柔性焊装系统、通用行业智能喷涂系统和智能抛光打磨、金属加工系统等领域为合作伙伴提供交钥匙整体解决方案。

3. 上海机器人产业发展特点

上海的机器人产业在国内一直处于领先地位。从全国情况来看，上海的市场需求较大，机器人制造企业较多，产业链基本齐全、系统成套能力强，综合实力仍然在全国具有很强的竞争优势。

上海有国际知名的机器人公司在国内设置的分公司或销售公司如 ABB、库卡、发那科、安川等，同时也有如新松、新时达、科大智能等国产机器人公司，同时还有一批系统集成公司如柯马、科大智能等，他们在自己的专业领域保持着领先的技术，总体处于领先水平。

上海典型的国产工业机器人企业如下：

品牌	特 点
新时达	六自由度工业机器人系列产品、机器人控制器、机器人专用伺服系统、总线及脉冲型各类通用交流伺服系统等，应用于电梯、食品加工、包装、电子加工、数控机床等各类设备，以及搬运、焊接、打磨、切割等各个制造环节。
科大智能	是少数能打破国外高端机器人企业长期垄断一线主流车企焊接生产线细分领域的企业之一，在工业机器人系统集成应用技术领域处于国内先进水平，其打造的白车身焊接生产线自动化率高达 97%—99%；"智能移载机械臂（手）—AGV（脚）—柔性生产线（身）"于一体的完整产业链布局，能够为客户提供涵盖业务全链条的智能化整体解决方案，打造工业智能化领域的"量身定制"，形成了具备核心竞争优势的产业平台。
柯马	有自主研发工业机器人和自动化的部门和制造基地，以汽车行业为主，涉及车身装配、动力总成等业务，实现基于传统的汽车客户向 3C 行业跃进，最终完成汽车业机器人技术再升级，打造同级别最快机器人。
仙知机器人	环境普适性：在 3D SLAM 基础上结合多传感器，做到了自动化与智能化的完美融合。 操作可视化：自主研发的可视化软件 Roboshop，作为移动机器人一站式实施工具。 多车一致性：采用基于地图的多传感器系统辨识技术，保证多车运动的一致性。 调度通用性：提供的多机调度系统 RoboRoute，可对上百台不同类型的移动机器人统一协调；还可与工厂 MES、仓库 WMS 等系统无缝对接，实现整体工厂的智能化，填补了移动机器人市场关键性核心技术的空白。

二、发展上海机器人产业面临的困境

上海机器人产业总体发展良好，但如果只看本土机器人企业，我们离 ABB、库卡、发那科、安川等国际知名企业还有很长的一段路要走，因此需要进一步加强科技创新、科技研发、知识产权，目前行业中还面临以下问题和困难：

（一）机器人核心零部件研发投入不足

上海的机器人企业以中小企业为主，虽然大部分企业比较重视研发、支持创新，研发投入占销售收入的比例较高，但研发投入总额偏低，在机器人产业亟需的核心部件尤其是减速机、伺服电机和控制器方面的研发投入较小。由于缺乏关键技术的自主开发，造成行业整体的研发投入不足，自主开发能力较差，缺少自主知识产权的创新技术。支持核心零部件如控制器、驱动技术的关键芯片严重依赖进口，受制于人，严重影响国内机器人的发展。

（二）机器人产业链存在短板

上海拥有高端制造业培育的市场，包括飞机、船舶、汽车、电子等巨大的市场机会。但目前高端的机器人本体、关键部件等严重依赖外国机器人企业，上海和国内甚至还缺乏上规模的机器人集成商，国产机器人产业还需要培育更多的"专精特新"企业，补全产业链短板。

（三）高端复合型人才匮乏

企业的竞争，关键是人才的竞争，机器人行业面临如研发、工艺、技术管理等复合型高端人才的匮乏。人才的匮乏及不平衡，造成了行业发展中大与强的不平衡、产量与质量的不平衡、质量与价格的不平衡现象，高端不足，低端过剩，产业链不平衡。

三、加快上海工业机器人产业发展的对策与建议

国家和地方政府应加强支持机器人行业的科研投入，尤其是支撑机器人基础理论、关键技术、关键零部件、关键芯片和本体技术，支持系统集成商的培育，为国内机器人产业整体水平提升提供一个良好的发展条件，使我国机器人在高端市场上取得根本性的突破。对策与建议如下：

（一）支持机器人基础理论的创新

机器人的基础理论涉及广泛，不仅仅是机器人动力学、运动学技术、运动控制、电气驱动、机械原理、系统集成理论，还有机器人需要的金属和非金属材料、制造技术等。通过学校、科研院所的基础理论创新，结合产学研实践，不断反馈基础理论。

（二）支持机器人核心零部件的技术创新

机器人的核心部件是制约我国机器人产业的痛点，企业研发投入较大、成功率低，从行业整体来看往往造成行业存在技术短板。政府应加大对核心零部件以及核心芯片的支持力度，逐步建立分担企业产品技术创新风险的相关制度，激发企业的创新意愿，突破产业高端产品技术瓶颈。

（三）加大机器人高技能人才培养支持力度

为了进一步推进机器人行业科技创新水平，应加大对产业高技能人才培养的支持力度，设立高技能人才培养基地，建立人才评估考核体系，提升产业高技能人才的覆盖面和深度。

（四）针对产业链实施普惠政策

机器人产业链包括核心零部件、机械本体和系统集成，目前产业链面临着同国外先进企业的竞争，为了培育产业链发展，政府应针对产业链实施有针对性的普惠政策。

加快布局上海数字货币应用的对策建议

编者按：一场央行数字货币的热潮，正在全球经济体中快速推进，各先进国家都不愿在这场世界级别的货币革命中落伍。我国数字货币的试点进展也备受期待，继深圳、苏州手机扫码、碰一碰支付之后，数字人民币在上海试点首次实现脱离手机的"硬钱包"支付模式。近期，北京、上海、广东三个重要区域均在政府工作报告中同步表态要推广数字货币，巨大商机孕育待发。上海正为建设成为具有全球竞争力的金融科技中心而全力加速，其中全速推进金融科技关键技术研发是重点任务之一。积极探索布局数字货币技术研发和应用，将有效助推我国数字经济加快发展。

从实物货币到金属货币，从纸币到信用货币，货币形态不断变化，正持续提高运行效率，服务经济社会。上海在我国经济发展中占据举足轻重的地位，是我国数字经济发展的排头兵，拥有较好的市场环境和技术基础。上海作为国际金融中心、人民币跨境使

144

用的首发城市之一和全球最大的国际贸易口岸城市，可以为数字货币提供丰富的国际化应用场景。布局数字货币应用，将极大推动上海国际金融中心建设、长三角区域一体化发展、自贸区改革创新等重大战略实施。

一、央行数字货币试点的现实意义

中国版央行数字货币（以下简称 DC/EP）是由国家主导，通过人民银行发行，由指定运营机构参与运营并向公众兑换，以广义账户体系为基础，支持银行账户松耦合功能，与纸钞和硬币等价，并具有价值特征和法偿性的可控匿名的支付工具。[①] 央行数字货币具有增强金融包容性、增强支付系统稳定性、加强货币监管和政策有效性等优势，数字货币的探索在某种层面上决定了未来谁能掌握全球金融控制权，因此具有重要战略意义。各国显然意识到了这点，纷纷在数字货币研发领域展开角逐。

（一）国外发展势头迅猛

据国际清算银行 2021 年 1 月 27 日最新央行数字货币研究报告《准备好了吗，出发？》显示 [②]，截至 2021 年 1 月 27 日，全球 65 家回应调查的央行中，约 86% 的央行在考虑发行数字法币的利弊，高于 2019 年的 80%。约 60% 的央行正在进行 CBDC 实验或是概念验证，高于 2019 年的 42%。

从具体国家来看，席卷全球的新冠病毒让数字美元被重新提上美国国会议程。2020 年 5 月 28 日，美国的数字美元基金会与咨询公司埃森哲共同打造数字美元计划，并公布了首份白皮书，阐述了数字美元功能设计、优势及可能的应用，并进一步探讨了未来的试点计划，这也标志着美国正式加入中央数字货币的创新角逐。数字美元若在未来顺利推行，无疑会让美元在日益数字化的全球经济中更有竞争力，从而进一步巩固美元的

---

① 穆长春：《DCEP 以广义账户体系为基础，不会冲击现有移动支付格局》，第 5 段，https://www.cebnet.com.cn/20200612/102668303.html（"中国电子信息网"，编写时间：2020.06.12，访问时间：2021.04.15）。

② 国际清算银行（BIS）：《准备好了吗，出发？》（Ready, steady, go?）研究报告，第 15 页。

霸权地位。

法国一直处于全球央行数字货币实验的前沿，在 2020 年年初便开始进行测试。同年 5 月，其与兴业银行合作，成为首个在区块链上成功试用数字欧元的国家。同年 7 月，法国央行正式公布数字欧元测试候选人名单，与埃森哲、汇丰银行、Seba 银行等八家机构开展测试。作为数字欧元研发代表国，法国也将成为我国央行数字货币领域强有力的对手。

（二）国内试点机遇凸显

我国较早捕捉到了全球金融科技未来发展趋势，意识到数字货币在推动资金流动监管、跨境贸易、人民币国际化等方面的作用，在 2014 年便成立了法定数字货币专门研究小组，并明确了发行数字货币这一战略目标，以期提升人民币国际化竞争力，撼动美元霸权主义地位，争夺全球金融控制权。目前第二轮试点正在推行中，但距离 DC/EP 大规模推广还有一定时间。2020 年 5 月，江苏省苏州市相城区机关和企事业单位工作人员交通补贴的 50% 以数字货币的形式发放，标志着我国 DC/EP 首次实际落地。2020 年 8 月，人民银行进一步深化试点地区，将首批深圳、成都、苏州、雄安新区 4 个地区扩展到北京、天津、上海、重庆等 28 个省市。

（三）主要试点城市比较

在首批深圳、苏州试点中，通过手机扫码、碰一碰的方式，DC/EP 实现了线上线下双离线支付。上海被纳入第二轮试点名单，目前已在同仁医院和陆家嘴的一些商业场所开展了试点测试，并第一次实现脱离手机的硬钱包支付模式。

与其他试点城市相比，上海是国际金融中心、人民币跨境使用的首发城市之一和全球最大的国际贸易口岸城市，可以为数字货币提供丰富的国际化应用场景。同时 DC/EP 也将反向推动上海"五个中心"建设实现能级跃升，两者将相互促进，协同发展。另外，布局数字货币应用，也将极大推动长三角区域一体化发展、自贸区改革创新等重大战略实施。

表 1　部分试点城市应用场景比较

	部分试点城市	应用场景	试点突破
第一批	苏州	在智慧停车、交通补贴发放、税费缴纳等场景进行了小范围测试，并在"双十二"派发 2000 万元数字人民币红包。	手机碰一碰，脱离网络线下支付
	深圳	分两次投放 4000 万元数字人民币红包，在零售端使用。	手机扫码线上支付
	雄安新区	全区已有涉及餐饮、娱乐、零售等领域共 19 家公司开始试点数字货币。	
第二批	上海	在同仁医院和陆家嘴的一些商业场所进行测试。	脱离手机的硬钱包支付模式
	北京	首个落地试点地为一家咖啡店。	

二、央行数字货币落地为上海金融中心建设带来的机遇和问题

（一）提供的机遇

1. 构建数字货币产业链，促进长三角一体化发展

数字货币的研发和推广带动了相关企业的发展，同时形成了一条完整的数字货币产业链。该产业链主要包括发行、投放、流通三个环节，各个环节涉及不同技术，集聚各色行业。从产业链上游发行环节看，主要包括芯片和基础技术行业、银行 IT 行业、数字加密和网络安全，代表企业有华为、长亮科技、数字认证、启明星辰等。中游投放环节，主要包括数字货币钱包，代表企业主要有广电运通、朗科科技、飞天诚信等。下游流通环节，主要包括支付终端行业（ATM、智能 POS 机、第三方支付等），代表企业有支付宝、新国都、怡化等。[①]

---

① 中商产业研究院：《2020 年中国数字货币上下游产业链及投资机遇深度剖析》，图 2，https://www.askci.com/news/chanye/20200811/1837191180313.shtml（"中商情报网"，编写时间：2020.08.11，访问时间：2021.04.15）。

表 2 数字货币产业链涉及行业、代表企业及典型应用场景

	涉及行业及代表企业				应用场景
上游发行	芯片和基础技术行业（华为、国民技术）	银行 IT 行业（长亮科技、神州信息、高伟达）	数字加密（数字认证、格尔软件、卫士通）	网络安全（启明星辰、绿盟科技）	在加密端，启明星辰在区块链网络隐私泄露风险、网络活跃度分析、用户及特征分析等方面进行了研究与应用。
中游投放	数字货币钱包（广电运通、朗科科技、飞天诚信）				在支付端，飞天诚信目前已推出 JuBiter Blade 数字货币硬件钱包产品，为数字货币资产提供极高的安全性保护。
下游流通	ATM（广电运通、怡化、恒银）	智能 POS 机（新国都、新大陆、聚龙股份）	第三方支付（支付宝、腾讯金融、银联商务）		在流通端，广电运通正式在南美启用首个数字银行网点，应用远程视频银行等智能金融解决方案，为客户提供金融服务。同时，公司已开展 DC/EP 在 ATM 上自由兑换研发项目。

上海已构筑起门类齐全、经营稳健、富有活力的现代金融体系，再加上丰富的应用场景，为数字货币产业链的构建提供了肥沃的土壤。数字货币相关产业的培育，让上海能进一步发挥产业集群效应，形成长三角一体化的数字货币应用环境，深化对长三角一体化协同发展的推动作用。

2. 丰富应用场景，推动城市数字化转型

在城市数字化转型方面，DC/EP 的普及需要线上线下应用场景的不断探索和完善。上海作为国际经济、金融、贸易、航运和科创中心，是中国经济发展最活跃、开放程度最高、创新能力最强的区域之一，可以在经济、生活等各方面为数字货币提供更为丰富的应用场景，而应用场景的深入也将进一步加快上海市城市数字化转型的步伐。目前，在不同应用场景中，各试验区已逐步开展研究。如利用数字货币进行商品购买、电费缴纳、医疗服务结算等。目前应用场景基本集中于零售端，但随着试点的深入与技术的提升，未来将逐步推广到企业端，在经济、生活等多领域赋能，推动各领域相互协同、互为促进，推进上海市城市数字化转型。

3. 深化技术支撑，提升金融服务实体经济能力

在金融服务方面，DC/EP 的推广可提高金融服务实体经济的能级与效率，推动上海

金融中心的建设迈上新台阶。一方面，随着 DC/EP 的普及，海量交易行为所产生的数据具有巨大价值。这些数据由央行掌握，央行可允许银行、投资机构在经企业授权的情况下，查询企业真实的经营信息和流水信息，从而替代传统的抵押、核心企业担保等增信措施，直接为相关企业提供银行贷款和投资机构股权融资，缓解由于银企信息不对称所导致的中小企业融资难、融资贵问题。另一方面，随着数字货币的发展，与其配套的以区块链等技术为基础的新的金融基础设施也将被不断完善。新的金融基础设施不仅可以产生最基础的金融产品货币，更可以孕育品种丰富多样的数字金融产品，为实体经济的发展注入新的动能。同时依附于数字货币之上的数字资产的定价、交易、流通等也必定将打破金融世界的传统格局，为金融服务实体经济，促进产业链、创新链、资金链三链融合提供新的思路。

4. 建立结算体系，推进跨境结算便利化

在支付结算方面，DC/EP 由于其成本低、方便快捷等天然优势，较传统货币跨境结算方式更有竞争力。虽然目前由于数字货币研究进展较慢、缺乏统一监管体系、人民币国际结算量较小等原因无法实现，但长期来看，随着数字货币技术不断推进、各国数字货币监管体系逐步建立、人民币国际化进程加快，建立数字货币跨境支付结算体系将是大势所趋。该体系在未来极大可能会减少交易时间，增加交易透明度，并促进货币服务商之间的竞争，从而使跨境支付成本更低，更便利。上海是人民币跨境使用的首发城市之一和全球最大的国际贸易口岸城市，该体系的建立必将更好地服务跨境支付贸易结算企业与个人，也将极大推动上海国际金融中心建设的进程。

（二）值得关注的问题

1. 产业科技金融尚待融合

金融科技与产业是相辅相成的关系，一方面，金融科技可推动产业供应链升级，同时基于产业场景可以将资金流、物流、商流和信息流进行整合，形成闭环，控制风险；另一方面，产业的蓬勃发展又能反向引导金融科技的更新迭代与业务创新。DC/EP 作为金融与高科技结合的典型范例，其核心意义在于用技术化的手段使得金融服务融入场景，并最终服务于产业，为实体经济注入新的动能。因此如何更好地将金融科技与产业三者相融合，提高服务实体经济质效，是值得思考的问题。

2. 底层技术仍需深化

在未来全球数字货币的推广以及数字金融的应用过程中，作为底层技术的区块链技术需要被重点关注。DC/EP目前并未将区块链技术作为底层技术，但仍借鉴了区块链技术思路，并在交易对账中进行了运用。从长远来看，区块链技术的价值不仅体现在数字货币的发行、交易上，更体现在建立新的金融基础设施上。在新的金融基础设施上，可以创造更多样的金融产品，同时将未流通的资产数字化，用DC/EP交易这些资产，丰富金融业务场景，打通金融科技堵点，助力产业、科技、金融的融合发展。然而目前上海在区块链专项政策支持力度、企业培育、提升专利数量等方面还存在不足。

3. 企业端应用亟待开发

数字货币的可编程性及可内嵌智能合约的特性也让其在未来赋能工业互联网提供了更多可能性，但目前DC/EP主要在零售领域进行试点，其在企业端应用的技术仍存在瓶颈，应用场景待深入发掘。目前可设想的在企业端的应用为，比如在一条供应链上，可对数字货币进行适当编程或加入智能合约，确保中间企业在收到下游企业的付款后，会如数支付对上游企业的应付款项，从而有效降低整条供应链的信用风险，极大地促进链上企业的发展。[1]DC/EP未来在企业端的应用必将进一步促进产业、金融、科技的融合，提升金融服务实体经济质效。

三、推动上海数字货币应用的对策建议

（一）形成金融科技产业集群集聚格局

以数字货币产业链为基础，重点引进链上各环节龙头企业，吸引上中下游有核心技术、特色产品、发展潜力的优质中小企业入沪。积极稳妥探索人工智能、大数据、云计算、区块链等新技术在金融领域应用，在临港新片区、长宁区等典型区域吸引区块链细分领域龙头企业在沪设立研发中心、子公司。利用杨浦区在区块链产业生态、企业集聚、应用场景、人才招引、政企投资联动方面的政策优势及资源基础，培育本土掌握核

---

① 刘晓曙：《数字货币未来的三大应用场景》，第25段，https://baijiahao.baidu.com/s?id=167606893 9854723830&wfr=spider&for=pc（"百度"，编写时间：2020.08.26，访问时间：2021.04.15）。

心技术或极具发展潜力的区块链中小企业，助力打造高品质金融科技功能平台和区块链技术应用示范区，逐步形成科技金融产业集群集聚格局。

（二）拓展试点数字货币企业端应用场景

积极拓展 DC/EP 线上线下应用场景，重点研究在企业端的应用。可从财政资金拨付入手，建立财政资金数字货币试点平台，测试数字货币在企业端的发放、流转、交易等。[①] 利用数字货币的可追溯性、加密性和可供穿透式监管等特性，可测试监管财政资金从拨付到使用全流程，确保每一笔资金按规定使用范围使用，同时可嵌入智能合约，限定专项资金的使用范围，防止出现资金挪用等情况，从而确保资金精准下达、有效使用、严格监管，落实落细财政政策，形成政策闭环，从而整合科技服务生态体系中的信息流与资金流，打造数字货币生态圈。

（三）引导底层区块链技术深化创新

研究制定专项政策。结合上海市区域特色、现有产业结构，因地制宜，出台市级区块链产业和信息化扶持专项政策。以区块链赋能实体经济为主基调，从技术层面、产业层面和应用层面等进行布局。在应用层面，重点探索在金融、政务等场景的应用，带动数字经济的发展。保护奖励知识产权。在保护方面，细化区块链等新型技术知识产权政策，强化知识产权保护；在奖励方面，制定规则，界定区块链技术重大发明、专利，对符合条件的发明专利给予奖励，鼓励技术创新；在申请方面，优化办理流程，为专利申请和商标注册等提供便捷服务；在融资方面，推进知识产权质押融资业务，提升区块链企业贷款可得性。

（四）探索数字货币资产相关业态发展

借助上海国际金融中心的优势，充分抓牢上海建设金融科技中心的契机，推动数字

---

① 赵长山：《建议在中关村探索面向企业端的数字货币应用场景试点》，第5段，https：//baijiahao.baidu.com/s?id=1689751538449553746&wfr=spider&for=pc（"百度"，编写时间：2021.01.24，访问时间：2021.04.15）。

货币资产相关业态发展。利用上海高校资源、金融中心定位及地理区位优势，促进新型技术行业交流，探索区块链技术创新，加强区块链在数字资产确权、交易等领域的技术研发攻关。鼓励龙头企业探索数字资产交易中心建设，引导龙头企业探索数字资产交易平台建设以及资产数字化、数字资产确权保护、知识产权质押融资等方面的标准和技术模式，抢抓数字业态发展先机。同时研究数字资产领域监管政策，比如对符合条件的数字资产交易中心进行牌照颁发试点，从而保护投资者资产安全，促进数字资产市场的有序发展。

（五）建立数字人民币跨境支付结算体系

待 DC/EP 发展到一定程度，可利用 DC/EP 完善人民币与其他货币的直接汇率询价机制，并运用区块链等新技术提升人民币跨境支付能力，建立数字人民币跨境支付结算体系。首先可以在自贸区等金融开放创新先行先试区域小范围开展试点，在境内离岸人民币市场和数字货币跨境使用两方面进行有益探索，目前阶段着重探索 DC/EP 用于小额贸易结算跨境支付，后期随着底层技术的进步和 DC/EP 的发展，可逐步探索在石油等大宗商品贸易结算中的应用，并逐步扩大试点范围，助力上海形成世界级的外汇市场和投融资市场，推动上海向顶级国际金融中心目标更近一步。

区块链技术在航运产业数字化转型中的应用与建议

编者按：区块链技术在航运产业中已有较多探索与实践，但航运产业领域的数字化转型趋势相较于商贸、物流等领域进展缓慢，因新冠肺炎疫情的冲击，航运数字化转型的紧迫性愈加明显。航运是联通全球经济的重要基础性服务。在全球疫情尚未得到完全控制的影响和国内国际双循环战略发展格局下，政府和航运企业应加快数据标准与规则的协同，进一步鼓励数字技术在航运业的应用，推动成立航运数字化行业组织，确立行业话语权和影响力，构建航运全产业链数字化转型整体生态。

航运产业链包括贸易商、航运公司、码头企业、货运代理和船舶代理，以及船舶运营服务、航运金融、法律、咨询等服务环节，航运业各环节涉及的角色多样，所承运的货物价值比运费高1—2个数量级，过程涉及跨国、跨政府、跨行业的信息交换，部分承运货物的贸易信息涉及各产业供应链的商业机密。基于此区块链技术能够保持私密信息在公共监督环境下不被篡改和伪造的功能特点，在参与角色多样、商业价值较高、信息传递链条长、涉及商业秘密的业务应用场景中极为重要，是最适合应用于航运业的数字技术之一。

一、区块链技术在航运业中的应用实践

区块链技术自诞生以来引发了广泛关注，基于对航运产业链上下游各相关主体整合的区块链生态圈的设想孕育而生。自 2015 年以来，国内外航运重点企业纷纷与科技巨头合作，各种航运区块链的开发应用也层出不穷。

（一）利用区块链技术推出数据信息共享、加密创新

日本航运公司商船三井、日本邮船、川崎汽船等 14 家包括银行、保险、物流供应商和进出口相关公司联合推出区块链国际贸易数据共享平台企业联盟，通过使用区块链技术使公司之间和跨业务类别的信息流动更为顺畅，提高贸易有关的办公程序效率。鹿特丹港、荷兰银行、荷兰代尔夫特理工大学推出的区块链物流合同信息共享应用平台，也是利用区块链技术推出的数据信息共享与创新的重要举措。

（二）建立可追溯的区块链运输信息识别和交易系统

中国香港首创企业将集装箱和船舶上传感器采集的物联网信息通过区块链共享给相关贸易方。中远海运集运与京东、佳农合作推出的"区块链香蕉"运输项目，通过中远海运集运的全球信息系统实现与京东区块链溯源平台有效对接共享，完整而真实地记录了货物从启运港装船到目的港交货的运输全过程，实现对厄瓜多尔进口香蕉的原产地、运输过程和海运信息定制化服务，是区块链技术在国际海上集装箱运输业内的首次商业落地应用。

（三）搭建基于区块链技术的数据平台，推动数字化进程

马士基与 IBM 共同开发以区块链技术为基础的数字化平台 TradeLens，在区块链环境下实现全球运输货物的过程中运输数据和运输单证文件的实时访问，完成文件审批、流转，大大简化了流程，降低了成本。中远海运联合上海海关、上港集团的跨境贸易管

154

理大数据平台，以星航运与 Span Logistics、Wave 推出的无纸化提单试验项目等，均是基于区块链技术数据平台的实践和探索。

（四）利用区块链技术发行代币

区块链技术因比特币的神话风靡全球，发行代币成为区块链主要应用之一。Block Shipping 基于区块链技术与现代传感技术，着眼创建全球首个全球共享集装箱平台，通过整合全球约 2700[①] 万个集装箱的一手实时登记信息，实现集装箱共享交易。Block Shipping 于 2018 年发行内部流通的集装箱平台代币和外部收入共享的代币，集装箱平台代币主要用于平台用户之间相互交易的结算和清算，涉及有关全球处理集装箱事务的各个方面及各种费用。[②]

综上可见，区块链技术在航运业的应用实践主要起到如下积极作用：一是推动航运业运作模式的变化。区块链技术的分布式多中心化特点，可减少中间机构环节、简化运作流程，同时通过智能合约的形式减少大量的单证需求，实现无纸化运作，降低成本的同时使各节点之间的资金流转变得安全、高效。二是大幅降低航运业的信息差。区块链技术将在贸易运输的各相关主体间实现国际贸易提单等电子单证的交换应用，实现国际供应链"物流、信息流、资金流"三流合一，形成问题可追溯、可信的电子证据，提高付款、交接、理赔的处理效率。同时，针对国际贸易涉及的各种法律文书、证明文件等也都可以通过区块链解决方案实现安全、可靠、互认的传输。三是催生新的信用评价模式和金融创新。在国际航运业涉及多个交易主体的复杂交易场景中，区块链技术能实现与交易主体的信用相关的信息的完整保存和轻松获取，实现交易主体之间的点对点交易，弱化信用中介的作用。航运资源可以通过区块链实现资产化，以数字形式上链交易、融资，实现资产的便捷追踪和管理。

[①] 航运界：《区块链技术让集装箱共享成为可能？》，https://www.sohu.com/a/260524620_173888（"搜狐"，编写时间：2018.10.20，访问时间：2021.04.15）。

[②] 第一财经，《区块链＋国际航运 新技术与传统产业共生融合》，https://supplier.alibaba.com/content/detail/PX4O8R35.htm（"阿里巴巴国际站"，编写时间：2020.08.18，访问时间：2021.04.15）。

二、航运产业数字化转型面临的形势和挑战

（一）从全球航运业发展形势看，航运外部形势日益严峻，不确定性加大

新冠肺炎疫情防控"常态化"局势下，全球产业链转移和贸易保护主义升级引发全球经济格局调整，国际航运和航空业都面临严峻挑战，航运中心国际竞争加剧，航运发达国家和地区纷纷通过港口扩建、税收优惠、人才吸引等政策措施提升竞争力。上海航运中心建设亟须提升服务能级，扩大开放度，加快数字技术应用，形成特色或产业优势，提高国际影响力和竞争力。

（二）从航运产业发展需求看，数字化是航运业实现高质量发展，形成新动能的重要依托

商品零售、制造业供应链、跨境贸易、金融支付的数字化一定程度上都早已走在了航运的前面，航运正在成为制造和物流数字协同中的短板，航运业的数字化转型已形成外在需求的倒逼之势。航运数字化转型，是提升航运业内部的资源配置能力，实现业务更透明、高效、绿色、安全等目标的重要手段，也是航运业融入数字化变革浪潮，更好服务产业互联网、工业互联网、消费互联网的必然选择。

（三）从数字技术应用实践来看，区块链技术的应用仍在起步阶段，在技术层面、应用层面、监管层面、安全层面都面临着诸多挑战

在技术层面，区块链持续运行所带来的计算资源、资金和能源消耗，可能超过它为解决航运供应链短板所带来的效益。应用层面，区块链系统的实践应用多属于探索性项目，难以形成持续性的商业模式。同时，区块链在全球航运网络中的运作需要遵守不同的法律法规，实现区块链与航运供应链的完美结合是一项极其复杂的任务。监管层面，作为一种颠覆性的信息技术，区块链体系结构的分布式特性在为特定用例提供明显优势的同时，也对市场的整体控制和治理提出了巨大的挑战。安全层面，区块链技术是通过开放源代码来提高网络的可信性，如何在满足市场交易多元化需求的情况下，保证系统交易和用户信息的安全是亟须解决的问题之一。

三、推进上海航运产业数字化转型的对策建议

上海在"十三五"末已经基本建成国际航运中心,《新华—波罗的海国际航运中心发展指数报告(2020)》指出,上海首次跻身国际航运中心排名前三强,仅次于新加坡和伦敦,现代航运服务体系基本形成。"十四五"期间应进一步加快推进航运业数字化转型,赋能航运中心能级提升。

(一)强化政府与企业协同推进机制

航运的数字化转型需要政府和航运企业协同推进,形成数据规范和交换标准,构建较为完整的航运数据目录和能力开放平台。应进一步完善航运数字化转型的公共基础服务、政务服务、合规监管和征信评价,加快推进开放脱敏航运政务数据共享,打造先导性、公共性、基础性的航运创新基础设施平台,鼓励航运企业和服务机构开展基于航运数据的实践应用比赛和活动。加快推进航运业规范数据标准的制定,避免行业的盲目实践可能导致的新信息孤岛。探索提供航运相关业务受理的网站、应用和数据接口,实现市场第三方应用和企业主体与政府信息平台的业务直连。并通过数字化方式统一经营主体的公共实名认证、增值税流转监管、业务操作合法监管、经营合规性监管、生产操作规范性监管等,实现航运数据的监管和治理方案。

(二)鼓励数字技术在航运业的应用

加快推进区块链、人工智能、大数据等技术在航运数字化中的应用实践,区块链的不可篡改性和分布式储存技术有助于建立高度安全且透明的海运供应链共享网络,推进航运区块链"多中心"模式,解决彼此不存在隶属关系的主体机构之间互信问题,完善应用路径与机制,实现实时、安全无缝地交换运输信息。推动不同国家之间的大型船运主体、航运企业与银行、口岸、境外、其他运输方式企业的合作模式创新,通过数字技术创造可信的价值流转平台,构建多方协作信任体系,让数字化资产全链路流转,推动多方协作的爆炸式发展。

（三）推动成立航运数字化行业组织

当前，世界海事组织 IMO 并未设立专门的数字航运专委会，航运数字化亟需行业组织和话语权的确立。上海航运业应把握好航运数字化转型发展历史机遇，在未来格局未定之前，率先发起和成立相关航运数字化组织。依托行业组织积极开展数字化转型实践中基础代码一致性问题，推动数据开放和数据共享，梳理和编制全球码头编码标准、航线代码标准、船期代码标准、公共船舶信息库等公共基础数据标准体系，有效推进各港航企业的数字化方案之间的兼容互通。同时，组织推动行业创新、人才交流和多方合作，加强创新引导和创新激励，打造行业数字生态环境，加快在未来的数字航运中确立自身的话语权和影响力。

（四）构建航运全产业链数字化转型整体生态

加快打造航运全产业链数字化转型生态，以数据决策支持替代航运业经验决策，实现业务模式创新和数字化赋能。完善航运业数字基础设施和物联网建设，夯实业务数字化底座。推动航运业上下游业务协同，港口、航运企业加快自身数字化应用与探索，利用数字化赋能，发掘目标客户业务需求，提升业务协同能力和服务能力。发挥航运龙头企业资源优势，积极参与、主导、融入航运业数字化生态建设，强化企业内部数据循环和上下游外部数据循环，加强智能化经营决策能力。航运企业应加强与数字技术供应方的合作，挖掘更多的数据连接和前置采集的数字感知能力需求，打造新的数字化应用场景，实现业务数字化和经营智能化。加快航运贸易服务企业数字化转型，提供数字化航运金融、法律、咨询等增值服务，形成航运数字化发展开放、共享、互信的生态体系。

推动人工智能辅助药物研发发展的对策建议

　　编者按：近年来，人工智能在辅助药物研发方面进展迅速，成为药企降低成本、加速研发的技术利器。国内该领域的发展起步较晚，但已出现行业加速成长的趋势，行业前景可期。在该领域，上海具有一定的发展基础和优势，但是目前企业创新活力不强、医药和人工智能的融合度不高。因此，上海应进一步完善相应政策，推动人工智能辅助药物研发的加速发展。

　　随着人工智能技术蓬勃发展以及疫情对新药物研发迫切需求的助推，人工智能在提高药物研发效率、缩短研发时间方面的潜力迅速展现。近年来，制药巨头们纷纷开始加码内部研究或寻求外部技术合作，一批人工智能辅助药物研发的头部初创企业脱颖而出。上海具有强大的药物研发创新优势和人工智能技术积累，应进一步促进人工智能与药物研发的融合互促，抢占 AI 辅助药物研发的发展机遇。

一、AI 辅助药物研发的发展现状分析

（一）AI 在药物研发中的赋能作用

有关研究预计，AI 辅助药物研发将为企业每年节约 540 亿美元的研发支出、在研发主要环节节约 40%—60% 的时间 [1]，主要在以下四个环节发挥加速提效的作用。

一是研发初期的靶点发现。目前的技术赋能集中在利用 NLP（自然语言处理）发现新靶点及深度学习辅助靶标识别两个方向。前者利用 NLP 技术检索分析海量文献、专利等非结构化数据库，以发现新机制和新靶点，比以往依靠药物学家经验的方式相比更为快速高效；后者应用深度学习技术，分析药物实验数据，以评估片段的估计活性等，加速靶标识别进程。例如，BenevolentAI 对海量的化学库、医学数据库和科学论文进行扫描，寻找潜在的药物新分子；DeepMind 利用机器学习软件成功预测 SARS-CoV-2 病毒的几种蛋白质结构。从全球范围看，该方向的企业数量最多，也是制药巨头与技术平台合作的重点。但是，该类企业主要分布在美国、欧洲等，国内涉及的不多。

二是化合物合成优化及筛选。在化合物合成优化方面，人工智能可以通过云计算帮助化学家在多种合成路径当中筛选出简洁高效的最优方法。在化合物筛选方面，人工智能从药化、生物学的大量数据中挖掘有效信息筛选化合物，快速过滤"低质量"化合物，富集潜在有效分子，并应用图像识别技术辅助高通量筛选，提升筛选效率；从大数据中提取疾病和化合物之间的联系，预测潜在药物的有效性和毒副作用。该路径是国内企业角逐的主赛道，目前已经涌现了望石科技、费米子科技、冰洲石生物科技、星药科技等。

三是药物晶型预测。通过深度学习能力和认知计算能力，人工智能可以实现高效动态配置药物的晶型，更快更精准地找到良好的晶型，优化化合物的物化性质，提升药物安全性、稳定性。目前，国内已经有部分企业覆盖该领域，代表企业有晶泰科技、METiS（剂泰医药）等。

四是药物临床研究。人工智能可以在患者招募、优化临床试验设计和药物重定向等方面发挥作用，提升临床研究效率。例如，零氪科技利用大数据整合患者资料，加速临

---

[1] 火石创造：《AI+ 药物研发市场发展现状及趋势探讨》，https://xw.qq.com/cmsid/20200911A032L600（"腾讯网"，编写时间：2020.09.15，访问时间：2021.04.15）。

床试验寻找患者；Medidata 提供生命科学领域的临床研究云解决方案。

（二）AI 辅助药物研发的市场机遇

一是从实际需求看，由于 AI 辅助药物研发的方式高效且相对经济，目前的市场空间较大。近年来，由于已知的新药靶点减少、临床实验成本不断增加以及监管条件趋于严格，即使随着 CADD（计算机辅助药物研发）等技术的投入使用，药企的新药研发成本却陡然上升。相关研究显示，至 2000 年国外药企平均的新药开发成本已经高达 6 亿—8 亿美元，相比 1960 年上涨近 7 倍；至 2017 年新药研发的内部收益率已下降至 3.2%。国内新药研发以 me-too 类药物（派生药）为主，相对的研发成本要低很多，但是也面临着边际效益递减的问题。在这一背景之下，相对保守的制药企业已经在研发智能化方面加快行动。2020 年，全球顶尖 15 家药企在 AI 辅助药物研发方面平均行动 5.6 次；2015 年以来，至少有 8 家药企参与了该领域 AI 初创公司的投资，投资总金额预计超过 1.3 亿美元。

二是从行业本身看，该领域仍处于技术投入与创新的快速增长期，2014—2016 年，全球平均每年都有 7 家相关的 AI 公司创立。但是，以上企业超过一半分布在美国。国内方面，由于原研药物研发的需求较低以及人工智能技术在产业端应用较慢，行动相对滞后。目前已知的代表企业一般成立仅 2—3 年，且多数聚焦于化合物筛选、晶型预测等环节，以更好适应国内药企需求，与海外企业形成错位竞争。此外，腾讯、节点跳动、百度、阿里等互联网平台纷纷加入其中，将 AI 辅助药物研发作为创新业务战略方向之一，有望进一步助推行业发展与格局的确立。

（三）AI 辅助药物研发的现实挑战

AI 辅助药物研发需要在数据和场景开放应用的前提下，依靠深度学习等技术的深度赋能推动，在实践中仍面临着数据应用和稳健性的双重挑战。

一是数据应用方面，面临着数据资源短缺的瓶颈。一方面，多数人工智能企业面临着高昂的数据获取成本以训练有效预测的算法模型；另一方面，计算平台型企业面临着研发数据质量不高的困境，即虽然算法可靠性高，但由于需求方提供的基础数据可靠性不强、标准化程度低等问题，导致计算结果并不理想。

二是稳健性方面，算法的透明性和稳定性不强阻碍了 AI 的进一步融合赋能。目前，深度学习算法如同"黑匣子"运行，缺少因果逻辑的过程验证，也在部分环节存在计算结果精确性强但准确率不高的问题。由于药物研发与健康、安全紧密相关，研究提升算法结果的稳健性既是进一步推广 AI 辅助药物研发的重要基础，也是 AI 与传统药物科学深度融合的必然要求。

二、上海 AI 辅助药物研发的现状基础分析

（一）上海 AI 辅助药物研发的优势基础

一是从基础能力看，上海在药物研发和人工智能技术领域均有深厚积累，具有发展 AI 辅助药物研发的良好条件。目前，上海已有药明康德、上海医药等一批优秀的国内研发企业，以及默克、科文斯等外资制药巨头的研发中心，在药物研发领域的技术积累、人才储备、项目经验方面基础扎实；同时，上海亦汇聚了一批人工智能头部企业和相关人才，深度学习、神经网络等算法模型已有较多的实际应用，具有进一步赋能药物研发的潜力。此外，上海在互联网医院、电子病历建设等方面走在国内前列，为发展 AI 辅助药物研发提供了较好的数字化能力支撑。

二是从需求侧看，上海的药物研发市场广阔。一方面，超大城市的庞大人口基数和老龄化趋势决定了医药产业未来需求的持续扩张，丰富优质的医疗资源更是吸引了国内外众多来沪就医的患者，为药物研发提供了坚固的市场需求空间。另一方面，上海医药产业规模大，新药研发的项目机会众多，为 AI 辅助药物研发的技术落地提供了丰富的现实土壤。

三是从政策环境看，上海推进药物研发高质量发展的政策力度较大，AI 辅助药物研发的政策友好度较高。如，在发布的《促进上海市生物医药产业高质量发展行动方案（2018—2020 年）》中明确提出聚焦人工智能等技术与生物医药产业交叉融合等热点方向，布局实施重大项目；在《健康上海行动（2019—2030 年）》中提出加快生物医药科技研发，布局实施一批重大项目和重大专项，支持一批创新主体，在新靶点新机制药物研制、细胞治疗、高端医疗器械、智能诊疗设备等研究方向，突破关键共性技术，研发

重大创新产品。

（二）上海 AI 辅助药物研发的问题挑战

·是以初创企业为代表的创新活力不强。目前，该领域的初创企业较多，其中的头部企业普遍具有领先的技术能力积累和先发优势，是推动行业进步的最活跃力量。但是，已知的国内 20 家头部初创企业主要零星分布在北京、深圳，在上海的相关企业大多为外资的国内分支机构，本土培育的初创企业较少。

二是 AI 技术与医药研发的融合度不高。在 AI 的技术应用方面，目前上海的突出方向是计算机视觉技术、智能制造等，将深度学习等算法应用在医药行业的案例较少。即使涉及医疗领域，也更加关注医学影像、数字诊疗手段等方面，在药物研发领域下沉的企业不多。在制药企业方面，采取 AI 介入的应对动作亦较为缓慢。虽然，近两年在该领域布局的企业有所增加，但主要是外资或大型国资企业，推进风格相对保守。特别地，对于多数的外资制药研发中心而言，本身更多承担国内上市的配套开发工作，没有完全的研发"决策权"与"自主权"；即使承担了实际研究工作，也需在具体工作进展中听从总部意见，推进 AI 辅助药物研发的动力不强。

三、推动上海 AI 辅助药物研发的发展建议

（一）瞄准实际需求，推动人工智能技术聚焦医药研发

鼓励现有人工智能技术企业在沪设立人工智能辅助药物研发创新实验室，进一步拓展、深耕药物研发领域，重点聚焦上海生物医药等产业高质量发展的实际需求，不断提升深度学习技术能力，加大探索力度。充分发挥上海人工智能和医药研发的双重优势，搭建人工智能与医药企业、研究单位的合作交流平台，推动医药研发场景全流程、有条件、有层次地开放，打造推动行业发展的数字及场景要素高地。

（二）立足长期发展，鼓励制药企业拥抱技术力量

深入推动药物研发过程的数字化，鼓励药企建立研发全流程的数据应用体系，夯实 AI 辅助药物研发的发展基础。大力引导制药企业、药物研发外包机构等相关主体与人工

智能技术企业建立外部合作、设立内部人工智能研发部门，提升研发数字化的应用深度和实效。结合医药国企改革，鼓励各类企业进一步突破体制束缚，积极应用人工智能，不断提升药物研发能力。进一步做强张江药物试验室等一批原创新药研发载体，鼓励增设人工智能辅助药物研发特色平台。

（三）深化认识、提高站位，打造包容的开放发展生态

推进对 AI 辅助药物研发的全面深入研究，深化相关部门对行业发展的认识，在人工智能、医药产业等相关产业规划中加大推进落实力度。鼓励产业联盟、行业协会等组织在研发数据标准化、规范化以及数据协同开放机制方面进行积极探索。在人才引培、资金对接等方面完善配套政策，以包容审慎的思路加大对技术企业的扶持力度，引导园区、各级部门增强对初创型企业的服务能力。

附表：部分 AI 辅助药物研发企业简介

序号	名称	所在地	成立时间	主要涉及领域
1	BenevolentAI	伦敦	2013 年	靶点发现、化合物分析、临床研究等多环节
2	DeepMind	伦敦	2010 年	蛋白质折叠
3	望石科技	北京	2018 年	全流程的小分子药物研发
4	费米子科技	广州	2018 年	化合物的筛选、设计、合成和生物学验证等 CRO 环节
5	冰洲石生物科技	上海 / 纽约	2015 年	化合物虚拟筛选、生物学验证
6	星药科技	北京	2019 年	分子设计、属性预测、虚拟筛选、定向优化
7	晶泰科技	北京 / 深圳 / 波士顿	2014 年	小分子药物固态研发服务、小分子药物设计、抗体 / 多肽研发合作
8	剂泰医药	杭州	2020 年	全流程的小分子药物研发
9	零氪科技	北京 / 天津 / 广州 / 上海	2014 年	病例数据标准化、医院管理、科研数据管理、智能辅助诊疗、康复管理
10	Medidata	纽约 / 上海等	1999 年	临床试验软件
11	燧坤智能	南京	2018 年	靶点发现、发现已知药物新适应症、新药筛选等
12	深度智耀	北京	2017 年	靶点发现、化合物合成及筛选、药物活性预测、临床研究
13	未知君	深圳	2017 年	在微生态药物研发领域利用基因测序等技术筛选关键菌

打造上海高端制造业增长极的对策思路

　　编者按：上海高端制造业在落实国家战略、抢占制高点，推动转型升级、打通产业链，促进产业融合、形成联动效应，培育产业新动能，掌握主动权、迈向高质量发展，突出高端引领等方面成效显著，对于高端制造业支撑上海成为国内大循环中心节点和国内国际双循环的战略链接至关重要，是激发上海高端制造业发挥高度融合、高能驱动、高效赋能、高质辐射的增长极作用的核心动能。

　　当今世界正经历百年未有之大变局，经济全球化遭遇逆流冷风，在国际贸易和投资大幅萎缩、中美"产业脱钩""技术博弈"甚嚣尘上、"政治病毒肆意扩散"的大背景下，发展经济以国内循环为主，形成国际国内互促的双循环发展新格局，这是针对国际形势变化作出的重大决策。

一、制约上海发挥高端制造业增长极作用的问题瓶颈

（一）工业增加值持续走低，制约上海制造业迈向价值链高端

上海工业增加值在全国的比重渐渐落后于 GDP 在全国中的比重，且差距逐渐拉大。一是产业结构调整，上海低端制造业迁出甚至淘汰转移，产业总量规模不断减小；二是产业融合转型，制造业服务化趋势明显，制造业向生产性服务业方向融合发展，制造业服务化部分无法在工业增加值中体现出来；三是制造业升级换代，由规模增长转向提质增效，传统支柱产业向高新技术产业和战略性新兴产业提升；四是制造业产业链加工制造环节迁出上海，全国布局。

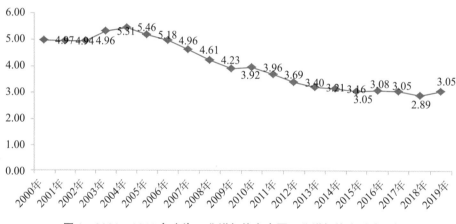

图 1　2000—2019 年上海工业增加值占全国工业增加值比重（%）

在加快形成以国内大循环为主体、国内国际双循环相互促进的新发展格局下，出现产业"脱实向虚"，产业形态虚高，高端制造业能级提升缺乏后劲等瓶颈。加快破解新支柱产业尚未形成、替代性产业还不清晰的局面，打造支撑上海未来经济发展的"中流砥柱"，成为新的发展引擎，已成当务之急。

（二）产业基础能力和创新策源不强，与全球科创中心地位不匹配

全市重点产业卡脖子方向 225 项，其中对美严重依赖近七成，高端通用芯片、电子元器件、机器人核心部件、先进复合材料以及工业母机、大型生产设备等方面高度依赖进口，产业技术基础能力依然薄弱，结合硬件的底层软件及生态几乎空白。如，上

海华力微电子自美进口备件备品占比达 68.3%，台积电（中国）有限公司所需设备中的 70%、生产所需零部件及消耗品的 40%，均原产于美国且无替代国。DRAM 芯片全部依赖进口，且一直被韩国三星、海力士和美国美光垄断。核心基础零部件 / 元器件、工业软件等"五基"领域"卡脖子"突出，受制程度仍较高，核心技术跟跑多，并跑、领跑少。生物医药创新成果本地产业化还须加强。制造业政策创新突破的力度不大，与打造最优营商环境不匹配。制造业对外开放合作的瓶颈制约仍存在，生物医药、智能网联汽车等政策需求度高的领域，仍须向国家积极争取支持。下一步应以新重点产业体系凝聚全市发展力量，落实本市产业地图导向，与各区重点发展的产业相匹配，充分调动积极性，引导要素资源集中集聚，改变碎片化、分散化发展现象。

（三）上海高端制造业对区域产业协同的影响力有待提升

长三角拥有雄厚的产业实力，长三角地区是我国重要的先进制造业基地，同时也是高端制造业最为集聚的地区之一。重点产业领域全国龙头地位突出，与全球范围内产业集群相比，目前长三角地区制造业服务化、服务型制造仍滞后于具有全球影响力产业集群产业的发展步伐，其在服务效率、服务质量、服务成本、产品多样化、集聚程度等方面亟待提升。制造业产业一部分企业缺乏科技创新的战略远见和创新动力，在智能化改造、工业机器人应用等方面反应迟缓，产品缺品质、企业缺品牌、行业缺标准、产业缺地标，特别是缺乏有影响力的终端产品、标志性的核心产品。具有全球影响力产业集群产业发展缺少"创新源"，产业领军人才少、"双创"团队少，且大多技术在本地转化难或不具备科技前沿引领能力。公共性、基础性、通用性的跨区域产业和信息化建设项目，尚缺乏有效投融资机制保障，建设运营机制有待创新完善。具有全球影响力的产业集群聚集度亟待提高，创新要素配置滞后，跨区域重大项目投融资机制有待创新。上海要充分体现制造业和服务业深度融合的趋势，以及产业发展较之全国更加具有"两业融合"特征，以制造业为基底，向服务端延伸，带动长三角雄厚的产业和服务全链条提升发展。

二、打造上海高端制造业增长极的对策思路

（一）把握战略定位，加速释放产业动能

上海高端制造业增长极的战略定位是：立足于上海产业基础和优势资源，加快构建根植本土、联动区域、服务全国、面向全球发展的创新网络、生产和服务网络，培育具有全球化运营能力的企业群体，以集成电路、人工智能、生物医药三大先导产业为引领，加快推动制造与科技、金融深度融合，打造世界级高端制造业集群，增强产业创新能力和资源配置能力，提升产业国际竞争力，推动产业迈向价值链高端，强化产业高端引领功能，发挥高端制造业增长极作用，成为引领长三角、服务全国发展的经济增长助推器、区域协同黏合剂、资源配置倍增器。

（二）明确发展目标，凝聚形成链式创新

"十四五"期间上海制造业仍将处于深化提升期，要深刻把握高端制造业拥有核心技术、掌控产业链关键环节、占据价值链高端、体现高效赋能驱动的内涵特征，通过技术创新、数字赋能、基础夯实、品牌打造、集群发展全面提升制造业发展能级，着力发挥高端制造业增长极的创新引领、极化集聚、集群协同和辐射带动作用，在高端制造业增长极作用上协同发挥好全球资源配置、科技创新策源、开放枢纽门户的功能。到2025年，进一步打响"上海制造"品牌，打造联动长三角、服务全国的高端制造业增长极，构建制造与科技、金融立体互动融合新机制，形成"一极带动、五链聚合"新格局（即以高端制造业增长极带动，加快自主创新链、可控产业链、高端价值链、关键供应链、特色金融链的区域协同聚合），为2035年初步建成全球卓越制造基地奠定基础。

（三）推进基础再造，提升产业链现代化

在工业强基、核心技术攻关、产业基础再造和产业链提升工程等相关领域，寻求国家相关部委支持上海承担更多国家战略任务。发挥上海研发、制造、金融、人才等优势，支持上海聚焦集成电路、5G、人工智能、生物医药等领域，支持上海建设人工智能开源开放创新平台，推动依图 5 nm 人工智能高性能通用芯片等基础创新；支持上海

生物医药和高端医疗器械产业先行先试，推进联影磁共振射频功率放大器等重点项目建设，提升产业自主创新能力。支持上海打造世界级汽车产业中心。继续推进上海智能网联汽车、海洋工程装备、先进激光技术等国家和市级创新中心建设。

（四）构建创新体系，强化产业链基础引领

从产业安全角度，打破关键核心技术"卡脖子"困局，减低产业链供应链安全风险，要加快补链固链强链，加快国产替代步伐。从技术变革角度，形成"一主多翼"的格局。"一主"：数字化、网络化、智能化发展趋势愈加凸显；"多翼"：信息、生物、能源、材料等前沿技术不断创新，要加快抢占发展制高点。从市场导向角度，在对制造业中高端产品的需求不断增长，以及国内大循环、国内国际双循环的新发展格局下，对上海优化供给侧结构性改革，拓展国内国际双市场，提出更高要求。从产业形态角度，制造和服务、工业和信息化深度融合发展，制造业从以产品为中心向服务端延伸，衍生出新的产业形态（如汽车向出行服务延伸），带来新的增长点。围绕"3+6"，以"特斯拉式"重大项目为牵引，打造一批标志性特色产业链。初步梳理了高端芯片、智能传感器、5G设备、大飞机、高端医疗影像设备、智能机器人、智能网联汽车、豪华邮轮等15条左右的产业链，强化"关键核心技术—材料—零部件—整机—系统集成—后端服务"以及"关键核心技术—产品—企业—产业链—产业集群"的全链条培育，提升产业链根植性。

第三编

生活数字化

推动上海人工智能创新发展的对策建议

编者按：随着新一轮科技革命和产业变革加速演进，以人工智能为代表的新一代信息技术，正加速在各行业深度融合和落地应用。从传统生产方式的智能化改造，人民生活服务的智能化转变，到社会治理的智能化升级，人工智能产业应用驱动的特征愈加明显。综合分析各地人工智能应用场景做法和上海经验，应用场景建设过程中仍存在基层相关部门对场景建设的认识不够深入，推进场景建设的工作机制有待完善，AI应用在特定行业仍存在一定瓶颈等问题。未来在应用场景挖掘和推进过程中还需加强统筹策划，进一步完善应用场景推进机制，加快形成行业标准，加大应用推广力度，加快推进落实人工智能创新应用载体建设。

一、人工智能应用场景牵引的引领作用

（一）有助于催生传统行业焕发新生机、智能化升级

我国经济已由高速增长转向高质量发展阶段，正处在转变发展方式、优化经济结构

和转换增长动能的关键时期。传统的制造、农业、金融、商贸等行业对于自身生产经营方式对信息化、智能化和智慧化改造升级的需求迫切，亟需大数据、云计算、人工智能等科技创新向个性化、人性化、服务化的智能化生产理念转变。因此，持续推进人工智能在传统行业的应用落地，有助于带动不同行业间的跨界合作，逐渐形成人机协同、数据驱动、跨界融合、共享共赢的智能经济形态。还将有助于大幅提升生产力，引领产业向价值链高端迈进，有效支撑实体经济发展。

（二）有助于打造智能服务创造品质生活

当前我国正处于全面建成小康社会的决胜阶段，社会生产力和人民生活水平逐渐攀升，人民对美好生活的向往日趋强烈。从保障和改善民生、为人民创造美好生活的需求出发，聚焦民生服务的痛点和难点，拓展人工智能在教育、医疗、养老、交通出行等民生领域的应用场景，将有助于提升公共服务的水平和能力，使优质资源更加公平可及，更好辐射服务于人民。疫情期间，以人工智能为代表的数字技术的应用，不仅成为抗击疫情的强有力"武器"，而且也为满足人民在疫情期间的正常的生活需求提供了坚实的保障。

（三）有助于加快实现社会治理的高效智敏

面对社会经济发展的新态势，人工智能应用可以逐步实现社会安全运行的准确感知、预测、预警、研判等功能。及时把握人群认知、自然地理、世界经贸格局等社会安全运行的各类要素的动态，主动决策反应，建立高效智敏的社会治理体系，对有效维护社会稳定具有不可替代的作用。拓展人工智能在政务服务、社区治理、城市运行管理等社会治理的应用场景，结合政府服务和决策的需求，开发完善具备前瞻性、实用性的智能应用决策系统，实现社会治理从数字化到智能化再到智慧化的跃升，逐步实现国家治理体系和治理能力的现代化。

（四）有利于推动人工智能产业高质量发展

应用场景是技术落地空间、市场主体需求、弹性政策的复合载体。从短期来看，通过人工智能应用场景建设，有助于扩大市场有效需求。通过为前沿技术、好的智能产品和解决方案提供真实的试验环境、开放的产品应用市场、广阔的市场空间和创新氛围，进而加快技术革新和产品迭代，实现稳增长、稳就业。从长期来看，有利于产业链上下游企业之间的衍生与汇聚，增加有效供给。应用场景建设有利于为新兴创新创业型企业成长营造活跃的生态，孕育更多富有创新活力、成长性高的科技型企业。大规模的真实的应用数据，也将进一步加速人工智能算法能力的提升，对未来持续培育和激发新兴的应用场景奠定坚实的发展基础，产业化进程也将得到持续提速。由此可见，通过人工智能在智慧城市的各领域深度融合和落地应用，将逐步促进企业的发展壮大、产业生态的培育、产业结构的升级，是整个人工智能产业高质量的新动能、新引擎。

二、上海人工智能应用场景建设的实践和遇到的问题

（一）人工智能应用场景建设的实践探索

1. 上海率先发布人工智能应用场景建设实施计划。经过多年深耕智慧城市的建设，上海在科教资源、海量数据和基础设施等方面的优势为人工智能的新技术、新产品、新模式的应用提供巨大的市场空间。正是看到了上海在应用场景方面的巨大优势，2018 年12 月，上海市经信委在全国率先发布了"人工智能应用场景建设实施计划"，引导社会各界开放 AI 场景。截至目前，上海已经陆续发布了三批共 58 个人工智能应用场景建设需求，共有 500 多个解决方案通过上海市经信委搭建的供需对接平台与场景建设单位进行了对接，目前已有 30 个应用场景被评为"上海市人工智能试点应用场景"，参与建设的人工智能企业多达 150 余家。经过一年多时间的发展，上海已形成张江人工智能岛、洋山港智能重卡等具有影响力的场景。

2. 上海前瞻布局人工智能创新应用载体建设。当前上海人工智能产业正在加快深化构建以"东西互动、多点联动"的"人字形"产业布局。以徐汇滨江、浦东张江、闵行马桥等人工智能创新载体为引领，杨浦、长宁、闵行、静安等重点区域"多点联动"的人工智能创新发展格局正在形成。2019 年，全国首个人工智能创新应用先导区落户上海（浦东新区），其目的就是将上海打造成为构建人工智能创新生态的"试验田"，先行先试，以需求推进企业创新，以应用来引领产业链的协作，逐步导出成功的经验和模式，推动整个上海人工智能产业的高质量发展。先导区落户一年多以来，积极面向制造、医

疗、交通、金融等重点领域，推动搭建人工智能深度应用场景，以人工智能创新产品揭榜挂帅为突破口，建成了张江人工智能岛、洋山港智能网联集卡等一批新一代人工智能产业创新应用的"试验场"。

3. 应用场景陆续成为各省市助推人工智能发展的重要着力点。继上海之后，国内各省市也陆续出台了支持人工智能应用场景建设的相关政策。从工作流程上来看，各省市的应用场景涉及的环节基本一致。如：杭州出台了《杭州市新一代人工智能应用场景项目管理办法》，对包括需求的征集、解决方案的对接等工作流程进行了明确。从支持方向上来看，各省市基于自身比较优势，在人工智能赋能行业发展上也各有侧重。如：北京充分发挥央企总部优势，首批发布了 20 项央企应用场景建设项目，涉及总投资超过 113 亿元；而山东则基于制造优势，首批开放的 100 个场景中 90% 以上都是在高端装备、制造、化工、电力等领域。从支持力度上来看，为充分调动场景建设单位的积极性，一定比例的政府投资的支持是较多省市的选择。如：武汉市直接明确对揭榜后经考核认定实施成功的应用场景，每家奖励 200 万元，由市区两级各承担 50%；杭州则是在管理办法中明确不超过项目总投资 20% 的，最高不超过 1000 万的资助额度。此外，从开放的场景的数量上来看，既有类似于上海的成熟一批发布一批的模式，如北京；也有的一次性发布较多场景积极寻求市场响应，如：福建首次即发布了 205 项需求，山东则是首次发布了 100 项需求。

综合来看，各省市的工作机制基本上都是在上海经验基础上的拓展，但在支持的领域、方向、力度和规模等方面则各有不同。上海在全国推广开放的应用场景的相关工作中具有一定引领性。

（二）人工智能应用场景建设推进过程中面临的问题

1. 基层相关部门对场景建设的认识有待深化。尽管上海已经出台了人工智能应用场景的相关政策，但具体落地的基层相关部门对于应用场景的认识和领会还处于起步阶段，尚未能充分认识到应用场景建设与人工智能产业发展和促进经济高质量发展之间的内在联系和逻辑关系。因而在统筹协调需要多部门或多级政府共同支撑的投资规模较大的场景或牵扯面较广的场景时，往往存在较大的沟通成本甚至是障碍。

2. 推进场景建设的工作机制有待完善。当前，国内目前大多数的应用仍处于试点探索阶段，"AI+"的应用仍处于点状开花、相对零散的状态，尚未形成体系化、可复制、可推广的成功模式；试点阶段涉及的应用场景大多专业性较强，因此对解决方案的复杂性和定制化的要求也较高，相关的技术应用标准、数据归集、存储和安全等方面的考虑是在特定场下的自洽，目前还尚未也较难形成统一规范的标准。此外，部分场景对政府投资依赖度较大，市场化的商业模式尚未完全形成，规模经济效益尚未显现。

3. AI应用在特定行业仍存在一定瓶颈问题。目前的AI应用在安防、医疗、教育等领域的应用已经较为普遍，但在个别定制化程度较高的行业AI的广泛应用仍需要较长时间探索。如，上海城投环境提出的垃圾分类应用需求，尽管需求设想贴近民生需求，但市场上现有的成熟技术和产品尚不能立即提供很好的解决方案，新产品或新的技术从研发到应用落地再到复制推广仍需较长时间。此外AI在生产制造行业的应用，往往要会受到试验周期长、测试结果不稳定等因素的影响，推广周期也往往较长，见效较慢。

三、对上海人工智能应用场景建设的相关建议

（一）加强统筹策划，挖掘有深度、有广度、可复制的场景

目前各地的应用场景的建设多以点状开花为主，但要想建成具有标杆意义，甚至达到有国际影响力的应用场景，仍需从顶层设计的角度做好规划。结合场景建设主体的实际需求和行业主管部门的重点工作，加强市区联动和长三角区域范围内的协同合作，形成合力，挖掘有深度、有广度、可复制的场景。将人工智能应用场景的发展嵌入在产业转型升级、医疗、教育、商圈、交通、政务等重点领域的中远期发展规划中，将应用场景打造成推进人工智能产业发展的孵化平台、推动人工智能技术创新的生态载体、改变居民生活方式的试验空间。

（二）进一步完善应用场景推进机制，加快形成行业标准

在现有的按批发布场景建设需求、面向全球广泛征集场景解决方案、深入遴选试点应用场景、择优发布建设成效、认定示范应用场景的工作机制的基础上，还可以将试点应用场景建设的标准分行业进行细化。进一步提炼医院、园区、社区等已开放的应用场

景建设经验，形成相关行业建设导则，加速形成人工智能应用场景建设的"上海标准"。

（三）乘"新基建"加快布局之东风，加大应用推广力度

作为重要的基础产业和新兴产业，"新基建"带来的巨大的投资，不断催生各行各业对以人工智能为代表的数字技术的应用需求。充分发挥上海产业门类齐全、智慧城市基础雄厚、大数据量大质优等有利基础，把握世界人工智能大会、进博会等机遇，依托政府、人工智能协会、联盟机构、集成商等各方力量，开展供需对接交流会、应用场景建设成果发布等交流活动，积极引导人工智能企业与传统企业之间开展合作研究，加快推进已有经验的复制推广。

（四）加快推进落实人工智能创新应用载体建设

自浦东新区打造全国首个人工智能创新应用先导区以来，张江、临港、金桥等地在人才吸引、企业集聚、应用场景建设等方面取得了阶段性的成果，但距离创新引领辐射服务长三角、全国功能的实现尚有一段距离。未来仍须进一步在基础设施建设、标准体系构建、知识产权交易等方面积极探索；徐汇区滨江的国际人工智能中心（AI Tower）已开始启用，未来仍需继续聚焦创新链，优化"生态圈"，打造集政、产、学、研、用为一体的人工智能产业链；马桥人工智能创新试验区正式入驻紫光集团的"紫光芯云中心"三大主要项目，未来须加快探索以人工智能云为载体，建设世界领先的人工智能高性能计算资源池。

加快应用场景建设，助力智慧停车管理和社区停车治理

编者按：近年以来，电动自行车火灾事故已成为上海市最主要的火灾风险之一，上海市2020年已发生381起，导致20人死亡，死亡人数超过前3年总和。针对这种现状，上海市政府于2020年10月初召开防范电动自行车火灾综合治理工作部署会；上海市人大常委会于近日公开就《上海市非机动车安全管理条例（草案）》向社会广泛征求意见。以上工作部署与意见征求都包括推进住宅小区非机动车集中停放和充电设施建设等重点内容。相应地，上海市各区在推进智慧社区的建设过程中，在相关方面已开展了诸多实践，本文梳理了社区面向电动自行车停车管理与火灾防范主要智能化应用功能，介绍了上海市部分区域相关项目建设推进情况，并对加快相关场景打造提出工作建议。

一、加强智慧停车管理的现实需求

（一）解决问题的紧迫性

近年来，上海市电动自行车火灾事故多发频发，火灾致死率高，已成为上海市最主

要的火灾风险之一。2020 年上海市已发生电动自行车火灾事故 381 起，火灾起数已超前 3 年总和（302 起）；共造成 20 人死亡，死亡人数也超过前 3 年的总和（17 人）。

除了电动自行车保有量快速增加等客观原因之外，造成电动自行车火灾事故呈多发频发、火灾致死率高的现状趋势，主要包括电动自行车自身安全不过关、违规改装改造、停放充电不规范、使用人安全意识不强等多重因素。从火灾事故发生场所来看，居民住宅起数最高，2020 年以来，发生在居民住宅的火灾次数，超过电动自行车火灾事故总数的 60%。

（二）智慧停车的必要性

面对当前上海市电动自行车火灾起数、死亡人数均呈现密集爆发的严峻态势，上海市政府于 2020 年 10 月初召开防范电动自行车火灾综合治理工作部署会，并对电动自行车火灾事故暴露的相关源头隐患，有针对性地部署了整治措施。要求各区一是结合"为民办实事""街镇惠民工程""平安工程"等工作落实资金和场地保障，缓解"停车难、充电难"。二是在有条件的区域要实行电动自行车集中停放，安装智能充电设施，加装简易喷淋、火灾报警等自动消防和视频监控设施。上海市第十五届人大常委会第二十七次会议对《上海市非机动车安全管理条例（草案）》进行了审议。12 月 11 日至 12 月 25 日，条例草案征求意见稿及相关说明向社会广泛征求意见。其中包括"突出对电动自行车蓄电池、充电器的管理；推动住宅小区非机动车集中停放和充电设施建设；明确禁止电动自行车停放、充电的重点区域"等重要内容。

（三）智慧停车的建设需求

面对以上问题与工作要求，针对上海市居民小区电动自行车充电设施覆盖存在较大缺口——据统计，上海市 1.3 万个居民小区中已有约 3500 个小区加装了电动自行车集中充电设施，覆盖率不到 30%，以及集中充电场所缺少必要的火灾探测报警与消防设备的现状，有必要在推进非机动车安全管理工作过程中，加快小区智慧化、无人值守车棚（简称"智慧车棚"）等应用场景打造。

二、智慧停车应用场景的功能开发

目前，上海市各区在推进智慧社区建设等工作过程中，针对电动自行车管理问题，在"智慧车棚"等应用场景建设方面已开展了诸多实践，形成了一定的工作基础，结合对上海市各区智慧社区建设材料的整理归纳，相关应用场景涉及主要设备与功能如下：

（一）智能化充电装置

通过使用电路、负荷安全达标的标准化充电装置，向小区居民提供电动自行车集中自助充电服务。主要智能化功能包含充电费用自助支付、自动切断电源、电压电流监控、异常放电报警等。

（二）智能消防系统

主要包括火灾自动报警系统与自动灭火系统，其中前者包含火灾探测与报警器功能，后者收到警报后通过自动灭火装置进行灭火，根据需要还可以纳入自动电弧灭弧设备等。

（三）智能门禁与监控系统

包括智能电磁门禁系统与人员（车辆）管理系统，以及可实现对车棚环境的实时、无死角监控的监控系统。其中，根据实际需要以及上海市有关工作要求，还应融合对车棚以及对小区公共场地、楼道等重点区域的监控。

（四）智能管理与服务系统

实现对于居民、用电、门禁、监控等相关信息与数据的记录、存储与统计报表生成；实现对车棚异常闯入、烟火、偷盗、人员安全、楼道内充电、电线私拉乱接、电瓶车无序停放等关键信息与事件的识别与处置，实现与社区治理等平台系统的对接等。

三、上海市各区智慧停车的实践做法

（一）浦东新区

浦东新区在推进物业综合监管平台建设与应用过程中，面向老旧小区重点打造包括楼道充电、集中充电等异常情况智能发现场景。例如南码头路街道在 56 个自然小区建成的智慧社区项目，专门针对楼道内充电、电线私拉乱接、电瓶车无序停放等几大顽疾

场景，利用智能化手段第一时间获取信息，前往劝阻。

（二）静安区

静安区共和新路街道正全面推广区域内住宅小区非机动车棚无人化管理，提高小区综合治理能力。作为样板的2019年洛平小区非机动车棚改造项目，增设了第二代智能充电装置、电磁门禁系统、消防喷淋系统、车棚监控系统，并纳入烟感系统。小区业主凭相关证件到物业办理停车手续，物业制作发放停车牌规定停车位置，并且安排保洁每天对车棚进行清扫，车棚无人化管理获得了业主和居委的一致好评。

（三）长宁区

自2017年起，长宁区内部分街道试点开展居民社区集中停放智能充电车棚建设与改造。运用人工智能和物联网技术，强化从车到棚的安全管理，建立一套车辆有序集中停放，配套安全充电服务，对场景实现火灾预警及防盗处置的一体化管理系统，并在楼宇电梯内安装电瓶车识别管控系统，所有设备状态和运行数据通过物联网网络汇聚到后端平台和可视化手机端。

（四）普陀区

普陀区逐步推进全区258处具有"无人值守、配套设施、监控覆盖、智能充电"功能的标准化非机动车车库改造。同时试点推广在高层住宅电梯轿厢内安装具有智能识别功能的监控设备，一旦有电瓶车进入电梯，电梯将立即发出警报并暂停使用；在小区楼道内、电梯间、地下车库等存在消防隐患点位张贴二维码，工作人员与社区居民如发现违规充电行为，均可扫码上报。

（五）宝山区

宝山区张庙街道所有72个小区已实现智能安全充电设施建设全覆盖，并结合小区实际情况，持续推进技术版本升级。当前推行的3.0技术版本，既能自动限时切断电源，还能通过连接互联网后台，对可能导致火灾的异常放电发出警示信号，支撑后台实时监控。街道同步通过改造老旧车库，安装智能化非机动车管理系统、高清监控探头、360°鹰视高清安全摄像机、烟感报警系统、安全充电管理站以及安全配电箱等软硬件设施，推进"智能化无人车库"建设。

四、推进智慧停车治理的工作建议

（一）开展专项调研，形成标准化方案

针对上海市各区智慧车棚等相关项目建设与使用情况、管理维护与成效情况，开展专项调研，重点聚焦相关技术、设备与功能实现规格标准，以及运营维护所涉及稳定性与安全性等内容，形成具体详细的标准化方案，从考虑建设运营成本角度出发，可将方案分为基础版与高级版，探索建立全市范围内重点服务商推荐目录，有效支撑加快推进小区智慧车棚等应用场景建设。

（二）因地制宜开展规划，着重集约化建设

强调各区在区级层面统一的工作统筹部署，鼓励各社区根据自身经济、场地等方面条件因地制宜开展规划设计。从经济条件考虑，可在智慧车棚标准化方案基础版或高级版基础上，进一步开展提升设计；从场地条件出发，积极探索以集中改造老旧车库为主、分散建设安全充电屋为辅的模式。同时，在规划与建设过程中，应注重与区域其他智慧化、信息化建设的深度融合，切实提升相关建设应用的集约化水平，例如加强与"全要素"的智慧社区建设融合，将车棚管理系统纳入社区智慧物业系统、街镇社会治理平台项目建设等。

（三）加强跨部门条线联动，建立长效跟踪评估机制

从防治电动自行车火灾整理工作出发，在推进智慧车棚建设过程中，聚焦有效打造联动防控体系、增强初起火灾处置能力、保障设备设施建设与维护规范性等重点内容，着重加强社区物业与居委、街镇、公安、消防、房管、城管等各方的统筹联动，加强车棚建设运营与各方信息数据的互通共享。逐步探索建立对智慧车棚建设、应用、运维的长效统计、跟踪与绩效评估机制，力争形成具有可参考、可复制、可推广的城市数字化转型应用场景示范项目与模式。

加速打造5G＋生活服务应用新场景，提升市民5G应用新体验

编者按：2020年，上海继续深入推进固定宽带千兆、5G千兆网络建设，已基本建成"双千兆第一城"。其中，在5G建设方面领跑全国，上海在5G基站占比位列全国第一。在加速5G基站部署的同时，上海同步全方位推动5G应用与各行业融合发展，已推进了300多项5G应用项目，包括商飞、商发、外高桥造船厂等标杆示范应用，已有不少应用已经落地，部分已有商业模式。在看到上海市奠定了良好的5G建设与应用基础局面的同时，也应该注意到：目前相关5G标杆示范应用较多存在于具体行业的相关专业应用场景中，距离普通市民的生活相对较远。下一阶段，有必要加强对于日常生活服务相关领域示范应用场景的打造与普及，助力广大市民快速提升对于5G的应用体验，加快全民5G应用时代的到来。本文梳理了各区已有的生活服务领域5G应用打造情况，并对下一阶段相关工作的开展提出建议意见。

一、上海 5G 网络建设基础和应用场景的实践

（一）上海 5G 建设现状基础

2020 年，上海继续深入推进固定宽带千兆、5G 千兆网络建设，目前，已基本建成"双千兆第一城"。作为千兆移动网络建设的关键抓手，上海在 5G 建设方面领跑全国，全市 5G 基站占比（5G 基站在所有移动基站中的占比）达到 20.19%，位列全国第一。按同口径比较，上海 5G 室外基站有源天线单元（AAU）数量 9.42 万，已超过韩国首尔，居全球第一。陆地最快的交通工具——磁悬浮列车，中国最高的建筑——上海中心，以及中国最大场馆——国家会展中心"四叶草"，都实现了 5G 覆盖。

在加速 5G 基站部署的同时，上海同步全方位推动 5G 应用与各行业融合发展，已在智能制造、智慧医疗、智慧教育等领域推进了 300 多项 5G 应用项目，包括商飞、商发、外高桥造船厂等标杆示范应用。其中，已有不少应用已经落地，部分已有商业模式，比如已经在临港落地的无人机项目，已经在宝山落地的智能垃圾桶项目。在 2020年上海新型冠状病毒感染肺炎防控工作中，5G 成为实战强力"外援"，5G+热成像红外测温仪、基于 5G 的远程医疗云平台、5G 移动监护箱、5G 防疫智能机器人，基于 5G的移动医院广泛助力抗疫。5G 应用创新项目中，区级项目是"主力军"，截至 2020 年10 月，区级应用创新项目占比达到 88%。

（二）上海打造 5G＋生活服务应用场景的实践

1. 黄浦区

（1）在推动 5G＋商旅文联动方面，推进南京路步行街"5G+AR"全景街区建设，实现 AR 实景导游导购，提升消费者购物游玩体验；（2）在探索 5G＋党建方面，推动渔阳里 5G"四史"教育基地、一大会址"5G＋VR"沉浸式观展等项目落地，通过 5G＋视频、VR 体验式互动等方式讲好红色故事；（3）在发展 5G＋智慧教育方面，格致中学打造 5G＋MR 混合现实创新课堂，基于传统教学课堂，以全息课堂的形式实现多地师生互动，提升课堂教学效果；（4）在发展 5G＋演艺方面，加快上海演艺大世界剧场 5G 网络覆盖，研究结合 5G 互动直播、5G＋VR/AR 等方式，促进现场演艺和在线演艺融合发展。

2. 徐汇区

（1）推动 5G+AI 赋能垂直行业发展，探索 5G+ 智慧商业模式。"文定生活"产业创意园区以 5G 技术与应用为基础，通过与中国移动、华为携手开发智慧应用，为业内提供家居设计平台全服务，通过运用大数据、人工智能等先进技术手段，对家居产品的展示、销售和设计应用过程进行赋能升级，线上线下融为一体，实现全景 VR 导购、设计新模式，使消费者体验更灵活、多元化，塑造行业新生态。（2）打造上海首个 5G 智慧化商业场景"THE BOXX"（"城开 yoyo"购物中心），在大楼 7 层建设复合型的智慧商业体验场景，重点引入喜剧、脱口秀展演空间等企业与主题元素，包括制作可视化的音乐与舞蹈节目，试验线上线下脱口秀、喜剧节等消费业态，并通过 5G 技术传播。

3. 长宁区

（1）拓展"5G+党建"新领域，2020 年 6 月上海凝聚力工程博物馆举办"守初心担使命"浸入式情景党课的 5G 实况直播，全程向区域内各级党组织和党员群众在线直播，凭借 5G"低时延+高带宽"的优势，吸引了 19.3 万人线上线下同步观摩；（2）推动"5G+教育"应用试点，愚园路第一小学率先启动 5G+ 教育未来教育新模式试点，开展基于 AIQoE 的 5G 云 AR 教育应用建设，支持全校 40 多个班级的自然科学课程 VR 教学授课，在 GSMA 发布的《中国 5G 垂直行业应用案例 2020》报告中，该应用被列为十五个 5G+ 行业应用案例之一；（3）探索"5G+商业"应用模式，依托 5G 网络推动商业发展，在五五购物节期间促进消费，例如利用 5G 网络直播带货、利用 5G 网络实现用户 AR/VR 云购物。

二、上海 5G+ 应用场景建设中存在的问题

（一）示范应用场景相对缺乏

相对于具体行业应用场景，例如交通运输、智能制造、工业互联网、健康医疗、城市运行等领域，在直接面向居民与消费者的日常生活相关领域，能够给居民带来体验感提升的 5G 应用场景相对较少，能达到标杆示范级别的应用场景更少。

（二）示范应用模式不够清晰

同样相对于具体行业应用场景，在日常生活服务领域的 5G 应用打造模式不够清晰，

应用成效难以评估，从经济与社会效益出发的驱动力不足，存在为了体验而打造，为了宣传造势而建设的情况，客观上造成了示范应用场景的相对缺乏。

（三）多方合力未真正形成

由于应用模式与效益的模糊，造成了运营商、政府、企业在生活服务领域合作推进相关 5G＋应用场景过程中，合作的效果大打折扣，多方合作推进生活服务领域的 5G＋应用合力未真正形成，也导致面向居民的宣传体验效果不佳。

三、推进上海 5G＋生活服务应用场景的几点建议

（一）融合多元技术应用，生成场景建设驱动力

在推进生活服务领域 5G＋应用场景打造过程中，加强与人工智能、AR/VR 等新兴技术的深度融合，有针对性提升场景对于居民、消费者的体验提升，加速探索打造能够商业化落地的应用场景，解决场景打造的驱动力问题。

（二）推动示范引领转型，加速多方合力形成

通过政府引导等方式，推动电信营运商、技术服务商等目前 5G 建设与应用场景打造的主要力量，从传统的展厅、展会、活动式的 5G 宣传体验方式，向生活服务领域示范应用场景打造转变。同时加强政府协调，强化互联网服务、在线新经济等领域企业与电信营运商等主体的对接与深度合作，从行业需求出发，加速促进多方合力打造面向居民的 5G 应用场景。

（三）聚焦 5G 基础支撑能力，降低场景建设门槛

通过标杆示范应用场景评定、专项资金引导等途径，加强相关研究，聚焦 5G 对生活服务具体领域的基础支撑作用，推动 5G 相关建设与服务主体进一步完善优化服务定价与合作机制，持续提升服务供给效率与质量，持续降低相关场景建设的成本，尤其是降低相关小微企业、初创企业的使用门槛。

加快智能化技术赋能居家养老的对策建议

编者按：根据权威部门数据显示，上海60岁及以上老年人口占比已超过35%。其中，80岁及以上高龄老年人口81.98万人，占60岁及以上老年人口的15.8%，占总人口的5.6%。其中，独居老年人数超过31万人。居家养老的老年人，尤其是独居老人日常看护需求与日俱增，基层街镇、居（村）委工作压力巨大，难以有效保障区域内相关看护与关怀服务的及时、保质全覆盖。针对这种情况，上海市各区在推进养老助老工作实践中，努力创新探索，融合各种智能化、无感化技术手段打造各类应用场景，取得了一定成效，引起社会各界高度关注。本文梳理介绍了上海市部分区域相关项目建设推进情况，分析了相关工作推进过程中面对的问题，并对加快相关场景打造提出工作建议。

一、智能技术赋能老人看护关怀的现实需求

（一）居家养老看护关怀需求与日俱增

根据上海市卫生健康委公开的《2019年上海市老年人口和老龄事业监测统计信息》

（简称《统计信息》），截至 2019 年年底，上海 60 岁及以上老年人口 518.12 万人，占上海市户籍人口的比例已达到 35.2%。其中，80 岁及以上高龄老年人口 81.98 万人，占 60 岁及以上老年人口的 15.8%，占总户籍人口的 5.6%。从家庭实际居住情况来看，2019 年末上海市家庭中所有实际居住的成员年龄均为 60 周岁以上老年人的"纯老家庭"老年人数 143.61 万人，其中 80 岁及以上"纯老家庭"老年人数 35.94 万人；独居老年人数 31.74 万人。

《统计信息》同时显示，截至 2019 年年底，上海市共计 724 家养老机构；床位数共计 15.16 万张，比上年增加 5.1%。虽初步缓解了养老机构"一床难求"的刚性需求，但相较庞大的老龄人口群体，实际缺口依然巨大，居家养老依然是上海提倡的与实际的主流趋势，而伴随着老年人口数量的不断上升，对于居家养老的老人，尤其是对于"纯老家庭"老人、独居老人而言，日常看护与关怀的需求也在同步持续增加。

（二）基层养老看护工作压力巨大

面对庞大的居家养老群体，"十三五"期间，上海市通过推进社区综合为老服务中心、老年人日间服务中心，长者照护之家、家庭照料者培训、家庭照护床位试点等工作，强化保障居家养老服务的覆盖面与服务质量。然而，在实际工作开展过程中，作为居家养老老人看护的主要力量，街镇、居（村）委工作压力仍然巨大，往往难以有效满足工作需求。例如，长宁区华山居委会承担区域内 40 多位独居老人和 700 多位老人的日常探访与回访工作，但居委会人力有限，包括居委会书记在内只有 6 名工作人员，无法保证对区域内所有老人的及时、按时探访。

二、上海市开展智能化手段赋能居家养老的实践探索

针对以上现状与需求，上海市各区积极探索使用各类智能化、无感化手段打造面向居家养老老人看护与关怀的各类应用场景，在相关试点过程中，取得了一定成效，并引起了社会各界的高度关注。

（一）长宁区

长宁区江苏路街道将智能水表和门磁等终端接入"一网统管"平台，独居老人一旦

超过 24 小时未开门或 12 小时用水情况低于 0.01 立方米，后台就会预警，这些情况将及时反馈给街道和居委，并具体发送给独居老人的社区联系人（如志愿者），以及居委干部、老人家属等等。在收到政务微信的信息警报后，居委干部会第一时间上门探视老人，并将核实情况上报街道责任科室。长宁区江苏路街道的这一应用试点，被新华网等权威媒体评价为"彰显技术的情怀与温度"。

（二）普陀区

早在 2018 年，普陀区就在全区范围内为独居老人安装烟雾、门禁、可燃气体、活动状态等传感装置"四件套"，一旦老人或家中出现异常情况，可第一时间将相关信息推送至老人紧急联系人或相关政府部门。2020 年，普陀区长寿路街道进一步优化独居老人"四件套"场景应用功能，将其报警信息管理纳入街道一网统管平台。通过自动发现、派单、处置、核查、结案等网格化闭环管理，实现第一时间自动报警、第一时间上门、第一时间处置。

（三）虹口区

虹口区欧阳路街道，试点推进给高龄独居老人以及孤老残疾人员家庭电表安装智能断路器，当电表发现老人家里长时间无用电或者用电较平时出现异常，智能阻断器系统就立刻通过算法分析异常原因，并推送给提前设定的紧急联系人。同时，一旦发现用电量过载过荷，系统会自动断电，从而减少独居老人由于用电不当引发火灾等事故的发生。

（四）奉贤区

奉贤区针对"高龄纯老家庭、高龄独居老人和失智老人"等老年人群，建设集健康状况监测、一键呼叫报警、专业定位等功能的救助服务应用，使特殊困难老人群体借助信息化手段得到全天候看护和帮助。项目一期为全区 4200 名 80 周岁以上的独居老人和 65 周岁以上身体有特殊困难的老人提供紧急呼叫、居家监测、定位监测等服务。项目开展以来，平台呼出 26572 次主动关怀电话，呼入 3857 次紧急呼叫电话，找回走失老年人 2 次，救援脑梗老年人 2 例，取得了积极的社会好评。

三、上海智能化技术赋能居家养老中面临的问题

事实上，使用物联网等技术对居家养老老人进行看护并非完全是新鲜事物，在上海市印发的《上海市深化养老服务实施方案（2019—2022 年）》中明确包括"提高智慧养老服务水平。持续推动智慧健康养老产业发展，促进新一代信息技术和智能产品在养老服务领域应用。研究制定相关产业发展目录和技术标准，引导和规范发展智慧型养老服务机构和居家养老服务"等重要内容。上海市各区也在较早时间积极开展相关探索，除了取得了一定的成效以外，通过工作经验的积累，也发现相关工作的推进面临着一些需要解决的问题。

（一）建设模式与主体角色划分尚待明确

目前上海市融合智能化手段赋能居家老人看护工作，往往基于街镇等基层单位的主动作为与创新探索，这种做法的优势在于贴近服务供给的第一线，直面日常老人看护、探访等工作的难点、痛点。但同时也面临着政府与市场主体角色划分模糊，未能有效调动市场主体积极性，产品服务供给一刀切，按需供给、精细化供给的局面未能形成等情况。例如为老人安装的烟雾及可燃气体探测报警装置，因为功能设计原理，存在因烹饪油烟、蒸汽以及熏香等原因产生误报的可能，并在一定程度上影响了使用效果，目前较为成熟的解决方案主要是气体传感器与火光、辐射热传感报警器的联动使用，但是又会面临相对较高的部署成本，难以作为政府主导与推广的服务产品。

（二）数据采集、传输与安全保障机制尚待统一完善

目前已经有一些街镇在推进实现通过智能水表、智能电表等面向老人的智能化看护设备所采集数据与网格化管理以及"一网统管"平台的对接，但在实际数据采集与传输操作中，可能存在多方合作数据采集、数据直接采集等多种模式，这些方式在灵活了项目建设与工作开展的同时，也因为流程与机制的不统一，对数据的管理与安全保障产生了不利的影响。例如，智能水表等依附于公共事业部门主业服务的装备设施，其数据的采集与保存都是由水务公司等相关主体完成，再通过这些主体单位以一定的频率共享给街镇的相关平台，街镇直接部署的门磁、烟感、红外等物联感知设备，所采集的数据信

息则是直接归集到街镇的有关平台。在以上数据采集与传输过程中，对于数据质量、数据管理与数据安全的职责划分往往不够清晰。

（三）项目建设与成效信息尚待有效汇聚

从全市范围内来看，一方面，居家养老老人看护的相关需求应该具有较强的共性特征，然而各区相关街镇开展的基于智能化、无感化技术提供居家养老看护服务的试点实践多数都是单位自发行为，缺乏相对统一标准的项目跟踪与绩效评估机制。另一方面，从每个街镇角度来看，区域内的样本空间有限，相关的建设与成果成效数据信息没有在区级或市级层面得到汇聚，不利于更大范围内相关工作的推广。例如，对于通过水务、电力等公共事业部门的数据采集，或通过电信运营商等第三方机构的数据采集，相关项目的建设与运维成本，覆盖老人群体情况，实际运行服务成效情况之间的比较等等。

四、推进上海智能化技术赋能居家养老的建议

（一）完善工作合作推进机制，强化发挥市场主体力量

按相关政府部门对内对外划分，对内加强民政部门、信息化工作主管部门与街镇、居（村）委等基层工作部门的联动协同，对外完善优化与企事业单位等相关市场主体的合作模式，加快打造政府引导托底、企业主体供给、满足多元化个性需求的项目建设与服务提供模式。

（二）统一数据传输管理模式，严格数据接口安全管理

加快建设统一、标准化的居家养老看护相关数据采集、传输与管理模式，聚焦不同主体之间的数据接口等关键内容，明确不同主体的数据信息安全职责，在管理与服务提供过程中，同步打造数据信息与个人隐私的安全保障闭环。

（三）有序扩大项目服务试点，加快指南与标准制定

鼓励各区基于自身实际情况，依据无感化、智能化、较低成本等原则有序扩大相关项目与产品的试点推广。同时，在市级层面加强对于项目建设、运维与绩效评估的跟踪与汇总，及时梳理不同项目对于满足居家养老老人看护主要需求的共性特征，加快研究制定相关技术标准与建设指南，引导和规范居家养老服务发展。

创新在线居家养老服务，打造社区居家养老"云养"新模式

编者按：把握在线新经济发展时机，在社区居家养老服务中，可充分利用新一代信息技术的应用，延展互联网企业产品的服务体系，深入探索居家养老的业务模式、服务及管理创新，打造云养新模式，在促进就业、拉动养老消费的同时，也促进发展居家养老新经济形态、培育养老云服务产业新动能。

一、上海居家养老的市场需求快速增长

上海是全国老龄化程度最高的超大型城市。上海目前提供机构养老、社区养老、居家养老等多种形式的养老服务。民政局 2020 年数据统计，全市养老机构总数为 724 家、床位 15.1 万余张；全市共有长者照护之家 187 家，提供以短期住养照料为主的照护服务。全市共有日间服务中心 730 家，提供老年人日间托养服务。全市共有社区综合为老中心 268 家。

居家养老的核心地点在"居家"。按目前上海 214 个街道（镇、乡）、4463 个居委、

1571 个村委计，与居家养老服务模式相关的社区为老服务中心的覆盖率，平均一个街道只有 1.2 个。整体上看，目前的养老服务机构总数远不能满足老人机构、社区养老的需要。从服务地点上，以家庭为核心的居家养老在过去和未来都是养老服务的中心点。

对于已入住养老院的老人，在有条件的情况下，将回归家庭居家养老。此次新冠肺炎疫情期间，国外关于养老院老人交叉感染的新闻诸见报道，探望难、交叉感染风险高等多方因素会促使老人和子女思考，非必要的入住机构养老是否一定是刚需，在有服务保障的情况下，有条件的家庭会更多考虑老人居家养老。

二、上海居家养老服务目前的现状问题

（一）社区居家养老服务相对简单，仅解决养老的基本生活需求

目前社区是以社区综合为老服务中心为主要载体，建立了包括长者照护之家、日间照料中心、助餐点、护理站或卫生站等为老服务综合体，老年人在有需求的时候，可在这些社区机构享受到短期全托、日托、助餐、助浴、康复、护理等养老服务。

（二）部分区域试点的养老顾问（管家）制度，专属性不强

目前的顾问（管家）是为老年人及其家属提供养老方式、政策法规、康复辅具等咨询和指导服务。在老人咨询问题的时候，顾问可以提供在线应答。这种模式尚且不能主动发现老人居家养老的需求、主动提出预判式服务方案。在居家养老服务链中，缺少一个岗位角色，即老人专属的助养护师［或升级版顾问（管家）］，通过为老人建立一人一策的养老服务方案，24 小时贴心服务老人。

（三）智能化、信息化养老服务支撑应用，多为点状分散试用，尚未形成集成化、标准化服务体系

市场上的助力健康养老的智能化、信息化平台或智能产品已经比较丰富，如智慧养老"一键通"、健康管理类可穿戴设备、智能养老监护设备、家庭服务机器人、慢病管理平台、健康管理平台等，可以使老人的健康数据被时刻掌握，做到了一定的监测和预警，但针对老人健康养老综合指标的个性化评估评价分析报告尚未充分发挥作用，报告

的深度分析不够、预判性不强，老人不知道如何读报告，也读不懂报告，面向老人和家属的反馈机制不成体系。

三、打造上海社区居家养老"云养"新模式的建议

目前的经济形势下，稳企业、保就业是当务之急，现有的惠企政策中，金融财税降本政策居多。可由政府侧多创造机遇和市场，鼓励企业新模式的探索，并统筹协调推进。

（一）打造居家养老的服务中台，为老人提供"云养"综合服务

服务中台也是居家养老"云养"服务的中枢。在居家养老的服务链中，有智能产品和平台服务的供应商、有为老助老服务的供应商，服务对象都是为老人个体服务。但目前的困境是为老助老服务商提供的是简单的家政服务，智能产品和平台服务的供应商提供的智能产品过于高端或零散，老人使用和理解上有障碍。因此，建议打造居家养老的服务中台，汇聚硬件和软性服务资源，支撑前台（社区为老服务中心）为老人提供全方位的个性化居家养老"云养"服务。

服务中台的选择。目前，互联网企业多重视产品交付，对于系统或产品交付后使用对象的服务或服务的成效关注度不够，可以引导推进企业转变思维，延展产品的服务体系的同时，将本企的角色从平台的系统集成商转成服务的集成商，做服务中台。2017—2020年上海7家企业入选了工信部三批次的智慧健康养老应用试点示范企业，即上海恩谷信息、万达信息、上海安康通、上海迈动医疗器械、上海海阳互联网养老服务集团股份有限公司、上海市爱护网健康管理有限责任公司、上海博利叶智能科技有限公司。这类企业都具备服务中台的要素。

服务中台的功能。C端服务，面向老人，深度了解老人养老需求，个性化定制养老方案，提供综合养老服务。综合老人信息，为老人量身定做一人一策的居家养老综合解决方案，满足个性化需求。比如，在提供基础养老服务的同时，若老人有按时服药、定期医院就诊的需求，可以给老人定制时间日期的提醒服务。B端的资源协同，打造产业互联网。集成各类养老产业服务供应商服务应用，并做到统筹资源调配，构建起居家养老的全流程服务链。比如，可以通过人工智能客户服务机器人服务，到时电话提醒老人

服药和就医；也可以为老人就医出行预约网约车，由网约车提供出行服务。生鲜零售电商、第三方服务机构都是产业链的一环，可协同调配人力资源和相关设备资源。如针对辅助没有安装电梯的老旧小区老年人上下楼的"爬楼机"，可科学调度安排机器的使用档期，提高利用率。同时，"爬楼机"的工作人员，可合理调度，可事先培训好外卖小哥使用该设备，在设备商人力资源紧缺的情况下，外卖小哥可上岗操作。采用灵活就业、共享员工的方式，不同行业人才的灵活共享使用发挥出人才供应链的作用。

（二）创造就业岗位，设立"助养护师"或顾问（管家）

从名称上它可被称为"助养护师"，或是顾问（管家），但一定是现有概念上的升级版顾问（管家）。其角色是为老人提供贴身又贴心的一对一专属服务。有别于社区工作人员、全科医生、养老护理员（国家职业资格），不需要很强的专业性，但其是具有融合掌握初级心理学、健康医学、信息技术的复合型人员，是老人的贴心伙伴。其全面了解老人情况，可与老人友好互动沟通。

2020 年 4 月 8 日的上海市政府常务会议上，会议原则同意《关于加强本市养老护理员队伍建设 提高养老护理水平的实施意见》，并指出，养老护理员队伍建设是养老服务工作的重点和难点，需要政府积极推动，但根本上还要靠市场力量。要进一步理顺养老服务领域市场机制，更好发挥市场的决定性作用，既要治标，也要治本。

同样，在"助养护师"或顾问（管家）的推动上，可发挥市场的决定性作用，由服务中台公司拓展服务体系，推出这个岗位，也是对促进就业的一大举措。

（三）建立居家养老服务消费清单，政府购买服务和个人出资相结合的模式

创造居家养老消费新理念，可探索推出居家养老服务消费清单，年度或季度、月度清单，或单独定制化服务清单。基础养老服务可由政府购买服务，增值的养老服务，可以由老人自行考虑。

以"四位一体创新"深化医疗健康供给侧改革

编者按:2020年是我国"十三五"规划的收官之年,国家"十三五"规划提出了"创新,协调,绿色,开放,共享"的发展理念,要求政府以供给侧结构性改革为主线,扩大有效供给,满足有效需求,加快形成引领经济发展新常态的体制机制和发展方式。2016年的政府工作报告中,针对"推进医疗,医保,医药联动""开展分级诊疗试点""扩大公立医院改革试点范围"等医疗供给侧改革做出具体要求。就此收官之年,探讨一下医疗健康供给侧改革情况,并提出下一步建议。

一、背景

养老问题关乎中国经济转型、文化传承和社会稳定,人口结构的变化必然会导致消费市场的变化,中国经济正由投资驱动型向内外需双向牵引型发展,在影响经济发展的同时必然影响产业转型。老龄化问题和社会经济转型压力上,养老社会化和社会化养老问题处理的好坏，直接冲击社会稳定和可持续发展。

从统计数据看我国目前超过65岁的老年人口超过1.6亿，超过总人口的10%，而0—14岁儿童为2.2亿。人口老龄化增长率将每年超过15%，而儿童数量一直在创历史新低，如上海、北京一线城市，超过65岁的老年人口超过30%，从两边数据看，养老问题会困扰我们至少30年。而随着老龄化到来产生的医疗资源不足、医保费用不足、社会养老支持缺失等问题越来越突出。就我国目前的人口结构，如何全面认识人口老年化和健康养老问题，已经成为迫切、紧急和系统性的问题。

二、四位一体创新

医疗健康领域是政府、社会、产业和个人多层次深入参与的市场领域，是国家公共产品提供的集中领域，长期处于政府主导的状态，但也致使创新不断带来冲击，监管一直充满挑战，投入一直成为社会争议，国家社保资金长期不足的困境。政府不管会乱，政府多管会"伤"。如何系统化地引导、动员、组织、统筹和监管行业的发展，有效界定政府、企业、市场和个人在其中的地位，使创新资源、社会资本、企业在其中有序发展。为此，提出四位一体创新建议。

（一）用公共治理创新，来提高社会力量参与程度

1. 建立统一的社会医疗健康资源服务平台，通过规范认定标准，促进信息公开和持续资源开发的方式，提高服务平台的社会服务能力。

2. 改变行业管理方式，全面实施放管服模式，在放管服模式下通过信息流的统一，强化垂直领域大数据放管服功能，通过大数据来了解行业发展问题，创新监管系统，优化服务模式。

3. 从行业自律、岗位问责和第三方监督的角度，有序建立社会化管理体系，促进相关社会性机构、行业性组织参与行业治理的程度。

4. 建立起公平、公正、公开的行业信用评估评价机制，明确相关评估标准体系，促进国有、民营等多种所有制形态健康养老机构在统一评估平台上的多元化评估。

（二）用供给模式创新，促进社会资本、创新资源在医疗健康领域的融合发展

1. 以国有资本为主，尽快组建成立产业投资基金，推广投贷联动、PPP、融资租赁、企业债券等创新资本，有序支持医疗机构、创新技术的发展，规范行业扩展过程，有效弥补行业投资周期长的难题。

2. 尽快建立多层次健康医疗人才培养体系，设立专项财政资金，支持社会力量开展相关人才培养培训工作，促进社会就业，保障医疗服务体系的创新发展，解决行业现有人才严重不足难题。

3. 在医疗健康领域推广质量工程，建立起面向医疗健康领域的专门假冒伪劣监管联动机制，大力扶持自主品牌企业通过质量体系建设，做大做强做优。

4. 推进医疗健康规划与区域发展整体规划融合，特别在环境优势明显、老龄化程度高的地域，通过医疗健康的功能性规划，促进与经济、社会、人文发展的统一。

（三）用商业模式创新，有序提高社会资本参与医疗健康领域积极性

1. 体系化分析医疗健康产业商业化路径，在盈利模式上，重点研究利润、资源、价值和持续创新能力4个维度为企业创造价值的途径。在产业发展上，重点从新供给、新动能、新牵引、新需求角度进行研究，寻找新的技术、新的产品、新的模式，构建新的产业发展生态。在产业推进上，重点研究政策、基金、基地、人才、协会五位一体的推进模式。

2. 建立基于医疗健康创新创业服务体系，通过研发服务平台、投融资和产业资源对接等形式，支持重点企业、核心人才的创新创业；支持龙头企业、医疗机构参与各类创新创业服务平台的建设，促进相关产业资源的融合互通。

3. 加快医疗健康领域统一多层次支付结算体系建设，逐步统一社保、医保的统一支付结算；逐步有序推进支付结算范围，提高支付结算资金使用效率。推进与各类金融保险产品在支付结算平台的接入，让保险产品更好地覆盖医疗健康产品服务范围。扩大医保对有关创新类医疗产品支付范围，通过支付比例的控制，鼓励创新；以信用等级认定

为基础，扩大医保对民营医疗机构的支付和支持力度，通过支付结算实现对民营医疗机构的放管服。

（四）建立创新发展机制，实现医疗健康领域高质量发展

1. 在国家和行业发展的顶层设计层面，建立起以国有主权资本为基础的民营资本有序进入机制，通过国有主权资本在价值、资源、盈利等多个角度吸引民营资本有序进出医疗健康行业。

2. 在人才培养上，建立起行业性的人才培养、培训、评价和任职管理制度，让有能力有担当的人才在医疗健康行业发挥作用。

3. 在创新技术和产品进入上，对现有的医疗健康产品的医保支付由目前的审核后全部支付，转变为分类、分级按比例支付，对于医疗效果好、患者反映优的提高医保支付比例，从而通过鼓励优质产品的模式，促进整体效率的提高。

三、政策协同创新

1. 推进保监会、银监会、证监会、国资委、卫计委等部门尽快出台多层次风险投资管理政策，明确主权资本出资义务，细化社会资本的投资和退出细则，并在PPP、融资租赁、担保、投贷联动、企业债券发行等方面给予金融创新政策支持。

2. 推进卫计委、质监局、食药局、工商局、发改委等建立起基于社会信用评价制度的行业监管体系，将质量、产品成效、经营能力等多方面因素纳入整体评价。

3. 推进国务院办公厅、发改委、卫计委、工信部从电子政府向放管服体系转变入手，改变现有卫计委行业管理流程，提供放管服相关的政策调整支持，以及相应的技术支持。

4. 推进人民银行、社保基金、保监会、发改委和第三方支付龙头等建立全国统一、多层次的医疗支付结算体系，以支付结算叠加监管创新，以支付结算创新来服务医疗健康产业的技术产品创新，以支付结算创新融合更多社会各方创新金融产品在医疗健康消费端的聚焦。

5. 推进卫计委、人保局、教育部在人才培养、培训和评价方面的创新，聚焦资金支

持，加大人才培养力度，支持人才培训。

6. 推进卫计委、人民法院、民政部建立起医疗问题的管理机制，在医患问题防范、医患问题处理上扩大宣传，建立起社区协调、医院解决和法院处理的多层次机制，避免医患损失，减小医患影响，化解医患矛盾。

推动上海电竞产业创新，打造全球电竞产业重要承载区

编者按：作为在线新经济热点之一，呈现"互联网＋体育"新形态的电子竞技（Electronic Sports），是一项利用电子设备作为器械进行的、人与人之间的智力对抗运动，使电子游戏比赛达到"竞技"层面的体育项目，正式获准列入2022年杭州亚运会正式竞赛项目。产业链包括上游的内容授权、中游的电竞赛事和下游的内容传播。上海正全面推进城市数字化转型，加快打造具有世界影响力的国际数字之都，积极把握人工智能、物联网、5G网络等前沿科技对上海电子竞技产业带来的变化和机遇，加快虚拟现实、交互娱乐引擎开发、数字化处理等核心技术的突破，将会拓展出全新的消费领域、文化业态和商业模式。

数字化正以不可逆转之势深刻改变着人类社会，全球电子竞技市场展现出前所未有的良好发展态势，近年来包括美国、法国、韩国在内的各国政府已将电竞正式列为体育项目，2017年亚运会和奥运会分别将电竞认可为比赛项目。中国也已经成为世界上具有

较强影响力和发展潜力的电子竞技市场，早在 2003 年就将电竞正式列为体育项目，目前电竞正式获准列入 2022 年杭州亚运会正式竞赛项目。据 NEWZOO 研究，中国电竞受众将从 2016 年的 9400 万人以 12% 的 CAGR 增至 2021 年的 1.7 亿人（占全球电竞受众人数 30%）；中国电竞市场规模将从 2016 年的 5 亿元以 34% 的年复合增长率增至 2021 年的 22 亿元（占全球电竞市场规模 19%）。

一、上海电子竞技产业的发展现状

作为新兴业态，电子竞技产业对城市发展的意义从文化方面来看是年轻文化和体育文化的双重结合，不仅吸引着年轻的、具有一定消费能力的青年用户，也以创意活动营造着一个城市的文化场景。2020 年 4 月，上海市政府正式印发的《上海市促进在线新经济发展行动方案（2020—2022 年）》指出，将进一步推动网游手游、网络文学、动漫电竞等互动娱乐产业发展，支持线上比赛、交易、直播、培训、健身。

电子竞技产业链分为赛事核心产业链和衍生产业链。赛事核心产业链包括游戏厂商（开发商、代理商）、选手战队、赛事运营及内容制作方、媒体平台、赞助商广告主等五个核心环节。衍生产业链包括游戏 / 娱乐主播经纪、电竞教育培训、电竞地产 / 场馆、电脑外设与硬件、电竞营销、电竞媒体 / 社区、电竞衍生产业等 [①]。

从产业链建设看，上海是国内最先完成电子竞技全产业链布局的城市，拥有上游的厂商，中游的赛事、俱乐部、制作公司，以及下游的直播平台、周边产品，属于国内领先水平。据伽马数据（CNG）等相关统计显示，2019 年上海网络游戏销售收入达 802 亿元，移动游戏销售收入达 523.9 亿元，集中了全国 80% 以上企业、俱乐部、战队和直播平台。如，盛大网络、三七互娱、巨人网络、游族网络、恺英网络等多家游戏企业；EDG、Snake、BLG 等电竞俱乐部；熊猫直播、全民 TV、火猫直播等游戏直播企业；电竞运营商则包括量子体育 VSPN、"香蕉计划"公司等。本地电竞玩家或电竞人口数量约 1400 万—1700 万（包括玩过各种游戏的人群），其中核心电竞人群约 500 万（观看电竞赛事）。静安、普陀等区还出台了相关政策，加快发展电竞产业。

---

① 韩大为：2019 第三届中国电竞产业大会主旨演讲《中国电竞产业的投资分享》，节选第 3 段。

从空间布局看，已形成南虹桥电竞产业园、杨浦电竞主题园区、浦东森兰综合电竞园区、E-one、网易上海国际文创科技园、上海国际新文创电竞中心等特色园区。全市电子竞技场馆数量约为35家。如，风云电子馆、虹桥天地、主场ESP电竞文化体验中心、浦东足球场、森兰电竞馆、东昌弈空间等。

从赛事影响力看，全国每年500多项具有一定影响力的电竞赛事中，超过40%在上海举办。如，英雄联盟职业联赛LPL、王者荣耀职业联赛KPL、DOTA2亚洲邀请赛、电竞上海大师赛等。中国国际数码互动娱乐展览会（ChinaJoy）已成为全球数码互动娱乐领域具有影响力的盛会。

从标准制定看，上海的电竞产业标准和实践进度在国内占据领先地位。《电竞场馆建设规范》和《电竞场馆运营服务规范》等两项电子竞技团体标准不仅属国内首创，同时也是世界首创。上海市电子竞技运动协会向85名选手颁发了中国首批电竞注册运动员资格证。

二、国外发展电竞产业的经验借鉴

据NEWZOO发布的《2020年全球电竞市场报告》数据显示，全球电竞受众人数（偶尔观赛者＋狂热爱好者）将从2016年的3.2亿人（其中有1.6亿狂热爱好者，占比50%）以16%的年复合增长率增至2020年的5.9亿人（其中有2.9亿狂热爱好者，占比49%），全球电竞市场规模将从2016年的4.9亿美元以32%的年复合增长率增至2020年的14.9亿美元。

（一）相关国家的做法

美国电竞游戏开发厂商多，产学结合紧密。美国拥有众多知名游戏开发公司，其开放包容的文化蕴育出电竞得天独厚的发展土壤，行业规范相应比较完善。其独有的特色是高校深度参与电竞产业，一方面设立电竞奖学金吸引优质学生，另一方面科研和电竞实现更紧密结合。洛杉矶现已形成完善的电竞产业链，注重从游戏开发、资本投资、视频分销到场馆建设、比赛设立、战队组建等环节发展电竞产业。

韩国电竞产业体系成熟，商业链条完善。韩国于1999年正式启动宽带加速计划，成为网速最快的国家。到 2004 年，电竞相关产业链价值已经超过韩国的汽车行业。目前韩国拥有全球最成熟的电竞产业体系，培养了一代又一代明星选手。具有官方背景的 KeSPA 协调建立韩国电竞行业规范，形成"协会 + 俱乐部 + 电视台"模式，打造了完整的商业链条。韩国用户对于电竞产业的认同感是所有传统电竞强国中最高的。

法国电竞渗透率高，职业化保障程度高。法国拥有全球知名的游戏开发商巴黎育碧（Ubisoft），制作的游戏包括《刺客信条》（Assassin's Creed）、《雷曼》（Rayman）、《孤岛惊魂》（Far Cry）等。法国承认职业电竞选手这一职业，合同类型跟体育运动员相似，即职业选手合同最长不超 5 年。除特殊替补、合同暂停等特殊情况外，职业选手合同时长至少 12 个月。此外，俱乐部需每三年向经济部申请资质，提供电竞项目名称，以及选手身体、心理和职业测试保障证明等相关清单。俱乐部获得资质后，便可正式雇佣选手。以"科技创新"为名，法国在国内多所高中已开设电竞课程。

（二）对上海电竞产业创新发展的启示

一是利用资本投资带动产业集聚。电竞产业的快速发展和影响力日益壮大，吸引传统体育领域投资者投向电竞投资。如，NBA 克利夫兰骑士队老板丹·吉尔伯特（Dan Gilbert）参与了美国电竞战队 100 Thieves 天使轮融资。[①] 巴黎圣日耳曼足球俱乐部、南特足球俱乐部和奥林匹克里昂足球俱乐部等纷纷组建电竞团队。

二是建立数字电竞团队基地。ESL、FACEIT 和 Major League Gaming 等电竞赛事组织机构在洛杉矶设有办公室。拥有美国第一个专业的电竞场馆——暴雪竞技场，主要举办暴雪相关游戏的比赛，成为当地重要的电竞赛场和地标建筑。韩国除首尔地区以外，将投资兴建 8 座大型电玩运动竞技场。

三是提供电竞内容传播渠道。巴黎推出世界上首个专注于电竞的创新平台 LEVEL 256，这一平台拥有孵化、加速、集聚等功能。在线游戏视频巨头 Twitch、YouTube、Facebook 以及 Twitter 等公司的总部都设立在洛杉矶所在的加利福尼亚州，为洛杉矶吸

---

① 刘金涛：《美国电竞战队 100 Thieves 完成 B 轮融资，要在洛杉矶兴建新总部》，https://finance.sina.com.cn/stock/relnews/us/2019-07-18/doc-ihytcerm4575726.shtml（"新浪网"，写作时间：2019.07.18，访问时间：2021.04.15）。

引全球电竞爱好者关注提供了重要渠道。

三、推动上海电竞产业创新的对策建议

上海在电竞产业方面已具备了良好的基础。随着在线新经济和数字新基础的深入推进,"加快打造具有世界影响力的国际数字之都"目标的确定,更是为新模式新业态的发展创造了前所未有的机遇,有助于借助数字内容开发、新兴技术赋能提升上海电竞产业的核心竞争力。

(一)加快电竞行业监管制度创新

电子竞技作为新出现的产业,目前尚未形成较为成熟的管理机制。上海要超前考虑产业发展环境的营造,探索建立统一化、标准化、与国际接轨的制度,建立多个委办部门联合监管机制,引导行业健康规范有序发展。探索形成高效、透明、便利的跨境数据流动体系,提高数据监管的科学性和透明度。

(二)推进电竞产业核心技术突破

电竞产业的蓬勃发展,有赖于知名企业集聚和研发能力提升。例如,洛杉矶拥有Riot Games、动视暴雪(Activision Blizzard)以及 Infinity Ward 等知名游戏开发企业;国内成都的游戏研发企业占比(70.4%)处于全国最高水平。上海要尽快推动人工智能、5G、智能制造等新一代信息技术成果,服务应用于上海电竞原创内容生产。鼓励相关企业加快虚拟现实、交互娱乐引擎开发、数字化处理等核心技术突破,推进电竞产学研一体化,助推上海打造全球电竞之都。

(三)加大电竞产业投资力度

全社会对于电竞产业的关注度与日俱增,放眼国内俱乐部如 EDG、QG、VG、LGD、GK 和常奥 RW 等也获得了资本青睐。上海要用足用好国际金融中心建设积累的优势,培育专业的电竞风投机构,发挥投资基金的撬动引导作用,加大对电竞产业特色园区扶持。完善电竞产业"投、贷、保"联动机制,创新电竞金融产品和服务,为电竞产业科创型企业发展提供支持。

（四）加强电竞专项人才培养

专业化人才是产业创新发展的根本。上海要推进设立本地电竞专科学院，从电竞教材、专业师资培育、考核标准编制等方面入手，建立全方位的实用型人才培养体系。深化相关行业政策研究，可给予境外电竞人才在大陆自由行待遇，采取出入境便利、技术移民或绿卡待遇、行业资质互认、创业和就业国民待遇等政策。

加快高端医疗影像设备数字化转型的对策建议

　　编者按：适应医疗领域智能化服务的趋势要求，高端医疗影像设备方向已经成为争夺未来医疗产业数字化转型制高点的竞争关键，跨国高端医学影像设备公司早已在此领域积极储备，大量投入，专利申报非常活跃。我国必须尽快加大投入和进行产业布局，获得技术和产业优势，才能在未来竞争中避免处于被动局面，并有机会实现超越和领先，形成优势产业。

一、医疗领域智能服务需求加速高端医疗设备数字化转型步伐

　　2020 年爆发的新冠肺炎疫情成为医疗服务的数字化转型智能化服务的催化剂。目前，医疗领域的智能化服务已成为国内外医疗产业的趋势和现实需求。2017 年 7 月，我国发布了《新一代人工智能发展规划》，该规划提出了 2020、2025、2030 年"三步走"目标，指出到 2030 年，中国 AI 理论、技术与应用总体上要达到世界领先水平。在《规划》提出的六大重点任务中，特别提出要在医疗领域发展高效的智能服务，围绕医疗等

208

方面的迫切民生需求，加快 AI 创新应用，使精准化智能服务更加丰富多样、社会智能化治理水平大幅提升。医疗作为其中一个重要的应用领域受到了极高的重视。

早期人工智能医疗领域的发展主要集中在提升医疗服务质量和医学影像的相关软件研发。国际上发展相对成熟的医疗领域人工智能最具代表性的是 IBM 和谷歌。2011 年，IBM 推出的 Watson 是一个技术平台。随着平台技术的不断发展，逐步应用于医疗领域。IBM Watson Health 提供的医疗保健提供商解决方案可帮助医院和医疗系统优化绩效并改善护理体验。利用数据和分析的核心功能，以及 AI、云计算和区块链等技术，帮助医疗服务提供商在整个医疗生态系统中建立联系，从而促进智慧医疗的发展。应用分析洞察来帮助管理人群健康，有效地与患者互动，减少与付款人的管理摩擦，并加速为医疗点提供洞察。2015 年，谷歌改组为 Alphabet，AI 成为几乎每个部门战略的核心。在此次重组中，之前属于 Google X 研发实验室的医疗保健项目成为 Alphabet 的新子公司，同时开启了谷歌在人工智能医疗领域的部署。

我国开始进行 AI 医疗领域的开发研究，虽然起步落后于发达国家，但是发展最为迅猛。进入 21 世纪以来，我国 AI 在医疗的更多细分领域都取得了长足的发展。2016 年10 月，百度发布《百度医疗大脑》，对标谷歌和 IBM 的同类产品。百度医疗大脑在医疗领域的具体应用是，它大量采集与分析医学专业文献和医疗数据，通过模拟问诊流程，基于用户症状，给出诊疗的最终建议。2017 年 7 月，阿里健康发布医疗 AI 系统"Doctor You"，包括临床医学科研诊断平台、医疗辅助检测引擎等。此外阿里健康还与政府、医院、科研院校等外部机构合作，开发了 20 种常见、多发疾病的智能诊断引擎，包括糖尿病、肺癌预测，眼底筛查等。2017 年 11 月，腾讯自建的首款 AI 医学影像产品"腾讯觅影"入选国家首批人工智能开放创新平台。通过图像识别和深度学习，"腾讯觅影"对各类医学影像（内窥镜、CT、眼底照相、病理、超声、MRI 等）进行训练学习，最终达到对病灶的智能识别，用于辅助医生临床诊断和食管癌、肺癌、糖网病变等疾病的早期筛查。2018 年 11 月，百度发布 AI 医疗品牌"百度灵医"，目前已有"智能分导诊""AI 眼底筛查一体机"和"临床辅助决策支持系统"三个产品问世。

高端医学影像设备方面，中国是全球第二大高端医疗设备市场。但是长期以来，MRI、CT、PET-CT 等技术高度密集的设备，由通用电器（GE）、飞利浦（Philips）、西门子（Siemens）这三家被称为"GPS"为代表的跨国企业所垄断。近年来，在高端医疗设备领域，国产高端医疗设备也开始崭露头角。上海联影的核磁共振（MR）、断层扫描（CT）、正电子散射（PET）及放疗（RT）等国产高端医疗设备跻身国际前沿，尤其是两米PET/CT开拓高端设备先河，处于国际领先地位。随着人工智能影像计算迅猛发展，在多设备、多模态、多器官、多疾病不同诊疗流程中取得显著成果和落地推广。现在业界已有"GPSU"之说法，U即代表联影公司。

二、国内高端医疗影像设备产业发展的客观需求和问题瓶颈

（一）国内发展高端医疗影像设备产业的迫切需求

从民生角度来看，中国医疗资源长期处于严重匮乏的状态，"看病贵"是我国医疗领域一大问题，其原因主要是药贵、检查贵，其中检查贵主要就是由于高端医疗影像检查贵，这在很大程度上表现于我国医疗影像设备产业长期以来一直被外国公司所垄断，设备90%以上都依赖进口产品，而进口产品在我国的售价又极其昂贵，导致我国检查费用长期居高不下。整个医学影像设备市场规模全球2017年达到300亿美金，仅中国市场的MR、CT、PET-CT规模即可达到220亿元人民币，装机规模MR可达1600台以上，CT可达3200台以上。这些设备目前需求量巨大，每年的市场增长幅度在15%左右，并且可以预期在很长时间内保持增速，驱动因素就是我国之前配置数量较少以及日益增长的人民健康需求。

我国目前医学影像设备市场容量MR设备、CT设备、PET-CT设备约为220亿元人民币，按年增长率10%计算，预计在2025年智能化医学影像设备将占有市场份额的40%，实现超过200亿元的产值。在设备中包含的智能化方案预期的授权费用也将超过10亿元。实现赋能设备是我国高端医疗设备全面赶超国外同行的绝佳"弯道"。智能化医学影像设备将进一步提升中国产品的市场竞争能力，有效缓解我国专业医疗人员缺乏的问题，实现高端影像设备更广的覆盖，提升影像检查质量，从技术层面解决我国"看病难、看病贵"的问题。

（二）国内高端医疗影像设备应用中存在的问题

医疗影像应用从软硬件方面，目前仍是多点独立进行、未能体系化地将扫描前、扫

描中和扫描后以及全栈全谱影像计算等一系列流程有机结合，未能形成开放式的创新模式，未能有效利用软硬件资源、医疗应用、科学研究进行协同创新并形成合力推动整个医疗影像行业共同进步。

一是智能应用方面，当前的国内外医学影像人工智能算法大多数针对单一的影像模态，但有些疾病，如肝疾病诊断与治疗，依赖多个影像模态，常规上的肝肿瘤或者肝硬化诊断的医学影像诊断多为超声、数字 CT 与磁共振（MR）图像，这些不同模态的图像间有着互补的信息，只有通过跨模态医学图像数据分析，利用不同影像模态之间的互补性，才可能得到更精准的诊断与更个性化的治疗方案拟定。

二是赋能科研方面，医疗健康人工智能领域的细分领域较多，并具有进入壁垒高的难点和痛点。基于中间层的 AI 平台和生态系统在国际上还是个空白，或者处于早期的萌芽状态。一方面是因为小的初创公司只能集中精力解决一个或者几个医疗 AI 问题，其相应算法和技术会成为公司核心价值，所以不可能将其开放出来；另一方面是大的互联网公司正处于"试水"阶段，只在几个疾病领域选择性地做最终算法层面的推广平台，而尚未下决心投入全"频谱"即纵向的、跨疾病跨模态的和全栈性即横向的、跨工作流的 AI 中层的创建和分享。

三是医疗数据的获取方面，人工智能技术需要大规模的数据量支持，不仅用于基于深度学习的算法模型训练，还有算法模型的验证测试。医疗人工智能产品在医院中的应用发展离不开医疗数据的开放与共享。医疗数据的信息安全是非常重要的，医疗数据由医院严格管控，从而造成可用于人工智能模型的数据可用性低、公共数据开放共享程度不够、标准缺乏时效性等。没有足够的数据验证，不利于提高医疗人工智能产品的精准度和鲁棒性等。

四是产品实际落地困难。目前医疗器械软件创新申请需要同时满足以下条件：国内首创且具有显著的临床应用价值、核心技术发明专利权，且产品基本定型。由于创新申请可以早期介入，并由专人负责，检测审评优先，可以加快创新产品的上市。同时，创新审批不仅要求技术创新，还需提供真实的临床数据证明临床上的显著效果，论述通过创新使所申请的医疗器械较现有产品或治疗手段在安全、有效、节约等方面发生根本性改进和具有显著临床应用价值。

三、加快高端医疗影像设备智能化转型对策建议

一是加快人工智能全栈全谱赋能医疗建设，以 AI 赋能影像，建立高端医疗影像设备智能化转型方案，以全栈全谱智能服务涵盖从成像、诊断到治疗全流程，覆盖多模态影像数据，应用于全器官的临床疾病智能分析，实现全链条、多模态、跨学科智能医学影像临床工作流。在成像过程中降低设备对病人的辐射剂量，增强医学影像成像的质量和精准性，提高患者就诊的质量与效率。

二是可通过建立智能医学影像服务平台，推广扩大应用覆盖面。复旦大学附属中山医院已经建立全国首家"脑疾病智能诊疗门诊"，该门诊探索脑疾病人工智能的临床应用。"AI 机器医生"可判断出患者是否存在脑功能障碍，同时还能对影像学的结果进行智能化判读，对老年痴呆等病症作出评估。该模式成熟后可在社区卫生服务中心大力推广，做好重点人群的健康评估，将大病发现在萌芽之中，也将缓解医院患者多的问题。

三是加强对医疗从业人员的培养和训练。随着医学影像成为临床诊断的常规和必要的检查手段，高端医学影像设备，如 MR、CT、PET-CT 等，在临床诊疗中的需求日益增加。从医院的角度分析，这些高端医学影像设备相当于医院工作的流水线设备，相应的智能化、安全性、产出质量直接关系到医院医疗服务效率和质量的高低。然而，目前设备的整个操作过程非常依赖专业设备操作者的自身经验，需要对医疗从业人员实施长时间的培养和训练。医疗健康设备智能化能有效减轻放射科医生的负担；利用人工智能辅助医生提高阅片质量和效率，能够有效缓解医疗资源。

四是鼓励产学研联合攻关，提升企业自主创新能力，加快突破和掌握产业核心关键技术，制定人工智能细分领域产品和技术标准，培养创新人才梯队，推动高端医疗影像设备产业高质量发展。

上海打造全球电竞之都的对策建议

　　编者按：在全球广受新冠肺炎疫情影响下，许多大型电竞赛事纷纷取消或延期。然而，2020英雄联盟全球总决赛（S10）于2020年10月31日在上海成功举办，给疫情期间受影响的电竞赛事注入一针强心剂，也让世界看到上海发展电竞的潜力。

受新冠肺炎疫情影响，2020英雄联盟全球总决赛（S10）比赛从2020年9月25日开始，到10月31日的决赛日，全部在上海举行，决赛的地点在上海浦东足球场。来自全球11个赛区的22支顶尖队伍，通过激烈的角逐，最终2支队伍会师决赛，争夺象征英雄联盟电竞最高荣誉的召唤师奖杯。在全球电竞赛事受到疫情冲击的当下，上海成功举办世界最高规格的电竞赛事，正好展现了上海打造"全球电竞之都"的实力和自信，也向世界更好地展示了上海大力发展电竞产业的潜力和决心。

一、上海打造"全球电竞之都"的基础优势

（一）国内电竞产业规模潜力巨大

2020 年，我国电子竞技游戏市场销售收入为 1365.57 亿元，比 2019 年增加了 418.3 亿元，同比增长 44.16%。尽管疫情对 2020 年的电竞行业，尤其是线下环节造成一定影响，但得益于电竞游戏市场的稳定发展及游戏直播平台的收入增长，整体电竞市场规模仍保持平稳的上升趋势。而随着国际电竞市场越来越重视中国市场，以及国家对电子竞技产业发展越来越重视，我国已成为世界上最具影响力和最具潜力的电子竞技市场，电子竞技产业实现了快速发展，中国电竞产业目前已形成了游戏厂商、赛事和俱乐部运营、直播平台三位一体的产业链。

（二）在线研发设计平台加速"数字化共享经济"发展

上海作为中国最重要的电竞城市之一，近几年先后发布了多项政策大力支持电竞行业的发展，积极致力于将上海打造成为"全球电竞之都"。闵行区、浦东新区、静安区等都相继出台了电竞产业发展政策，助力电竞发展。

表 1　上海推进电竞产业发展政策汇总

政策发布时间	政策名称	政策主要内容
2018 年 5 月	《全力打响"上海文化"品牌加快建成国际文化大都市三年行动计划（2018—2020 年）》	重点聚焦近年来备受各方关注的电竞产业发展，引入国内外顶尖的电竞赛事，对赛事、战队、场馆给予支持，支持优秀的战队建设
2018 年 8 月	《关于加快本市体育产业创新发展的若干意见》	支持举办电子竞技等高水平职业赛事
2018 年 7 月	《闵行区加快推进文化创意产业发展若干意见》《闵行区文化创意产业发展三年行动计划（2018—2020 年）》	广东超竞与腾讯互娱合作建立电竞产业园，打造设计、研发、比赛、培训、交易、直播等电竞产业链。适时建设可承办全球顶级电竞赛事的场馆
2018 年 11 月	《浦东打造上海"电竞之都"核心功能区实施细则》	浦东将加强对电竞展会、行业峰会的支持力度；强化对发行平台、顶级赛事的支持力度；构建完整的电竞产业链和文创产业良好的发展生态环境；鼓励依托自贸区先行先试优势，创新完善电竞赛事规范；进一步完善、充实电竞的产业人才培育环境等

续表

政策发布时间	政策名称	政策主要内容
2018 年 11 月	上海市电子竞技运动协会制定实施的《上海市电子竞技运动员注册管理办法（试行）》	在上海以参加电子竞技比赛为职业的选手的注册管理，由上海市电子竞技运动协会负责电竞运动员的注册管理工作，运动员按电子竞技比赛项目进行注册，采取俱乐部集体申报注册的方式
2019 年 1 月	《上海市静安区促进电竞产业发展的扶持政策（试行）》	围绕上海市"加快全球电竞之都建设"的总体部署，加快推进上海市静安区电竞产业集约化、专业化和规模化发展，着力构建业态完善、充满活力的电竞产业生态圈，为国内外著名电竞企业落户扎根营造良好环境
2019 年 5 月	《关于促进上海电子竞技产业健康发展的若干意见》	着眼构建完整的电竞产业体系，巩固提升顶级电竞赛事制作、运营以及电竞产业集聚区等优势 鼓励支持发展电竞衍生产品，电竞周边产业发展 推进电竞产业跨界融合，不断拓展电竞产业的生态圈
2019 年 7 月	上海市杨浦区打造"电竞＋影视网络视听"产业基地	杨浦区打造"电竞＋影视网络视听"产业基地，激发原创活力，深化产业合作，助燃消费热点，打造电竞产业成功地
2019 年 12 月	《普陀区加快发展电竞产业实施意见（试行）》	加大资金扶持力度，积极引进和培育电竞产业重点企业和重大项目，优化电竞产业发展环境，打造上海电竞产业的重要承载区

（三）基础设施优越

在网速方面，上海"双千兆宽带城市"建设加快宽带网络提质升速、普及千兆应用，让上海在固定和移动宽带下载速率排行榜上均排名第一，作为电竞基础条件之一，上海拥有绝对的优势。在电竞场馆方面，上海有梅奔文化中心、东方体育中心、浦东足球场、东昌弈空间等文体融合场馆，拥有风云电竞馆、虹桥天地、上海竞界电子竞技体验中心等多个电竞专业化场馆，可以承接高规格的电竞赛事、电竞活动及专业培训，更有康桥 E-one 电竞产业园区，提升电竞产业的集聚度和显示度。

（四）集聚效应显著

在游戏企业方面，上海已经聚集了盛大网络、三七互娱、巨人网络、游族网络、恺英网络等多家上海游戏企业，已经形成了国内大型游戏企业扎堆上海的产业集群效应；

在电竞企业方面，上海电竞俱乐部数量保持优势地位，近半数的俱乐部在上海，拥有EDG、Snake等知名俱乐部，在上海注册的电竞企业占全国27.1%，排名全国第一；在电竞赛事方面，全国每年500多项具有一定影响力的电竞赛事中，超过40%在上海举办，2020年上海更是逆势而上，成功举办包括2020英雄联盟全球总决赛等多项赛事。

（五）产业发展活跃

电竞的快速发展，使相关产业链包括内容授权、赛事参与、赛事执行、内容制作、内容传播等多个方面受益，同时，电竞所处的中游位置，则更好地发挥了其延展性，带动了整个游戏产业上下游的发展：对上游，电竞促进了游戏研发、出版和运营的创新创优；对下游，带动电竞服务业、品牌赞助、直播、教育等产业发展。另外，电竞又进一步对城市文化创新活动、城市旅游、网吧网咖、商圈街区形成良性互动，用独有的文化特征和充满活力的业态形式为上海城市文化和城市场景的营造添砖加瓦。

二、上海发展电竞产业的问题瓶颈

（一）社会主流文化对电竞的接纳程度不足

作为新兴体育项目的电子竞技在人们的观念中仍然是一项娱乐活动，而非一项体育运动，特别是在年长者眼中，"玩游戏"被认为是一种不务正业的事情，更难接受"打游戏"可以成为一种职业。这主要是电子游戏在我们的媒体报道中多以负面效应、负面形象出现，从而在观念和认知上造成了电子游戏是"坏"的概念，从事电子竞技被认为是不务正业，并且电子竞技作为新兴产业之一，在产业的发展过程中，仍然受到传统产业的轻视、受到主流文化的排挤，整个社会对于电子竞技的认知和认同仍然需要时间去消化。

（二）电竞产业缺乏多元化发展

尽管2020年上海一枝独秀地举办全球《英雄联盟》S10总决赛，为推动电竞产业的发展作出了巨大贡献，但和传统体育产业相比，上海的电竞产业和其他产业的融合发展还比较有限。仍然集中在赛事直播、赛事举办、厂商赞助这几个基本层面。其实作为新文创领域的电竞，有着泛娱乐性、开放性、跨界交融性和多元共生性，能形成多个"电竞+"，比如电竞＋影视、电竞＋综艺、电竞＋动漫。而随着电竞融合文化的价值愈发明显和重要，其所能带来的经济效益将是巨大的，这正是电竞不断被投资人看好的一个因素，也将成为电竞产业加快发展的重要因素。透过电竞＋文化的产业发展模式，培育一批新的电竞文化IP，不但可以提升上海电竞之都的名声，对于中国文化向海外输出也有很大的帮助。

三、加快上海电竞产业发展的对策建议

（一）加快电竞运动的职业化进程

上海在发展电竞产业的模式上也应该参照传统体育职业化的发展规律，推动电竞的职业化发展进程，更快地融入职业体育的大家庭当中，获取更多的社会认可。一是推进电竞选手及相关人员的职业化进程，将电竞选手纳入职业体育运动员的范畴，进行相应的注册登记和规范管理，选手和俱乐部则要做好职业规划，积极发展电竞经纪人、电竞教练、电竞球探等专业化人才。二是通过建立相关的专业管理机构，比如官方的篮协、足协，或者行业的如中超公司等，加强电竞赛事制定、裁判培养、违规处罚、电竞选手转会等制度方面的保障，将电竞赛事引入更专业的领域。三是推进电竞俱乐部的商业化运作，在借鉴传统体育商业化运作的同时，加强在微博、微信、抖音等平台的运作，以及游戏直播、MCN业务的拓展，充分发挥电竞自身的长处。

（二）各方协同促进电竞产业发展

一是上海除了在法律法规方面明确各方权责外，应该加强引导和协调各方的关系，明确开发商、经营者、平台、主播、用户等各个主体的权利义务边界，促进各方互惠互利，加强合作开发，共同寻求长远的发展路线，对电竞产业发展起到重要的指引和助力作用。二是上海应积极打造电竞与其他行业的交流平台，为双方获取更多的跨界合作创造条件，促进双方的跨界合作，推进"电竞＋"的多元融合，共同创造出更高的结合可能性和更丰富的玩法创意，形成开放交融、多元共生的产业发展格局。

（三）推动电竞产业长三角一体化发展

以上海打造电竞之都为引领，积极创建长三角一体化的电竞产业发展氛围，促进

电竞产业高质量发展。继续鼓励举办高水平高质量的电竞比赛，创办健康成熟优质的长三角区域电竞联赛，鼓励全国乃至全世界优秀电竞人才聚集，优质电竞俱乐部落户，以高质量的比赛，吸引更多的关注，获取更多社会认可，更好地推动电竞生态与商业化发展。探索创建长三角电竞产业联盟，以一体化和高质量发展为目标，打通产业链上下游，统筹电竞产业的发展，强化电竞产业的商业化、市场化的运作，加快同5G、AR/VR、人工智能等产业的融合发展，持续吸引社会资本投入，积极吸取传统体育产业发展经验，形成独特的长三角电竞产业发展新模式。

第四编

治理数字化

科学认识我国加快形成国内国际双循环新发展格局的外部环境

编者按：当前和今后一个时期，我国经济逐步进入以国内大循环为主体、国内国际双循环相互促进的新发展格局，虽然仍然处于战略机遇期，但机遇和挑战都有了新的发展变化。上海要勇于承担国家战略、代表国家参与全球合作竞争，充分发挥上海在我国国际国内双循环战略链接新发展格局中的节点功能，使国内市场和国际市场更好联通，实现更加强劲可持续的发展。

当今世界正经历百年未有之大变局，国际政治正处于大发展大变革大调整时期，但世界面临的不稳定性不确定性突出，恐怖袭击时有发生，金融风暴余波未了，难民问题愈演愈烈，"灰犀牛"现象危机四伏，"黑天鹅"事件防不胜防。进入 21 世纪以来，人类社会已经经历了几次重大危机：一是 2001 年的"9.11 恐怖袭击"；二是 2008 年的全球金融危机；三是新冠肺炎疫情暴发引发的公共卫生危机。面对人类当前的诸多不和谐因素，世界仍然很不太平。我国正面临新的外部环境变化：

一、国际形势高度复杂多变

（一）国际政治面临三大变局

1. 逆全球化思潮暗流涌动，全球化版图出现重大裂痕。当前，经济全球化遭遇逆流冷风，国际政治面临世界经济深度衰退、国际贸易和投资大幅萎缩、国际金融市场动荡、国际交往受限，民粹主义、保护主义、单边主义、逆全球化思潮泛滥，地缘政治风险上升。美国发起"经济繁荣网络""清洁网络"计划、扩展"反华为科技联盟"等，用胁迫的方式迫使其他同盟国家在中美之间二选一。美国近期还对中国打出"意识形态牌"，预示着未来一段时期中美关系的磨合、转型和重构可能无法完全脱离这一背景。未来中美两国需要面对的最重要挑战抑或是最重要选择是，继续在同一个全球体系内解决彼此分歧，还是分道扬镳剥离成为两个相对独立且又彼此连接的体系，各行其是。如果出现后一种情况，那也就意味着全球化的终结和现存体系的裂解。

2. 大国博弈风潮云涌、日趋激烈。中美关系面临脱钩风险，我国的国际环境正面临由大国崛起向大国竞争转变。一个明显表现是，自新冠肺炎疫情以来，特别是在美国大选倒计时之际，中美战略竞争迅速扩散和升级。一方面，美方从打贸易战、科技战，发展到舆论战、人文战，国会还快速通过所谓的涉疆、涉港法案和制裁措施，干涉中国内政，不断开辟对华战略竞争的领域，打消耗战。另一方面，在同一个问题领域内，美国对华竞争加剧，对抗升级，意识形态攻势加大。例如，美国政府炮制"中国病毒论"，散布"中国道歉""援助赔偿"的论调，企图将美国抗疫不力导致疫情蔓延的责任甩锅给中国。总的来看，美国对中国的"锁定"可能是对华"极限施压"、进行战略敲诈的贪婪战术，也可能是"政权变更"的异想天开，是往冷战方向的倒退。对此，中方必须严加防范，必将加以反制，更须全力制止。

3. 新冠肺炎疫情有常态化趋势，全球政治经济和治理体系恐面临长期影响。新冠肺炎疫情的暴发和流行远比人们想象的迅速和广泛，尤其是此次新冠肺炎疫情全球大流行严重威胁人类健康，除了南极洲以外的各大洲均已经出现了确诊病例，全球政治、社会和经济普遍受重大影响。传染性疾病的暴发与流行往往会产生极其广泛的政治经济影响，公共卫生治理自然也不能独居一隅，超越国与国的边境，朝着全球化、长期化的方向蔓延。重大传染性疾病高度考验着各国的卫生治理体系和能力，但是各国经济政治各方面差异巨大，卫生治理能力亦相当悬殊。一些欠发达国家的卫生系统相当薄弱，甚至不具备基本的防疫能力。因此，全球卫生治理成效很大程度上依赖于全球卫生公共产品的供给状况。

（二）国际经济出现四大裂痕

1. 国际市场体系出现裂痕：随着中美在经贸、科技、金融、人文等方面的摩擦不断加剧，由此带来一系列连锁反应，通过产业链和供应链层层传导到不同国家，造成全球产业链、供应链的不畅。

2. 国际产业分工和经济体系裂痕：新冠肺炎肆虐全球，世界经济处于衰退状态，世界银行预测 2020 年全球经济将收缩 5.2%，人均收入将降低 3.6%。疫情对全球产业链、供应链造成巨大冲击，其所带来的国家边界封闭、经济活动停摆、人文交流停顿，造成全球产业链、供应链断裂，金融和债务风险加大，国际产业分工和经济体系出现巨大裂痕，在人类历史上是前所未有的。

3. 国际贸易体制和投资体系裂痕：当前，经济全球化遭遇逆流，一些国家保护主义和单边主义盛行，个别国家把国内问题归咎于外部冲击，认为他们在现有贸易体制下"吃了亏"，采取包括贸易在内的各种手段打压其他国家发展，甚至不惜频频"退群""毁约""甩锅"，试图另搞一套，对多边贸易体制带来严重危害。

4. 国际治理体系出现裂痕：此次疫情是一次重大全球性公共卫生灾难，也是一场全球治理危机，考验了世界各国的制度韧性、治理能力和治理水平。面对突如其来的公共卫生危机，没有任何一个国家能够置身事外，加强国际合作是应对此类危机的唯一正确途径。遗憾的是，新冠肺炎疫情证明国与国之间合作的深度与广度还远没有达到应对此类危机所需要的程度和水平，甚至有些国家在疫情期间仍坚持零和思维，将公共卫生危机作为国际政治斗争的手段，希望借此来削弱其他国家。

二、高度重视外部环境的重大变量

（一）把握好三大关系

从国际环境看，世界百年未有之大变局的持续深化，新一轮科技与产业革命的加速拓展，再加上全球新冠肺炎疫情的影响，中国产业链、供应链的安全和地位受到了较大挑战，促进形成国内大循环为主体、国内国际双循环相互促进新发展格局，也是中国为应对这种挑战提出的战略要求。为此，必须把握好三大关系：

1. 全球化和本土化的关系：在世界多极化、经济全球化、社会信息化、文化多样化的历史长期发展趋势下，近两年来，由于贸易保护主义、新一轮科技和产业革命的影响，全球产业链供应链已呈现出本地化、区域化、分散化的逆全球化趋势，而疫情对全球生产网络产生了巨大冲击，各国都会从供应链安全角度进行供应链的调整，这必然会加剧经济去全球化的趋势，全球产业链、供应链布局面临巨大调整的风险。但不可否认，中国的发展离不开世界。中国是全球经济对外依存度较高的国家之一，中国制造在全球无处不在，全球每一个产业链中的细分行业都有中国制造的身影。未来越是形势复杂，越要以更坚定的信心、更有力的措施把改革开放不断推向深入，实现更高质量、更高水平的开放。

2. 深化改革和扩大开放的关系：从经济循环的生产、流通、分配、消费等主要环节看，目前循环不畅的主要表现是企业的供给质量不高，难以有效满足居民对优质商品和服务型消费的需求，产业的智能化、高端化、绿色化和服务化水平不能满足消费者消费升级的要求。为此，把满足国内需求作为发展的出发点和落脚点，深入推进供给侧结构性改革，畅通国内经济大循环，促进新发展格局的逐步形成，将是今后深化改革的重中之重。同时，尽管新冠肺炎肆虐全球，但2020年以来中国仍以实际行动向世界传递中国保持继续扩大对外开放的承诺：推动海南自由贸易港建设、再次大幅缩减外商投资准入负面清单、举办网上广交会等。中国将持之以恒地扩大开放，建设更高水平开放型经济新体制，做全球发展的贡献者和国际秩序的维护者，推动建设开放型世界经济。

3. 国内循环和国际循环的关系：当前我国国民经济循环的主要矛盾是供给与需求不匹配、不协调和不平衡，国民经济循环无法有效畅通的矛盾主要方面不在需求侧，而在供给侧，因此必须通过深化供给侧结构性改革疏通国民经济的"经络"，畅通国民经济循环，从而不断扩大国内经济循环。另一方面，以国内经济循环为主体，并不意味着不再重视国际经济循环，而是强调通过供给侧结构性改革，提高国内经济的供给质量，通过挖掘消费潜力，进一步畅通国内经济循环，使得国外产业更加依赖中国的供应链和产业链，更加依赖中国的巨大消费市场，从而在提高经济自我循环能力的同时，促进更高水平的对外开放，实现国内国际双循环。

（二）高度关注四大倾向

在当前外部环境复杂多变、全球市场萎缩的背景下，我国必须集中力量办好自己的事，发挥国内超大规模市场优势，加快推动由出口导向型向内需导向型的战略转变，早日形成以国内大循环为主体、国内国际双循环相互促进的新发展格局。为此，要高度关注以下不良国际倾向：

1. 打压中国。美国政府通过运用主权管辖、金融领域长臂管辖和对盟友的强制力，在某一特定环节进行断供，给中国企业造成供应链断裂、生产全面停滞、销售收入大幅度衰减等足以威胁企业生存的损失，试图打压"冒尖"的中国高技术企业，或者以强制力迫使中国企业接受不平等条件。美国政府打压中国高科技企业有两种主要方式：第一种做法是从生产环节入手，切断高科技企业的产业链，造成生产停滞，也就是常说的"卡脖子"；第二种做法是从下游入手，对中国企业关闭美国市场，并迫使盟国追随，将中国高技术企业排除在主要发达国家市场之外，压缩中国企业的盈利空间和发展前景。这无疑会人为地撕裂世界，加剧国际局势紧张。

2. "妖魔化"中国。随着中国的快速发展，西方一些人拿所谓"修昔底德陷阱""金德尔伯格陷阱"来说事，大肆渲染"国强必霸"，把中国描绘成一个可怕的"魔鬼"，把中国"妖魔化"：一方面，不负责任地把中国描绘成在经济实力、意识形态及地缘政治上都比当初的苏联强大得多的"挑战"；另一方面，又一厢情愿地用冷战情境来定位中美关系，把"对抗中国"包装成盟友的道德责任，从而集结和约束盟友，打压和削弱中国。美国政府的根本意图在于对今天的中美关系进行政治化操控，维护自身霸权，以此确保美国还能像过去"打赢"冷战那样再次"打赢"所谓的中美"新冷战"。

3. 去"中国化"。美国战略考量中的理想目标是，通过重修规则、重定标准、重建区域贸易集团、改造国际机制、关键技术和产业"脱钩"等做法，借"去全球化"实现"去中国化"。将更多中国企业和机构列入"实体清单"，限制在美上市的中资企业，加大推动与中方的科技、产业"脱钩"力度。加之中美航线联系、人员交流等均因疫情而萎缩，这些都在事实上加快"人文脱钩"的步伐。一旦中美滑向局部乃至全面"脱钩"，美对华采取极端行为的顾忌就会减少，中国进一步深化改革开放的难度也会增加。

4. 全球治理失序。进入 21 世纪以来，以中国为代表的新兴市场国家和发展中国家迅速崛起，经济总量在全球占比接近 40%，对全球经济增长的贡献率达到 80%，国际力量对比出现"东升西降"的历史性变化。随着国际力量对比消长变化和全球性挑战日益增多，现有的全球治理体系有些力不从心，难以应对和解决面临的问题，改革全球治理体系迫在眉睫，人们的呼声越来越高。2008 年国际金融危机以来，全球经济版图深度调整，西方发达国家日渐式微，相对于国际力量对比发生变化的趋势，全球经济治理机制的代表性和适应性不强，表现出"肌无力"，对全球经济增长乏力束手无策，亟须进行变革。特别是新冠疫情暴发以来，美国完全没有体现出发挥领导作用的意愿和能力，还试图阻碍合作、制造对抗，令世人惊诧。

三、上海要主动作为、化危为机

在我国经济逐步进入以国内大循环为主体、国内国际双循环相互促进的新发展格局下，上海要勇于承担国家战略、代表国家参与全球合作竞争的新使命，充分发挥上海在我国国际国内双循环战略链接新发展格局中的节点功能，使国内市场和国际市场更好联通，实现更加强劲可持续的发展，为我国早日形成新发展格局作出应有的贡献。

（一）强化高端产业引领功能，发挥上海高端制造业增长极作用

制造业要加快向产业链、价值链中高端迈进，突出高端引领、抢占制高点，释放高能驱动、掌握主动权，体现高度融合、打通产业链，加速高效赋能、提升根植性，强化高质辐射、形成联动效应。加快构建根植本土、联动区域、服务全国、面向全球发展的创新网络、生产和服务网络，培育具有全球化运营能力的企业群体，以集成电路、人工智能、生物医药三大先导产业为引领，打造世界级高端制造业集群，增强产业创新能力和资源配置能力，提升产业国际竞争力，成为引领长三角、服务全国发展的经济增长发动机、产业创新加速器、区域协同黏合剂、资源配置倍增器。

（二）全力提升产业核心竞争力，增强产业链国际竞争力

从全球生产分工体系来看，上海仍处于全球价值链的中低端环节，产业能级水平偏低，产业链、价值链的国际竞争力不足。上海要抓住疫后全球价值链和产业链结构性调整的机遇，着力提升产业基础能力和产业链现代化水平，加快关键核心技术攻关，推动制造业高质量发展，促进服务业能级提升，在双循环新发展格局中提升产业链、供应链的稳定性和国际竞争力。

（三）全力提升产业创新策源功能，服务新动能培育和内需市场升级

当前疫情蔓延全球，外需市场萎缩，经济增长的外部拉动力减弱，应发挥内需市场潜力。但是，开拓内需市场和启动国内消费，不能仅靠传统消费恢复或传统产业规模扩张，而是要通过产业创新、业态创新、模式创新，加快培育新兴产业，提供更多新产品、新服务，不断满足人民的消费升级需求。因此，强化产业创新策源能力，既是促进产业结构优化的必然要求，也是实现经济高质量发展的重要条件。

（四）全力提升国际枢纽门户功能，为国际商品便捷流通和要素资源配置提供支撑

过去，上海依托国际枢纽门户功能实现了产业经济和国际贸易的快速发展。今后，以国内大循环为主体，绝不是关起门来封闭运行，而是通过国际枢纽门户功能使国内市场和国际市场更好联通，更好利用国际国内两个市场、两种资源，改变出口导向战略形成的长期处于价值链中低端的国际分工地位，提高满足内需的能力，实现更加强劲可持续的发展。

探索上海"创芯"人才机制，加快破解"缺芯"困局

编者按：集成电路是支撑上海高端产业发展的战略性、基础性和先导性产业。当前，中国面临的"芯"困境，很大程度上是因为集成电路领域的关键核心技术"受制于人"。集成电路人才总量不足、领军人才匮乏，已成为制约产业发展最突出的瓶颈问题。近期通过对张江、临港等集成电路产业高地调研发现，虽然"中国芯"产业迅猛发展，但专业人才供应短缺、教学培训和产业实践脱节等问题日益凸显。本文结合上海集成电路产业比较优势，就进一步创新产学研合作机制和人才培养模式，加快补齐芯片人才方面的短板，给出相应对策建议。

2020 年新冠肺炎疫情在全球迅速蔓延，导致各国大批企业陆续被迫停工停产，给全球半导体产业的发展带来了不确定性。2021 年伊始全球半导体供应链又持续受到"科技单边主义"冲击，导致汽车芯片等集成电路细分产业链、供应链的全球性断供，继而加剧了半导体行业的人才结构性短缺局面。半导体产业的快速脱困离不开专业技术人才。

一、技术人才争夺战成为国际集成电路产业竞争焦点

（一）全球集成电路产业链"重构"或将引发人才争夺战

从 2020 年毕马威全球半导体行业调查报告来看，未来二年内半导体公司的战略重点人才培养及管理仍是重中之重，当前半导体公司为争夺仅有的少数科学家和工程师而展开激烈竞争，一场人才争夺战悄然上演。从全球发展趋势看，STEM（理工科）的毕业生作为集成电路人才的主要后备力量，即使在过去几年得到美国政府和产业界的重视，也仍然存在一定的匮乏。从美国国家科学基金会（NSF）最新发布的年度数据显示，超过半数的美国高校电子工程和计算机科学专业的全日制毕业生来自美国本土之外。因为工作签证和移民政策的限制，部分海外人才难以留在美国。而美国的一些社会组织和机构也认识到这一点问题，不断向美国政府提议优化响应政策，以使得美国半导体等行业可以获得源源不断的海外人才补充。

表 1　美国集成电路相关人才培养规模

电子工程专业和计算机科学专业的全日制研究生（人）					
	2014	2015	2016	2017	2018
美国公民和永久居民	20157	20322	21612	21332	24242
国际学生	71780	78243	79907	71078	68361
总　计	92937	98565	101519	92410	92603

数据来源：美国国家科学基金会（NSF）最新发布。

（二）国内集成电路产业人才需求将出现爆发式增长

预计到 2022 年前后中国全行业人才需求将达到 75 万人左右，截至 2019 年底，我国直接从事集成电路产业的人员规模在 51 万人左右，这意味着将有 24 多万集成电路人才缺口。3 年 24 万人，也就是一年需要 8 万人，我国集成电路人才严重短缺，不仅缺少领军人才，也缺少复合型创新人才和骨干技术人才。中国电子信息产业发展研究院等编制的《中国集成电路产业人才白皮书（2019—2020 年版）》显示，我国集成电路人才在供给总量上仍显不足，到 2022 年，芯片专业人才缺口预计超过 20 万人。

面对芯片人才供应短缺的情况，国家部委和各地政府也在想办法解决。2020 年 8 月，国务院发文要求加快推进集成电路一级学科设置工作，努力培养复合型、实用型的高水平人才。设立集成电路一级学科的讨论和动议由来多年，但由于存在争议无法形成。随着学科的不断发展变化，原有的学科划分已限制了我国集成电路人才的培养，影响了我国集成电路产业的良性发展。近年来在中美贸易摩擦背景下，美国对我国集成电路产业打压造成的困难，更证明了这一学科的重要性、紧迫性。工信部于 2019 年 10 月回复政协提案指出，要"推进设立集成电路一级学科，进一步做实做强示范性微电子学院"。此次将集成电路作为一级学科，对我国集成电路产业的发展、人才培养、科研开发等，都是一大利好消息。随后清华大学、北京大学、复旦大学和厦门大学四所高校首批获准建设国家集成电路产教融合创新平台。该平台将瞄准中国集成电路核心关键技术"卡脖子"难题，涵盖芯片设计、EDA 工具、器件工艺与芯片封装等方向，培养集成电路产业亟需的复合型、交叉型人才，着力推进中国集成电路产业发展进入快车道。

表 2　我国建设示范性微电子学院的高校名单

支持建设示范性微电子学院的高校名单	北京大学、清华大学、中国科学院大学、复旦大学*、上海交通大学*、东南大学、浙江大学、电子科技大学、西安电子科技大学（清华大学率先设立芯片学院）
支持筹备建设示范性微电子学院的高校名单	北京航空航天大学、北京理工大学、北京工业大学、天津大学、大连理工大学、同济大学*、南京大学、中国科学技术大学、合肥工业大学、福州大学、山东大学、华中科技大学、国防科学技术大学、中山大学、华南理工大学、西安交通大学、西北工业大学（南京成立集成电路大学）

数据来源：工信部、教育部官网。
* 为上海高校。

二、上海集成电路专业人才缺口问题凸显

（一）上海集成电路产业链"高密集"特性导致专业人才紧缺

上海是全国集成电路产业最集中、综合技术水平最高、产业链最为完整的地区之一。上海市集成电路行业协会发布的最新统计数据显示，2020 年上海集成电路产业实现销售收入 2071.33 亿元，同比增长 21.37%。在集聚效应、规模效应初步显现的同时，行业人才缺口也开始出现。上海集成电路企业的人才问题主要是难以找到充足的、有着高

等学历和匹配经验的合格员工，空缺岗位涵盖了 AI，先进芯片设计，高阶制造工艺和加工，软件架构和量子计算等。半导体这种技术和人才密集型产业需要大量的"高技"人才，即高技术、高技能和高技标。同时，本土的从业者出现"老龄化"趋势，这意味着从业人员有着相对丰富工作经验的同时，知识结构开始"老化"。

2020 年以来，上海浦东的一些重大集成电路产业项目取得关键性突破。如位于张江科学城的中芯国际，其 14 纳米先进工艺在 2019 年第四季度投产后，产品良率已达业界量产水准。位于张江的上海集成电路设计产业园，揭牌至今已集聚了博通、高通、AMD 等外资芯片巨头以及紫光集团、韦尔半导体、阿里平头哥等国内集成电路领军企业。但从学科设置落地到人才供给，中间还需要一个过程。芯片行业最缺的是有经验的工程师，而"芯片到了纳米级教材还停留在微米级"。培养一个成熟的芯片工程师需要十年时间，但国内整个行业还没有积累那么多人才。建立面向集成电路全产业链的"产学研用交叉平台"，已经刻不容缓。包括集成电路设计、制造、封装、测试，EDA 软件等产业领域，亟需掌握电路设计、器件物理、工艺技术、材料制备、自动测试以及封装、组装等知识技能的创新型技术技能人才。

（二）国内集成电路产业的"跟风效应"加剧上海产业人才"紧缺局面"

当前集成电路人才供给的主要短板在于：全国各地集成电路 7—14 纳米项目竞相上马，供给难以跟上需求。近年来，国内多个城市加快布局集成电路行业。以长三角为例，除了上海，合肥、南京、无锡等地纷纷开出优厚条件招揽芯片人才。这种互相"挖墙角"的行为，使得以上海浦东为代表的集成电路人才高地也面临人才供应吃紧的挑战。

以张江为例，近三年时间，园区内芯片设计企业数量、员工数量实现翻番，而社会供给能力没有同步跟上，关键人才、核心人才、骨干人才普遍缺乏。其根源是待遇虽高于一般制造业但吸引力有限，导致大量理工科毕业生未进入芯片行业。与互联网、金融等热门行业相比，芯片人才在待遇上的吸引力有限。来自 BOSS 直聘发布的相关报告显示，2019 年芯片人才平均招聘薪资为 10420 元，同比提升了 4.75%。拥有十年工作经验的芯片人才平均招聘工资为 19550 元，为同等工作年限的软件类人才薪资水平的一半。甚至出现了在陆家嘴金融城搞芯片研究（证券和投资市场）的人才，比张江科学城更多

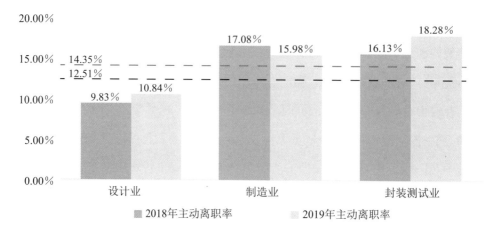

数据来源:《中国集成电路产业人才白皮书（2019—2020 年版）》。

图 1　2018 年和 2019 年集成电路产业链从业人员主动离职率

的怪圈。据统计上海前几年部分重点高校的微电子行业毕业生中，估计只有 30% 左右进入了集成电路。此外，在对人才供给提出了新要求的同时进一步加剧了行业人才供给紧张局面。集成电路产业是典型的资本密集型、人才密集型产业。除了微电子专业，集成电路行业还需要大量的材料工程师、化学工程师、机械工程师、电气工程师，过去集成电路产业发展的问题，一是缺钱，二是缺人。随着国家集成电路产业投资基金的成立和科创板的开板，行业缺钱问题大为缓解。但随着各地集成电路项目竞相上马，未来五年，国内的芯片人才缺口将更为突出。

（三）解决人才供需"脱节"或可弥补上海集成电路产业人才缺口

相关行业专家表示，集成电路产业发展日新月异，最新的集成电路制程已经到了 3 纳米至 5 纳米，而部分教材里的晶体管仍为微米级（1 微米 =1000 纳米），存在较大的滞后现象。教学内容滞后，理论与实践脱节。同时，大部分高校教师，因为与产业界接触较少，或受制于企业知识产权保护，没能及时获取业界最新动态，因而难以将新技术和进展整理编写至教材或实验材料之中。另一方面，集成电路产业需要产品化和工程实践能力，需要能够解决工程应用问题的人才，而大多数学校可提供的集成电路工程实践条件有限。目前，上海地区只有少数院校具备完整的实验产线，而且要承担不菲的日常维护费用，因此要求高校普遍添置大型工艺设备并不现实。

集成电路企业普遍反映，从高校招来的毕业生还需经过一两年时间的培养才能真正上手，客观上拉长了人才培养周期，亟需进一步探索产学研用合作新模式。上海浦东等产业高地宜大力培养和引进高层次、复合型、骨干型和工程型的集成电路人才，缓解我国集成电路产业对人才需求的燃眉之急。

三、破解上海集成电路产业"创芯"人才困局的对策建议

（一）加大集成电路上下游产业链延伸的人才投入

要具备发展眼光、注重长远利益，敢于突破制度和规则的限制，积极向上争取政策和资源，运用好产业引导基金和人才发展基金的杠杆作用，大力创新人才培养和集聚模式。发挥专业园区优势，搭建公共技术平台。以上海浦东为例，目前已成立了上海集成电路设计产业园、东方芯港等一系列集成电路专业园区，同时还拥有上海科技大学、复旦大学微电子学院等知名高校。实现集成电路人才倍增计划，鼓励企业家进驻高校担任客座教授，以及高校教师担任市内企业导师且共同开展项目。业内人士认为，可以充分整合这些资源，为集成电路人才成长创造良好的环境。比如，可以借鉴张江"药谷"的模式，设立EDA（集成电路设计工具）公用技术平台，不断降低芯片企业的研发成本。进一步增强人才平台工作，以人才吸引人才，以人才带动产业，促进上海市及长三角的高端产业发展。

（二）在人才政策上向集成电路行业适度倾斜

致力于增进企业—高校之间在集成电路相关产业及专业领域的交流与合作，注重人才二三梯队建设。积极发挥集成电路领域人才引进窗口和以才引才的作用。吸纳国际先进理念与学术成果，促进国际交流与合作，在培养人才、内生发展的同时，也要注重引进人才、留住人才。在芯片人才队伍中，除了海归高层次人才，对在本土勤勉工作5年、10年甚至更长经验的工程师，希望地方政府也给予更多关注。对集成电路企业聘用或自主创业人才，按照领军人才、专门人才、应届毕业生类别和层次，在落户、个税及医疗教育配套等方面，得到地方政府的更多支持。对于专门从事集成电路设计、制造、封测、装备和材料生产及研发等经营活动的相关企业和人才，特别是一线工程技术技能

人才实施专项引进和培育，对于长期（至少 5 年）驻留上海的集成电路创新创业人才实施专项扶持。

（三）率先探索集成电路行业"产学研用"合作新模式

鼓励和支持上海市高校、职业院校对接产业发展需求，增设集成电路相关专业，采取多种形式培养紧缺和骨干专业技术人才，比如，设立企业定制班，为企业定向培养集成电路人才；将企业相关研究课题和软硬件资源向学校和科研机构合理开放，实现资源共享，构建双赢模式；为解决高校专业课程内容滞后问题，鼓励学校聘请企业的专家作为导师定期授课，联合编写培养教材。定向引导有兴趣的在校学生设立远大志向，为行业未来发展做好人才储备。只有通过产学研的模式创新和深入合作，才能使大学、企业和科研单位之间实现优势互补、强强联合。产教融合，加大职业教育培养，能解决集成电路行业中低端实操型人才的输出问题。实行"订单式"培养模式，即高校、企业、平台三方共同培养，为企业定向输送集成电路人才。订单培养以工程师岗位为导向，着重实践类课程，让学生们在读书期间即可参与到企业的工作中去，毕业后甚至能直接进入企业工作。为应对集成电路人才需求，通过产教融合，可以为上海集成电路产业发展提供人才支撑。

推广智能垃圾回收设施，助力上海垃圾分类数字化转型

编者按：加快推进垃圾分类处置是打好污染防治攻坚战中的重要一环，随着 2019 年 7 月 1 日《上海市生活垃圾管理条例》正式施行，截至 2019 年底，上海已基本形成垃圾全程分类收运体系，居民区分类达标率从 15% 提高到 90%，垃圾填埋比例从 41.4% 下降到 20%。同时值得注意的是，上海市前端垃圾分类回收工作与信息化、智能化技术融合程度总体相对不高，在对垃圾回收智能化设施的需求与配置方面存在较为明显的缺口。目前正是上海市进入新发展阶段全面推进城市数字化转型的关键时期，作为生活数字化转型与治理数字化转型"交集"领域之一，上海有必要也有条件系统、有序推广智能垃圾回收设施。本文梳理了智能垃圾回收设施功能特点与现实需求，介绍了国内部分省市以及上海市部分区域应用实践情况，归纳了上海推广相关设施的优势条件与共性难点，并提出相应的工作建议。

十八大以来，习近平总书记多次就垃圾处理工作做出重要指示和部署，加快推进垃

垃圾分类处置也成为打好污染防治攻坚战中的重要一环。2019 年 7 月 1 日，上海正式施行《上海市生活垃圾管理条例》，截至 2019 年底，已基本形成垃圾全程分类收运体系，结合推进垃圾资源化利用设施建设等举措，居民区分类达标率从 15% 提高到 90%，垃圾填埋比例从 41.4% 下降到 20%。

一、智能垃圾回收设施功能特点与现实需求

从当前应用情况来看，相对于普通垃圾桶等传统回收设施，智能垃圾回收设施搭载智能设备、连接网络，综合运用传感器技术、声音与图像处理技术，实现普通垃圾桶等回收设施功能的创新升级。应用于社区、街面、楼宇等公共区域的智能垃圾回收设施主要包括智能垃圾箱房（站）、智能垃圾柜与智能垃圾桶等，相关设施的功能特点与现实需求主要如下：

（一）主要特点

一是智能开关、无人值守，相关设施在居民投放垃圾时通过身份识别验证后自动开关，无需保洁人员或志愿者值守，既节约人力，也为居民 24 小时随时投放提供可能；二是自动监测、精确计量，即对外监测、识别居民投递垃圾的行为，对内自动即时监测设施内部状态，保障设施安全正常运行，并可对投放垃圾进行称重计量；三是数据采集、精准溯源，即设施本身作为一个数据采集末梢，除了自身运行状况以外，还采集垃圾投放相关数据并传输至有关管理平台与终端，结合身份验证，还可对投放垃圾实现准确溯源；四是智能交互、体验宣传，即在居民使用过程中，通过引入身份识别、语音与图像等人机交互应用，结合回收积分自动累积积分、自助兑换等活动，有效提升居民的使用感受，形成良好的宣传示范效应。

（二）主要功能

一是身份识别，即通过人脸识别、刷卡、二维码等手段识别验证垃圾投放者以及管理维护人员的身份；二是行为监控，即对居民投递垃圾的行为、垃圾的类型进行监控；三是称重计量，即对投放垃圾进行即时称重；四是设施监测，即时监测设施内箱体垃圾满溢情况、设施运行的异常情况；五是报警提示，即对垃圾即将满溢以及设施运行异常情

况进行报警提示；六是数据管理，对设施所采集有关数据进行存储、处理与传输，支撑后续垃圾投放数据统计、违规投放溯源、可回收物积分累积以及设备维护等功能的实现。

（三）现实需求

当前，上海市的垃圾分类回收工作，以定点定时投放形式为主，现场管理以保洁员与志愿者等人力值守为主，相关工作与服务的开展与信息化、智能化技术融合程度相对较低，在居民对垃圾回收智能化设施的需求与配置方面存在明显的缺口。根据上海市民政局在全市范围内开展关于社区智能化便民服务设施问卷调查结果，在7000多份回收问卷中，只有26.4%的受访者表示小区已有垃圾回收智能化设施，远低于智能快递柜（70.8%）与社区智能门禁（54.3%）的普及率。与之相对应的是，有46%的受访者认为垃圾回收智能设施是其最有需求的智能化便民服务设施，位居需求的第一位。

二、国内智能垃圾回收设施的应用和实践

（一）其他省市应用的案例实践

1. 北京

随着2020年5月《北京市生活垃圾管理条例》正式实施，北京市海淀区在多个街镇配备智能垃圾分类回收设备，科技助力垃圾分类。其中，海淀街道在多个社区建立全品类智能柜机分类驿站，居民在使用智能柜机时通过手机扫码注册，注册之后仅凭刷脸就可以登录使用。智能柜机不仅包含了"厨余垃圾""其他垃圾""有害垃圾"3大类，还将"可回收垃圾"另外细分出了"纸类回收""纺织物回收""塑料回收""金属回收"4小类。居民在投放垃圾时，按照提示操作，将垃圾投放到相应的分类桶中。智能柜机还可将垃圾进行分类称重、分类计量，对居民每次垃圾投入进行积分奖励，积分积累到一定程度，可以兑换奖励物品。海淀街道还通过与第三方公司合作，运用"互联网+"模式助力垃圾分类，即通过智能柜机采集数据，及时、动态、精准把握区域垃圾投放与分类、回收情况，为后续进行垃圾分类精细化管理提供数据支撑。

2. 重庆

尽管重庆将基本建成垃圾分类处理系统的时间点定在2020年底，但很多区县早在

2019 年就启动试点，并探索出一系列行之有效的办法，包括融合智能化设施与手段，助力推广落实垃圾分类，加速培养居民垃圾分类习惯等。例如，铜梁区试点推进"互联网＋"垃圾分类，居民通过垃圾分类 App，结合对智能垃圾箱的使用，在手机上就可以实现扫码投放、预约回收、积分查询和兑换商品。智能垃圾箱采用智能称重系统，可即时上传数据至云平台。当垃圾箱装满后，就会启动报警系统，提醒及时工作人员及时安排垃圾收运。积分兑换机紧挨智能垃圾箱，居民刷卡就可以查询积分和兑换日用品。

3. 深圳

自 2017 年以来，从覆盖区内物业小区（含城中村）、公共餐饮酒楼开始，截至 2019 年，深圳市盐田区将智能化垃圾分类覆盖范围扩大到学校、军营、机关与企事业单位等对象，共计在全区投入 350 多台智能分类收集设备，实现了垃圾减量分类智能化收集"全区域覆盖"。这些智能分类收集设备具有人脸识别、指纹采集、触摸操作、语音播报、电子秤等功能。智能设备在垃圾投放前即会播放垃圾分类教程，用户将垃圾放于设备自动称重台，并按照设备屏幕的提示选择投放垃圾的种类后，将垃圾投入相应的分类箱口，系统就会根据投放垃圾的种类和重量转换成积分发放到用户账号里。依托智能分类收集设备开发的"互联网＋分类回收"大数据平台可及时将超过 300 个生活垃圾分类点的投放情况收集起来，并可以通过对这些数据的分析，获知相应小区垃圾分类投放习惯及需求，从而更有效地指导垃圾分类工作资源的配置。

（二）上海各区的实践探索

1. 静安区

早在 2018 年，静安区开始试点部署智能垃圾分类回收机与智能垃圾箱房等设施。其中，前者支持居民自助投放可回收垃圾，可自动称重并且现场返现；后者集身份识别、信息屏幕、端口扫描、监控摄像、网络连接等多功能于一体。每户居民必须绑定一张智能卡，刷卡之后才能投放垃圾，由此实现了投放垃圾实名制，且必须在指定投放时间内投放。此外，静安区南京西路街道，对于街面的垃圾桶，融合大数据预测与传感器感应进行智能化管理——在垃圾满溢之前，城市管理智能化平台便会自动报警，同步将信息传送到距离垃圾桶最近的环卫工人智能手环上，通知其进行处理。依靠这套智慧管理系统，南京西路街面治理事件从发现到处置，由原来的"一个小时到场"缩短到现在的"3分钟到场"。

2. 长宁区

静安区周家桥街道创新探索应用智能管理，提高分垃圾类实效，2020年6月，上海首个"AI+垃圾分类"新时尚微网在街道城运中心上线。街道同步设置了两处垃圾箱房"爱分减"前端智能监测设备，以摄像头记录居民上前投递垃圾的过程，通过智能学习后，实现对投放垃圾中混合物的准确判别，并作出语音表扬或提醒；设备还可以通过"身份绑定"验证用户ID，对投放行为进行实时监测，及时锁定不合规投放者并反馈信息；设备监测信息集合规统计、量化评价、数据分析于一体，一键生成、一屏呈现，不仅方便了街道垃圾分类工作的安排和开展，还实现了垃圾分类可追溯，为垃圾分类精细化管理提供了数据支撑。据统计，投入相关设备后，仅人力成本一项就比之前下降了65%。

3. 松江区

为了能更有效地改变居民的垃圾投放习惯，让垃圾厢房从对保洁员、志愿者值守的依赖逐渐向无人化、自助化发展，保障垃圾投放全天智能可回溯，从源头有效解决垃圾分类难题，松江区中山街道试点"四分类智能垃圾收集箱"。该款设施包括扫码开门、人脸识别、满溢报警、监控回溯等功能，在使用中采取实名注册的形式，并提供人脸识别和二维码识别等服务。用户通过身份识别登录后，选择要投放的垃圾种类与类型，等候0.5秒，相应的柜门就会自动开启，12秒后自动关闭。在回收过程中，设备自动将回收物称重，并将积分打到居民手机账户中。垃圾箱在块满溢的时候，还会亮起红灯，同时提示消息会第一时间发送到居民区书记、居委干部、物业经理和垃圾站管理人员的手机上，方便相关人员第一时间进行处理，如果居民出现违规投递，后台也能收到详细信息并推送，居委干部将针对违规投放的居民进行个别化上门宣传。

三、推广智能垃圾回收设施的优势条件和问题难点

（一）上海推广智能垃圾回收设施的优势条件

1. 垃圾分类工作基础良好

上海自2019年7月正式施行《上海市生活垃圾管理条例》以来，垃圾分类持续保

持全国先进水平，2019 年以来国家住建部对全国 46 个试点城市垃圾分类考核排名中，上海始终保持第一。除居民区分类达标率显著上升，垃圾填埋比例明显下降外，截至 2020 年 11 月，全市可回收物的点站场体系已经建成，回收物的回收利用率已经达到了 38.8%。

2. 智能回收设施多区试点

在智能垃圾回收设施实践方面，除了前面已介绍的静安、长宁与松江三个区，全市所有区都已开展智能垃圾分类设施应用试点，都在使用与推广过程中积累了经验。例如，普陀区在桃浦镇李子园大厦运用智能系统，落实"楼内智能精准投放 + 楼外定点定时投放"相结合，确保垃圾分类实效；青浦赵巷镇引入了智能垃圾分类箱作为试点，实现小区居民 24 小时不定时投放垃圾，解决误时垃圾滞留问题。

3. 已被列入规划目标场景

上海市在 2020 年 12 月发布了《社区新型基础设施建设行动计划》，在"应用场景拓展行动"中，提出了"开展可回收物服务点、中转站改造提升，推进全市住宅小区 3000 台智能回收箱规范管理。鼓励市场主体探索生活垃圾智能识别、分类清运，创新商业模式"重要内容，明确将智能垃圾回收设施列为目标场景，为相关工作的开展提供了行动规划依据。

（二）推广智能垃圾回收设施的难点

目前从全国范围来看，推广智能垃圾回收设施还存在着一些难点与障碍，主要表现为：

1. 投放与使用成本偏高

智能垃圾回收设施的投放成本、使用成本、维护成本一般明显高于普通垃圾桶、垃圾箱房等传统设施，加之在实际使用过程中，在人力、场地等多方面的其他成本，使得通过使用智能垃圾回收设施来进行垃圾分类处理所带来的经济效益较低，导致大规模投放难度较大。

2. 功能与规格标准缺失

尽管物联感知、自动识别、人机交互、智能控制等技术在智能垃圾回收设施上的综合应用越来越成熟，但是在相应的产品分类、标识、规格，以及功能指标、性能指标、安全技术指标等方面标准化工作没有跟上，缺乏相应的国家标准、行业标准和地方标准，不利于产品质量与安全性的保障，不利于行业的规范、健康、有序发展。

3. 配套机制措施要求较高

智能垃圾回收设施的功能发挥，除了功能设计、技术实现与产品质量等因素之外，还较大程度依赖于相关配套工作机制与措施，包括垃圾分类工作实施力度，不同部门之间协调与资源调配水平，相关人员配置、场地保障，对于智能回收设施所采集数据的对接、管理与应用能力，与企业等市场主体的合作创新等。

四、推进上海智能垃圾回收设施应用的工作建议

（一）开展专项全面调研，形成详尽成果支撑

在全市范围内，以各区绿化市容部门、街道以及社区（村居）为主要对象，开展较为全面的专项调研，就智能垃圾回收设施的配备普及情况，设施的价格费用、功能设计、技术规格、维护成本，主要品牌以及使用成效、存在的问题等内容形成较为详细调研与分析报告，为进一步工作的开展提供客观基础支撑。

（二）因地制宜设计规划，强化集约协调联动

因地制宜，充分考虑不同区域之间、不同群体之间智能垃圾回收设施的需求差异，客观度量资金、人员、场地等条件约束，以尽可能优化智能垃圾回收设施的供求匹配为目标，设计设施推广方案。同时，重点聚焦推进应用过程中的业务流与数据流，加强不同条线部门与街道、社区等基层单位在推进过程中的协调联动工作，强化数据共享应用。

（三）推动标准体系建设，打造良性行业环境

发挥政府引导协调作用，联合多部门，出台行业指导性标准或技术文件来引导行业发展，实现对智能垃圾分类设施领域的行业规划和引导，开展行业自律和监督。鼓励进行企业联合或者企业整合，以提高研发能力和生产能力，防止恶性竞争。由行业主管部门牵头，发挥市场主体积极性与专业性，探索建立智能垃圾回收设施团体标准或地方标准。

加强道路塌陷隐患防治，构筑数字化技术安全防线

编者按：2020 年 1 月 13 日，青海省西宁市发生路面坍塌事故，牵动了全国人民的心。1 月 21 日，李克强总理在考察时强调要各地认真排查整治城市公共设施安全隐患，解决好历史积累的问题，确保新建工程质量。随着道路塌陷事故的多次发生，各地政府也相继出台了道路塌陷治理的相关政策，预防和治理已经成为一项重要的市政基础设施建设。上海市政工程设计研究总院（集团）有限公司专家指出，上海应抓住全面推进数字化转型的契机，率先突破城市道路塌陷数字化风控技术，推动城市治理体系和治理能力现代化，满足人民群众日益增长的美好生活需要。

2020 年 4 月，上海市政府发布《关于开展道路塌陷隐患排查治理专项行动的通知》，通知中强调"深入贯彻落实习近平总书记关于西宁"1.13"道路塌陷事故的重要批示精神、落实住房和城乡建设部 2020 年安全生产工作要点中提出的道路塌陷隐患排查治理工作要求，切实做好全市道路塌陷事故的防控工作"。随着国民经济的快速发展，我国

加快了城市化建设步伐，城市规模不断扩大，交通负荷不断增大，地上地下工程不断增多，地下管线不断老化，种种因素导致了道路安全隐患不断涌现。城市道路塌陷事故直接关系人民生命安全，提高城市道路塌陷防治能力刻不容缓。

一、道路塌陷多发成为国内城市亟待解决的"城市病"之一

（一）城市道路塌陷是国内不少城市普遍面临的问题

电影《2012》的上映将"地陷"一词推入公众视野，而在新闻报道中，道路的突然塌陷也频频入镜。《2018年10月—2019年9月全国地下管线事故分析报告》显示，公开新闻中可收集到的全国地面塌陷事故142起；而《2020年全国地下管线事故统计分析报告》中，2020年全年仅收集到的道路塌陷事故就达263起。

从国内看，2018年2月7日，佛山市禅城区在建地铁2号线隧道及路面坍塌，造成11人死亡、1人失踪、8人受伤；2018年10月7日，达州市达川区东环南路103号发生人行道路面塌陷，造成4人死亡；2019年12月1日，广州市广州大道北与禺东西路交界处出现地面塌陷，造成3人死亡；2020年12月29日，杭州城区人行道突发路线塌陷，造成1人遇难、1人失联；2021年4月18日，西安市未央区二环北路凤城明珠门外的人行道发生大面积塌陷；2021年5月13日，西安市雁翔路华著中城三期商业综合体接地铁五号线岳家站地下通道工程（正在施工中）附近发生道路塌陷，造成1人死亡。

从上海看，道路塌陷问题也不可忽视。2009年10月6日，宝山区守仁桥街发生大面积道路塌陷，附近多个居民小区煤气、供水中断；2011年10月27日，闸北区恒丰路长安路路口的一处路面发生了大面积的塌陷事故，出现了一个约10多平方米的大坑；2012年9月24日，浦东新区金科路路面发生塌陷，出现直径约三四米的圆形大坑；2018年9月21日，上海西北部的云岭西路发生塌陷事故，一辆途经的出租车整车陷入；2019年8月18日，江桦路靠近浦锦路自西向东的路面，在一辆土方车经过时发生一处塌陷，塌陷处的坑大小约20平方米。

（二）城市道路塌陷具有周期性、突发性、隐蔽性的特点

城市道路是交通的载体、管线的走廊，城市道路塌陷事故一直是影响道路交通安全

的顽疾。城市道路塌陷多为由城市基础设施破坏与人类活动引起，在长时间的形变以及盖层土体的反复破坏之后，致塌力超过一定临界状态以突发性态势爆发出来，造成反应不及的财产损失以及人员伤亡。而且在同一个地区的某一时段中，地面塌陷往往会集中形成塌陷群。[①]

时间上，我国城市道路大部分塌陷事件发生在雨季，尤其在汛期，降雨丰沛，地下水位变幅大，对道路路基稳定性影响较大，是发生道路塌陷事故的重要诱因。上海地处沿海，雨量丰富，年均降雨量较高，尤其是在梅雨季节过后容易发生地面塌陷。[②]空间上，道路塌陷多发生在车行道、堤岸和地下管线上方，深度多为0—5米。上海处于长三角的滨海位置，也分布有黄浦江和崇明岛等江流、岛屿，台风和潮汐影响着上海堤岸的水土；而上海在城市化建设过程中，建筑业产值增长较快，建筑施工中大型、重型运输工具的使用影响着路面的使用寿命，交通量大、地下建筑及管线密集的区域也成为了塌陷易发路段。

（三）人为因素在城市道路塌陷的成因中占较高比重

经对众多道路安全问题进行深度分析，发现引起道路塌陷事故的动力因素，既有自然也有人为，而人为因素导致的道路塌陷事故占大多数，具体表现在以下几方面：

一是地下构造变化诱发塌陷。地下人防、涵洞、废弃管道等坍塌或损坏致使地下带水管线有损甚至断裂，造成地下水土流失，局部形成地下空洞，产生地面塌陷[③]；或是过量开采或抽排地下水，引起地下水位反复波动，含水层浮托力减小，当空洞顶层载荷过大时，土体应力失衡，产生地面塌陷。

二是荷载作用诱发塌陷。道路改扩建提高了道路等级，但路基与管线基础、管线覆土深度未做改建，在车辆的大型化及超载化现象的荷载作用下破坏设施，产生路面塌

---

① 《深圳地面塌陷的7个特点、7大原因及防治方法》，搜狐网，（https://www.sohu.com/a/406512350_807746，发布时间：2020.7.8，访问时间：2021.4.23）。

② 袁家余、陈敏：《上海地区地面塌陷的主要类型与成因研究》，《地下管线管理》微信公众号（https://mp.weixin.qq.com/s/O8B_JDUdIkeC31jn2G4Ing，发布时间：2020.6.3，访问时间：2021.4.22）。

③ 王继伟：《西宁南大街1.13塌陷事故抢险后的思考》，《市政设施管理》2020年第1期，第40—42页。

陷[①]；或是建筑建设施工过程中标准偏低，存在勘察、设计、施工不合理，难以满足荷载，基坑围炉发生断裂、滑移等工程事故，产生路面塌陷。

三是施工扰动土体诱发塌陷。深基坑开挖，隧道盾构通道施工及盾构顶管掘进、进出洞工况时，地层遭受挖、掘，导致地表脱空产生地面塌陷；或是地下工程施工的排水疏干与突水（突泥）作用，导致地下周边水位快速下降，地下土壤含水层承压降低，上方的地表土体失衡，在有地下空洞时产生地面塌陷。

四是地下管线损坏诱发塌陷。地下水管（自来水、雨水、污水等管道）超期服役、自然老化、年久渗水，或是管材质量、施工不良，又或是外部的压力、腐蚀、温差等原因，导致排水管（渠）变形、破裂、泄漏，管道基础沉降，路基土被地下管网损坏产生的动水冲刷、淘蚀，造成局部水土流失，对地下土质结构造成破坏，产生地面塌陷。

五是回填不实诱发塌陷。城市改造使得大型掘路工程不断增多，但管槽开挖后，地基处理和基槽回填难以达到原路基设计压实度要求[②]，产生地面塌陷；或是由于"重复建设"以及工期紧张，且掘路回填与路面修补同时进行，导致部分回填土碾压和夯实程度不到位，修复后短期内即产生地面塌陷。

二、城市道路塌陷隐患的防治需引起高度重视

道路塌陷事故的发生轻则导致交通瘫痪，重则造成人员伤亡，带来巨大的经济损失和社会影响。相关专家提出，针对路面塌陷，应采取提前预防、预警措施，力争实现将道路塌陷隐患扼杀在萌芽阶段，避免道路塌陷事故的发生。

（一）道路塌陷隐患防治现状

城市道路病害埋深较浅，基本仅在地下数米之内，目前基于超宽带雷达理论形成的探地雷达技术，是城市道路塌陷隐患普查防治的有效手段。探地雷达具有使用灵活方便、抗外部环境干扰、探测效率高、分辨率高、成本低等优势[③]，国内部分企业和科研

---

① 刘春明：《城市道路塌陷成因分析与对策》，《城市勘测》2018年第A01期，第184—187页。
② 童景盛、李菊红、周志华：《城市道路塌陷成因分析及精细化预防处理措施》，《城市道桥与防洪》2021年第2期，第29—33页。
③ 陈艳：《城市道路塌陷隐患防治理念及技术》，《市政设施管理》2019年第4期，第20—22页。

院所研发了基于探地雷达原理的道路空洞探测系统在多个城市开展应用，针对城市人流密集、地下管线分布复杂等重点道路进行道路塌陷隐患探测。2016年G20峰会、2017年青岛上合峰会、2017年厦门金砖峰会、2018年首届中国国际进口博览会、2019年北京70周年国庆阅兵等重大会议、活动前夕，均采用探地雷达技术对周边重点路段进行道路安全隐患检测，有效保障期间的道路安全。

（二）城市道路塌陷隐患防治仍存在不足

道路是城市的"血管"，城市道路安全是社会和谐发展、民生稳定的重中之重，城市道路塌陷隐患的管控势在必行。然而，时下隐患防治暴露出较多薄弱环节：

一是施工设计管理仍有待优化。城市发展须和地上地下空间实际情况有效结合，合理安排工期和施工顺序，智能模拟优化施工地点、规模和实施方案，而施工过程中材料的检验、车辆载货量的限制、各工程环节的管控、竣工的检测等方面尚无法进行全面有效严格地监管[1]，规划建设和安全管理仍存在短板，新型城市市政设施建设和改造有待新技术的应用落地。

二是现阶段技术能力仍有待突破。我国道路的地质信息较为复杂，现阶段探测设备以探测雷达为主，体型较大、使用不便捷，探测准确度受探测技术限制，不能与具体的道路使用需求相结合，硬件缺乏友好性，实际生活场景化的应用还有待进行深层次开发；而另一种管道内窥检测技术则只能检测地下管道渗漏问题，且容易受到管道内水蒸气影响，难以发现较小的破损。

三是应用智能化水平仍有待提高。大量的数据在检测扫描后缺乏智能的、专用的、快速的图谱识别、处理软件，在数据解译环节依赖人工，无法从海量复杂的信号中快速、准确地识别出全部不明显的地下灾害体；而在工程建设阶段，管线、管位以及地下建筑的布设精细化及施工监管的强化也需要第五代移动通信技术、物联网、人工智能、大数据、虚拟现实、云计算等技术的参与，在控制成本的情况下提升数字化、智能化水平和运行效率。

---

[1] 王军：《市政道路常见质量问题与质量控制研究》，《中华建设》2020年第10期，第172—173页。

四是数据运用系统仍有待完善。城市道路的人流、车流稠密程度、气象变化、施工进程、管道检测、地质变化等相关数据无法实现完整、动态的多元和多源数据采集汇集共享分析，无法通过针对性的数据进行风险模拟以及科学准确的预防性养护；在塌陷发生后，也无法根据实时现场数据形成全面的数学模型以提供估灾救灾应急方案和灾后影响范围评估、损失分析、修复规划等内容。

五是道路隐患防治尚未动态化。目前针对道路病害的探测包括地下管线定期检测等已开始纳入常态化检测范围，但对于不同的检测需求所设计的不同方案还需实践的检验和完善，而且受施工、降水、交通运行、地质变化等动态因素影响，探测数据无法实现对地面地下从被动到主动、从信息化到智慧化的动态掌控，不能满足提前预警预防的检测需求。

三、运用数字化手段防治上海城市道路隐患的对策建议

数字化治理水平已成为城市能级和核心竞争力的重要体现。自 2010 年上海首次提出"创建面向未来的智慧城市"战略以来，数字化正以不可逆转之势，影响改变着这座城市的方方面面，尤其是上海基础设施覆盖及应用始终居于全国前列，上海有能力也应当成为国内城市道路塌陷隐患数字化防治的排头兵。

随着 2020 年 12 月 30 日国家住房和城乡建设部《关于加强城市地下市政基础设施建设的指导意见》（建城〔2020〕111 号）的发布，全国各省市对道路隐患排查防治工程的效率效果有着迫切需求。上海亟需探索数字化技术研发和应用落地，以数字化场景牵引技术创新，面向道路管养与城市应急管理工作的实际需求，从保障行人和通行车辆安全的根本目标出发，为上海市高速公路、快速路和城市道路构建"通勤式"路面塌陷风险隐患感知排查与风险管控体系，构筑数字化城市道路安全防线。相关专家建议：

（一）强化跨部门的全过程风控体系建设

一是应构建由主管部门统筹规划、相关部门资源整合统一调配的综合管理责任体系，以及由相关社会组织、舆论等组成的社会监督体系。完善应急管理处理机制，落实风险模拟的应急措施预演和安全教育，加快设施的更新换代以及隐患治理，加强地上地下工程施工合理部署、质量监管、道路设施日常维护以及地下管道和路基空洞的非开挖修复。

二是应建立基础设施巡检体系，对道路结构状态进行"覆盖式"定期探知，实现道路设施的全面体检以及隐患检测重点诊断，识别高风险建筑与区域。完善数据库及信息系统的建设，通过后端智能分析方法对探测结果进行分析，掌握前兆信息，实现对路面结构非正常演变的提前预警。

三是应实现包括社交媒体在内的现场数据信息收集，实时数据的快速处理分析、风险识别，确定救灾优先级，形成有效政府决策以及现场响应，多部门协作保障应急技术在塌陷区域的实施落地，并做好事故损失分析以及重建规划。

（二）推进道路安全风控的数字化技术及系统方案开发

一是在保证探测精度和深度的前提下，突破新型探地雷达小型化设计；新型基于超宽带天线理论，采用蝶形、细棒形或细导线形天线等技术。

二是结合探地雷达与公用通勤车辆（道路养护车等）各自的特点，突破两者整合技术。研究公用通勤车辆搭载探地雷达时，如何避免车体结构、通行安全对雷达安装和使用的影响。结合边缘计算技术、5G 通信技术，实现公用通勤车辆常态作业条件下的变速率地面信息动态采集、车载本体局地化数据分析、高速率数据上传与远程交互等功能。

三是以典型路段为依托，研究制定基于感知排查数据的道路风险管控体系，形成针对典型路段和特殊区域的路面塌陷数字化风险侦测研判、预警预防、应急管控和善后处置预案。通过与道路养护和权属管理工作需求的深度融合，探索跨部门、跨行业"自然思维"向"机器思维"转化的可行性，完善面向多地域、多地形、多气候条件的"迁移学习"式路面风险管控技术体系。

四是运用 VR/AR、大数据、人工智能、云平台等技术，提升城市道路工程设计水准，合理部署施工方案，加强材料及施工过程的质量控制，推动数字化应用落地。

（三）优化全市层面的一体化云端数据平台

一是依托全市"一网通管"的平台优势，以"云—边—端"分布式架构为支撑，打通不同系统间的信息壁垒，总成城市道路安全云端一体化大数据平台，辅助相关部门、专家进行策略制定。

二是打造道路安全物联网终端，推动常态化建筑工程测量、地表结构变化、道路损毁情况的实时高精度自动化感知监控，集成应急物资配置、建设计划、过往事故、地质变动、建筑特征、交通情况、工程实施、运行维护等数据的道路相关数据库，实现道路施工、形变、位移等信息的实时动态数据精准采集、趋势分析、异常预警、沟通共享，形成科学的监测、评估、情景分析以及重建模拟。

运用区块链开展上海金融科技创新监管试点的对策建议

编者按：英国智库 Z/Yen 集团发布第 28 期全球金融中心指数（GFCI 28），上海首次跻身全球前三甲。提升上海金融科技的创新和服务能级，是持续深入推进上海国际金融中心建设的新时代内涵，是加快上海国际金融中心与科技创新中心联动发展的重要着力点，是强化长三角金融科技创新引领的关键突破口。上海需牢牢把握基础技术和新兴产业发展新趋势，积极抢占金融科技发展制高点，加快推动区块链技术应用，做好风险管控，不断凸显上海国际金融中心的全球影响力、竞争力和显示度。

金融科技（Fintech）是新兴技术驱动的金融创新，是新时代推动金融高质量发展的有力抓手。区块链等新一代信息技术赋能金融领域后，将大幅提升金融服务效率，不断降低服务成本，但其具有开放性、互联互通性、科技含量更高的特征，潜在的系统性、周期性风险也更加复杂，不易及时被监管识别，金融风险将更加隐蔽。在鼓励创新和防范风险之间如何达到平衡，结合区块链技术的金融科技创新监管试点将成为一项有力工具，让创新在指定区域和范围内即时开展，提高创新开发能力，也能将风险保持在可控范围内，降低创新的风险性。

据《2019 上海区块链技术与应用白皮书》统计数据显示，截至 2019 年 8 月，上海的区块链研发企业数量已超过 300 家，设立了上海临港区块链产业发展联盟等一批联盟组织及服务机构。在食品追溯与安全保障、保险市场的创新和壮大、社会信用体系完善及优化、医疗健康数据安全与共享等方面开展了区块链示范应用，取得了较好成效。国外在应用区块链技术探索金融科技方面卓有成效，国内相关省市也在加快试点探索。

一、各国金融科技"监管沙盒"创新实践

部分国家已经开始尝试推出鼓励金融科技创新的规划和安排，主要包括创新中心模式（Innovation Hub）、"监管沙盒"模式（Regulatory Sandbox）、创新加速器模式（Innovation Accelerator）等。[①] 目前全球范围内已有 18 个国家或地区已经实施或者正在建立符合本地金融创新需要的"监管沙盒"。其中，英国、新加坡、澳大利亚、中国香港等国家和地区的运作相对成熟，并取得了一定的成效。

（一）英国

截至 2020 年 7 月，英国金融行为监管局（FCA）已经先后 6 批为 139 家区块链和分布式账本技术相关公司提供了"监管沙盒"服务。

评估标准。要求企业具备创新的产品或服务，能够解决当前金融业的瓶颈或能够支持金融业务的发展；产品或服务显著异于传统的金融业务；能够为消费者和社会创造价值；金融科技企业具备明确的发展目标和发展规划；企业具备社会责任感，具有强烈的合规性和自律性。

申请流程。企业申请进入"监管沙盒"进行测试，FCA 对企业进行评估并给出结果。若申请获批，FCA 与企业协商制定测试方法，随后企业开始进行沙盒测试，FCA 根据测试结果决定企业是否将产品或服务投入市场。

---

① 张景智：《"监管沙盒"的国际模式和中国内地的发展路径》，载《金融监管研究》2017 年第 5 期，第 22—35 页。

退出机制。在筛选条件合格的前提下，FCA 允许参与实验的企业向客户推出创新产品和服务，测试期一般为 3—6 个月。一旦达到规定好的测试时间，企业将退出沙盒测试。

（二）新加坡

新加坡财政部（MAS）于 2016 年 6 月提出了"监管沙盒"机制，允许传统金融机构和初创企业在既定的"安全区域"内试验新产品、新服务和新模式。同时，监管部门依托"试验结果"修改和提出新的监管制度。

评估标准。要求企业具备实施和推广金融科技解决方案的能力，具有切实的技术创新性且能够解决当前重大问题或为消费者和行业带来益处，实时向金融管理局（MAS）汇报测试进程和测试结果，具有可接受的退出和过渡策略来终止创新业务。对于类似旧的技术、尚未测试的技术、可另外试验而没必要进入"监管沙盒"、没有推广意图的四类项目，无法进入"监管沙盒"中。

申请流程。企业向 MAS 提交申请及技术说明等文件，经过审核后，MAS 将在 21 个工作日内给予回复。对适合的项目进行评估和测试，根据评估结果来决定是否进入"监管沙盒"。

退出机制。"监管沙盒"是有时间限制的，一旦达到规定好的测试时间，MAS 所规定的任何法律和监管规则将同步到期，企业将退出沙盒。如果企业因为特定原因需要延期的，可以在监管期结束前向 MAS 提出申请并说明理由。另外，如果企业在"监管沙盒"期间的测试结果非常满意，企业在退出沙盒后将继续享有更大范围内部署相关技术的解决方案的权利。

（三）澳大利亚

澳大利亚联邦政府 2016 年 3 月发布声明表示，将批准澳大利亚证券和投资委员会（the Australian Securities and Investment Commission，ASIC）成立"监管沙盒"机制，使处于试验阶段的金融科技公司能够更好地应对监管风险，从而降低上市的成本。

评估标准。公司需要满足消费者保护条例的要求；公司客户的风险敞口在 500 万澳元以内；支付类金融科技公司需得到银行的支持；公司需要满足消费者保护条例的要求；服务的零售客户人数在 100 人之内；同时达到金融科技公司许可证豁免要求的企业可以单独申请豁免。但是此次豁免不包括网络贷款等公司。

申请流程。从事测试类产品的经营之前，企业须向 ASIC 备案，经 ASIC 审查合格后，企业无需持有金融服务或信贷许可证即可测试特定业务。

退出机制。测试类产品的试运行期为 12 个月，对一些特殊项目，允许有关企业申请延期，最长可申请 12 个月的延期并且接受测试的零售客户人数可扩展到 200 人，达到规定试运营期，ASIC 根据测试结果决定产品是否正式投入。

（四）对国内和上海的启示

一是各国"监管沙盒"工具均与立法推进相互配合、兼顾鼓励创新和防范风险；二是突出金融消费者权益保护；三是重视信息反馈机制、适时调整规则等。但在具体操作中，需理论联系实际，结合国内整体及各地区的发展特点，提出与之相适应的金融科技监管道路，切不可盲目硬搬照抄。

二、国内区块链技术在金融科技创新监管的试点探索

截至 2020 年 8 月，北京、上海、重庆、深圳、雄安、杭州、苏州、成都、广州九市（区）纳入金融科技创新监管试点已全部落地，90 多家金融机构和科技公司以单独申报或联合申报的方式，产生 60 个项目进入"监管沙盒"测试。其中，上海发布的首批 8 个金融科技"监管沙盒"应用名单，涵盖中小微企业融资服务、区块链融资服务、风险协同共享产品等，一半应用类型为金融服务，另一半为科技产品。有 4 个项目的核心环节涉及区块链技术。

国内金融科技监管试点的特点[1]：一是必须以持牌金融机构作为主体，非持牌机构只能与持牌机构合作才能"入盒"。二是侧重中小微企业服务。更多关注用大数据、区块链、人工智能等技术纾解小微民营企业融资难融资贵、普惠金融"最后一公里"等痛点难点，在疫情期间还承担了助力疫情防控和复工复产的使命。三是公布格式基本定

---

[1] 龚浩川：《金融科技创新的容错监管制度——基于监管沙盒与金融试点的比较》，载《证券法苑》2017 年第 3 期，第 179—208 页。

型。以最初北京试点模式为蓝本，创新应用说明书包含创新应用功能、预期效果、预期规模、服务渠道、服务实践、风险补偿机制、退出机制、应急预案等条目。

目前国内推进的金融科技创新监管试点，"产业沙盒"（指由行业自身成立设虚拟测试环境，产业通用，可以用来验证创新构想与概念）仍由监管部门主导，行使制度监管的职能。如，制定沙盒业务的流程和各项技术标准，并需要对测试项目给出评定意见。随着技术的不断迭代、融合创新以及商业逻辑的延伸，"监管沙盒"将面临更多挑战。

三、区块链技术助力上海金融科技创新监管试点相关对策建议

区块链作为一种技术集成创新，在促进数据共享、提高协同效率、建设可信体系等方面确实具有突出的优势，在金融领域确实具有很好的应用场景，已经成为金融科技的重要底层技术。

（一）建立跨部门、跨地区、跨层级的长三角金融科技公共数据融合和监管信息共享机制

为了提升长三角金融服务创新水平，在国家金融科技监管基本规则框架下，要逐步推动长三角地区金融科技监管标准统一与监管信息共享。建议：一是依托上海市大数据中心等平台，按国家金融治理体系和治理能力现代化的要求，综合地运用人工智能、大数据、区块链、应用程序编程接口等前沿技术，依法合规地建立长三角跨部门、跨地区、跨层级的公共数据融合和监管信息共享机制。二是对机构监管、分业分段监管、事前准入监管的传统监管模式进行适应性的调整优化，持续优化，逐步地实现规则数字化翻译、数据实时化采集、风险智能化分析、结果可视化呈现等监管科技功能，协助长三角监管部门在防控金融风险，特别是系统性金融风险方面能够更为主动、更加有效。三是组建长三角金融科技专家委员会，加强与三省一市有关管理部门和其他金融监管部门的沟通协调，建立健全长三角金融科技创新规范及监管规则，有效提升长三角金融科技监管协同效能。

（二）进一步创新优化上海金融科技创新监管试点制度

借鉴国际上关于"监管沙盒"的理念和经验，发挥上海自贸区临港新片区先行先

试优势，统筹监管与服务的关系，进一步创新优化既能守住安全底线，又能包容创新的具有中国特色的上海金融科技创新监管制度。建议：一是金融科技创新中能否为顾客和市场带来效益，仍属于商业预判，在一定程度上还存在主观性，需要引入透明化、科学化、系统化、客观化的测试评估工具。通过引入区块链技术，测试报告在链上发布，保证产业主管部门、监管部门、"产业沙盒"运营方（专门沙盒公司和基金）、测试企业，甚至更多参与方同时收到测试报告，避免作弊情况出现。二是建立完备的、可追溯的项目数据库，确保沙盒测试结果的准确性。通过利用区块链技术改造"监管沙盒"，底层设立监管节点的角色，在关键节点进行监管，一旦发现问题，可以利用区块链技术的特点，一步一步往上回溯追踪。三是及时更新知识库和人才储备，促进流程和制度需要不断迭代。面对上海供应链金融、贸易融资、市场证券化等存在多方交易且信任基础较弱的特定场景中有争议的项目，及时更新知识库和人才储备后的沙盒测试能准确判断其是否有技术创新，并能进行高效率的甄别。

（三）凝聚各类主体合力，打造上海金融科技生态合作圈

金融科技基础是数据资产，其具有分散性，且带有隐私性，需明确各类主体工作职责，打造金融科技生态圈需包含政府、产业、行业机构、高校和科研机构、协会联盟等各个主体，促进生态体系平衡发展。建议：一是产业主管部门积极联动监管部门，引导各类主体高效、合理、规范地使用数据资产，更多的是引导和监管。二是企业作为产业基础创新主体，积极推动大数据、人工智能、区块链、5G等新兴技术深入研发攻关，深化芯片、算法、云计算等基础技术攻关，在国内既定的法律法规框架内锐意创新，尽快转化为产业化解决方案。三是银行、保险等行业机构应持有开放的心态，在做好风控的前提下，积极与非持牌机构、外资机构等多种类型企业进行合作，形成一定区域性示范案例模式，继而长三角复制推广。四是推动协会、联盟积极关注和参与"监管沙盒"细节标准制定。打造上海金融科技生态合作圈，使上海成为金融科技的技术研发高地、创新应用高地、产业集聚高地、人才汇集高地、标准形成高地和监管创新试验区，成为金融科技"链主型"企业、高层次人才、头部资本配置的首选地。

以城市治理数字化转型为契机，加快上海智慧社区建设

编者按：社区作为政府治理和社会调节、居民自治进行良性互动的平台，是一个城市的神经末梢。智慧社区建设是破解超大城市精细化管理的必经之路，提升民生服务质量和效率的重要途径。疫情期间，智慧社区建设的积极作用得到实战检验。结合美国、欧洲、新加坡、日本等主要发达国家及国内主要地区的建设经验，未来上海可通过智慧社区建设，开放社区应用场景，积极应用新技术、新产品，积极探索市场化的运营模式；加快推进"上海社会治理主题数据库"建设；依托社区云，打通"人民城市"神经末梢。

一、城市治理离不开智慧社区的支撑

（一）破解超大城市精细化管理的必经之路

社区作为城市治理的基本单元，是城市治理的"最后一公里"。通过对智慧社区的打造、发展、落实、实施，以精准化服务、精细化管理、精致化生活为导向，借助数字

化、信息化、互联网的手段发布和传递，可进一步加快电子政务向社区推进，提高政府办事效率和服务能力，不断提升城市治理体系和治理能力现代化水平。因此，智慧社区的建设对政府打造信息畅通、管理有序、服务完善、民生与人际关系和谐的现代化社区，破解超大城市精细化管理具有重要意义。

（二）提升民生服务质量和效率的重要途径

习近平总书记2019年考察上海时，提出"人民城市人民建，人民城市为人民"重要理念，并强调在城市建设中，充分体现以人为本、服务民生。通过智慧社区的建设和应用，以物联网、大数据、5G、人工智能、云计算等信息技术为手段，一方面通过提升智能化管理水平来提高居民的满意度，另一方面通过智能化管理实现人工维护成本的降低。充分利用社区场景下的人、事、地、物、情、组织等多种数据资源，提升社区管理与服务的科学化、智能化、精细化水平，提升人们安全和生活质量的同时，为人们提供更多智能化和便捷化的生活服务。

（三）智慧社区建设的积极作用得到实战检验

疫情期间，从全民参与的口罩预约登记，到贯穿始终的人员登记排摸，以及各种便民服务措施，各式各样的智慧化手段在守牢社区这道关键防线中发挥了积极作用，增强了社区防控的精准性、有效性。2020年两会期间全国人大代表、上海市居村协会会长朱国萍表示，在本次疫情防控当中，上海不少社区都引入了"云开会""小程序扫一扫""智能呼叫平台"等智能化手段，也推出了远程视频办理临时身份证等惠民实事，让老百姓不出门就能网上办事，十分方便高效。她认为，一方面，基层智能化治理是未来发展趋势；另一方面，在数字化防疫的同时，也需要牢牢扎紧信息安全的"篱笆"，切实加强个人信息保护。

二、国内外智慧社区建设的经验和做法

（一）典型发达国家的经验

1. 美国经验：市场力量驱动，政策逐步完善。美国智慧社区建设最初是由 IBM 在2009年发起的通过在居民家中安装智能水表、电表等设备，帮助居民实时监测并调整家庭

用水、用电情况。在 IBM 之后，思科、微软等公司陆续加入为智慧社区提供解决方案的行列，智慧社区建设逐渐深入。2015 年上升至国家战略层面，美国联邦政府发布了《白宫智慧城市行动倡议》，网络与信息技术研究与发展机构（NITRD）发布《智慧社区互联框架》等。[①] 在国家政策的指引下，地方政府也开始陆续进行从促进经济发展、完善信息基础设施、引入高校和科研机构支持、实现绿色可继续发展等方面推进本市智慧社区建设。

2. 欧洲经验：注重公民参与，因地制宜，试点先行。欧盟在拟定"智慧城市和社区倡议"时，通过在官网广泛征求公众意见的形式推进；德国慕尼黑在智慧社区建设时成立了智慧社区实验室，以便于让公民参与智慧社区的规划的全过程；巴塞罗那在试点社区进行智慧社区时，专门成立了相应的公民组织以便于相互交流、推动创新。此外欧盟还提倡"因地制宜、试点先行"的建设理念，选取 2—3 个社区进行试点，并根据不同社区的特点开展各有特色的智慧社区建设，积累一定经验后再在其他社区和城市推广。

3. 新加坡经验：前瞻布局，注重顶层设计。新加坡政府很注重信息化建设，在智慧社区建设兴起之前，政府已经制定了一系列的政策推进国家信息化建设，如智慧国 2015，智慧国 2025。在上述国家战略的引领下，新加坡的建屋发展局（HDB）积极鼓励各类信息技术运用至城镇和房地产建设中，发布的"智慧市镇框架"中包含了智慧规划、智慧环境、智慧住宅、智慧生活四个领域，并在智慧社区建设中具体落实。[②]

4. 日本经验：政企联手共建。日本智慧社区建设多由企业与政府联合推进，其中政府的角色是进行总体规划，企业则负责具体落实和推进。为了加强政府和企业在智慧社区方面的信息沟通与合作，还成立了日本智慧社区联盟（JSCA）。此外日本也遵循试点先行的推进模式，在不断的实践中逐步总结经验，形成各有特色的智慧社区。

（二）国内主要地区的做法

1. 上海：社区新基建，联合多部门合力共推。上海新发布的《社区新型基础设施建设行动计划》中，提出开展数字底座建设、应用场景拓展、应急管理强化、规范管理提

[①] 李德智、王晶晶、沈思思：《典型发达国家智慧社区的建设经验及其启示》，载《建筑经济》2017
    年第 11 期，第 83—86 页。
[②] 同上。

升、支持体系优化"五大行动"。目标到 2022 年，人工智能、物联网、大数据等新技术全面融入社区生活，社区新型基础设施建设不断夯实，运营服务体系日益完善，智慧社区支持体系更加优化，社区治理更加智慧，社区生活更有品质。同时提出将更新《上海市智慧社区建设指南》，加强智慧社区建设指导。

2. 浙江：从特色小镇到未来社区。2015 年浙江率先提出发展"特色小镇"的概念，以引导特色产业发展为核心，通过产城融合，将智慧科技融入特色城镇建设。2019 年浙江针对中心城区又提出了"未来社区"的发展概念，突出人本化、生态化、数字化，构建以未来邻里、教育、健康、创业、建筑、交通、低碳、服务和治理等九大场景创新为重点的集成系统。

三、对上海智慧社区建设的对策建议

（一）开放场景，积极探索市场化的运营模式

打破传统的智慧社区建设模式，开放智慧社区的应用场景，吸引新兴的科技企业参与智慧社区的建设中，探索政府少投入或不投入，服务收费的市场化运作模式。在积极引进各类智能化设备给居民提供便民服务的同时，建立优胜劣汰的退出机制，将难以为继、与居民需求不匹配的设施或者服务定期移除，实现智慧社区的服务与居民需求的动态调整。

（二）加快推进"上海社会治理主题数据库"建设

依托统一数据规划，在社区云中建设社区主题数据库，围绕"人、房、户"三类基础信息，为基层提供管理和服务所需的数据。完善社区治理数据采集、共享交换、比对更新、分级应用、安全保障等机制，优化数据更新机制和更新流程，形成闭环，为街镇提供精准的人房户的信息。同时依托区级电子政务云，建立街镇级自建信息化业务系统上云机制，将系统应用部署、数据存储到政务云上，节约建设运行成本、保障公民隐私数据安全。

（三）依托社区云，打通服务群众"最后一公里"

将社区建设成一个联系紧密的社区治理共同体，是"人民城市"最直观的体现。精

准掌握社区民生服务需求，将其作为构建为民服务体系的重要载体，将社区云平台打造成为多元主体参与社区管理的共治平台、满足群众需求的服务平台，在打通服务群众"最后一公里"中不断增强居民群众的获得感、幸福感和安全感。借助社区云、小程序等多种渠道，加强社区工作者与居民的信息沟通，提高居民对智慧社区建设的参与的积极性，不断引导和培养居民参与社区共治的习惯，有效提高社区居民和社区工作者之间的和谐感、信赖感和归属感，迸发出人人感知的强烈的社区精神。

创新上海重大产业项目落地管理机制的对策建议

　　编者按：重大产业项目是落实"六稳""六保"任务，稳增长的"压舱石"，保障经济发展的"生命线"，是壮大新动能的"助推器"，是实现高质量发展的"主引擎"，更是参与新一轮区域竞争的"入场券"。其投资规模大、拉动力强、附加值高，对经济发展具有明显的推动作用，因而成为各地招商引资的重点对象。2020年新冠疫情的全球蔓延影响对"十四五"规划时期我国经济和社会发展带来了巨大挑战。面对新形势、新任务、新挑战，上海重大产业项目落地管理机制亟待加快创新。

　　产业项目落地管理是政府出于某种目的（如经济增长、结构优化、竞争力的提升、资源配置效率的改进以及可持续发展等）而对产业、企业、要素等实施的干预（如引导、鼓励、支持、协调、促进或限制等行为）。[1]

---

① 魏际刚：《新时期中国产业政策调整思路》，https://baijiahao.baidu.com/s?id=1608804592558212761（"百度"，写作时间：2018.08.15，访问时间：2021.04.15）。

重大产业项目是经遴选认定的符合国家、省、市产业发展导向、产业政策、环境保护等要求，对区域经济社会发展具有重大影响和带动作用，投资总额较大，投资强度或年产出比较强，具有较好财政效益，具有一定科技创新水平，具有较低的能耗排放的新引进重大产业项目（或现有企业增资项目）。按建设阶段分为重大建设项目、重大前期项目、重大储备项目等；按行业类别分为战略性新兴产业、先进制造业和优势传统产业、现代服务业等；按资金来源分为政府投资项目、社会投资项目等。

一、上海推动重大产业项目落地的现状分析

工业投资持续保持两位数以上增长。2020年上半年，工业投资同比增长15.0%，其中制造业同比增速达20.1%，一连10个季度两位数以上增长。截至2020年3月底，上海累计引进外商实际投资2642亿美元，一季度上海实到外资46.69亿美元，同比增长4.5%，累计引进跨国公司地区总部730家、研发中心466家，是内地跨国公司地区总部和外资研发中心数量最多的城市。

持续深化推进建筑许可营商环境3.0版改革。2017年以来，市住建委推动了为期两轮的建筑许可营商环境专项改革。2020年1月，上海发布了建筑许可对标世行营商环境3.0版改革方案以及相关配套政策，重点聚焦社会投资产业类项目，对标世界先进经济体的核心理念，依托线上"一个系统"（即市政府"一网通办"下的上海市工程建设项目审批管理系统）和线下"一个中心"（即市、区两级社会投资项目审批审查中心），持续优化审批流程、整合办理环节、降低办理成本，进一步减环节、减时间、减费用、提质量。

创新重大产业项目落地配套改革措施。通过"减、并、放、转、调"等方式，实施一站式申请并办理施工许可（即整合建设工程规划许可证、施工许可证及同步推送供排水接入申请为一个环节）和一站式申请并办理综合竣工验收及不动产登记（即整合建设管理部门的质量安全验收、规划自然资源部门的空间资源验收和不动产登记，推行"验登合一"）。同时，针对1万平方米以下的产业项目，取消建设单位委托的施工图设计文件审查，改为政府审批发证后的监督检查，此外，政府还承担了此类项目的工程勘察、工程监理等委托费用，进一步减税降负。目前，全市减免相关费用的获益项目数共418个。

优化产业项目开、竣工协调推进机制。为加快推进本市产业项目建设和竣工验收，

市住房城乡建设管理委会同市经济信息化委联合印发了《关于进一步加快协调推进本市产业项目建设和竣工验收的通知》，建立健全上海产业项目推进工作机制，每年一季度定期发布年内确保开工和确保竣工验收的"两个一批"产业项目清单，对清单所列项目，市、区相关审批部门作为重点服务推进项目，加大统筹力度，确保早开工、早竣工、早投产、早见效。在项目审批方面，对占用大量时间的评估评审等"隐性事项"进一步优化，推动特斯拉审批创新经验。

二、国内相关省市重大产业项目落地的经验借鉴 [①]

（一）武汉：省市区联动破解重大项目落地难

以武汉市四大国家级产业基地为例，投资总额约216亿元作为国家网安基地核心产业项目的中金武汉超算中心仅用120天就建成了国内最大的集装箱数据中心，率先开展业务；国家存储器基地项目，仅用80天就完成了项目拆迁、输油输气管线迁改和大部分厂区场平工作，从开工一期厂房封顶，仅用9个月，刷新武汉速度。这一成绩的取得，得益于武汉在重大项目的招商、落地、运营等三大环节，充分发挥省市区三级联动机制，提前谋划，大力度招商，破解了一系列项目落地难题。

案例分析：

京东方项目总投资为460亿元（加上配套项目投资总额预计超过700亿元）。2014年武汉市临空港经开区曾多次争取京东方8.5代线液晶生产线项目落地，可惜"功亏一篑"。但该区招商团队4年来始终坚持与京东方负责人保持联系，经常去总部拜访，双方建立了良好的互动关系。2016年湖北省长江产业基金成立专业团队并加入与京东方的洽谈。在洽谈过程中，武汉市、东西湖区两级政府提供土地、政策、税收等支持，省级基金提供建设资金，降低融资成本，分担项目风险，在这三级联动的模式下项目最终顺利签约。

（二）深圳："先建后验"模式促项目"落地开花"

受审批、用地等要素制约，项目落地难一度成为产业项目落地的主要难题。对此，

---

① 徐丽君：《当前制约青岛市重大项目落地问题研究及对策建议》，载《中国经贸导刊》2020年第3期，第106—109页。

深圳市大胆探索"先建后验"模式，在肇庆高新区、肇庆新区探索项目直接落地改革，以破解项目落地瓶颈制约为重点，变投资项目"先批后建"为"先建后验"，实现投资项目"直接落地"。

案例分析：

深圳市肇庆高新区选取了万洋众创城作为试点项目，该项目投资方取得土地后递交了"用地规划许可""土地成交确认书""企业承诺书""桩基施工图图审单位盖章件"即开始了全面施工，相关审批文件只要在 6 个月之内补齐即可，项目建设周期至少可以缩短 2 个月。

（三）成都：瞄准目标，专班招商咬定目标不放松

瞄准一个核心大项目，成立一个班子团队的全程跟进，紧盯项目每个环节。成都经开区"专班招商"的方式，落实项目区级负责人、部门负责人、科室负责人，确保各个负责人在掌握企业和项目特点的基础上，做好项目洽谈、签约及落地全程服务。

案例分析：

成都经开区经过调研，了解一汽大众布局 EBO 新品牌车型计划后，特别设立了由"内行人"组建的招商专班，经过对一汽集团认真调研分析，在硬件配备、团队组建、运作模式上与一汽大众接轨，每个月往返长春进行多轮接触谈判，最终该项目成功落户成都。

三、创新上海推动重大产业项目落地管理机制的对策建议

（一）分类管理，精准施策

1. 落实国家重大战略的产业项目

围绕"3+6"产业体系，聚焦集成电路、人工智能、生物医药、电子信息、汽车、重大装备、先进材料、生命健康、时尚消费品等关键核心领域，精挑细选出一批极具代表性项目，由国家主导，地方政府主导给予要素资源支持，推进落实、重点产业发展布局以及一批核心技术和"卡脖子"问题的突破解决，推动一批具有代表性的央地合作项目。

加大财政直补力度、赋能国有企业、用好用活地方债、用好银行资金、创新使用产业基金等举措，不断加大重大产业化项目建设资金支持力度。建立落实国家重大战略的产业项目用地全市统筹制度，开辟产业项目用地绿色通道，提高用地审批效率等一系列

举措，提高土地要素资源配置效率，优化土地供给结构，强化产业项目用地保障。

2. 鼓励民间资本参与产业技术突破及补短板项目

建立健全促进民间投资健康发展工作机制，及时研究解决制约民间投资发展的突出问题。破除民间资本进入重点领域的隐性障碍，取消、减少各类阻碍民间投资的不合理附加条件。通过建立民营企业贷款风险补偿机制、开展"银税互动"等多种方式，加大对民营企业融资支持力度。赋予民间资本参与产业技术突破及补短板项目企业用人评价权，支持头部企业举荐人才入选重大人才项目，为总部企业、重大招商引资项目给予人才公寓支持和子女入园入学便利。

（二）找准靶点，精准施策

1. 建立重大项目前期评估机制，增强规划协同

根据各区资源禀赋、产业发展等情况，按照"统一规划、成片布局、整合资源、拓展空间"的要求，加强市级引导和统筹，科学规划各区产业布局，明确各区产业发展定位，并根据产业特点及其对环境承载力、市政基础设施、公共服务设施和对外交通网络等方面的具体需求，提前谋划布局本市重点产业项目的战略承载区，划定战略预留区域，为重大产业项目提前储备土地。

明确区域产业导向的基础上，充分考虑产业发展特征和趋势，按照适度超前的原则，进一步增强产业、环境、河道、市政等专业规划与城乡规划、土地利用总体规划、国民经济和社会发展规划的协调性和一致性，形成全市统一的规划空间"一张图"，加强规划的产业导向，避免重大产业项目拿地过程中的多项规划冲突问题。

推动园区加强对存量工业用地二次开发的规划与统筹，尽快编制完善工业用地二次开发的年度实施计划，对可挖潜的存量工业用地，结合用地需求、开发潜力、利用条件等，明确存量土地再开发的主要目标和重点区域，制定相应的二次开发方案，引导二次开发有序推进。加快制定出台战略预留区过渡期的实施细则，为区域二次开发提供支撑。

2. 创新机制，开展重大产业项目后评估工作体系研究

一是明确项目后评估工作内容。主要包括项目前期决策评价、项目建设实施过程评价、项目运行情况评价、项目效果和效益评价、项目目标和可持续性评价、项目后评估

结论和主要经验教训等。项目前期决策评价主要是对照项目建议书、可行性研究报告、初步设计概算及其他已批复的文件，重点对规划衔接、项目布局、建设方案、建设规模与标准、资金安排等有关决策事项与项目实际情况进行对比分析与评价，提出相应对策建议。项目实施过程评价主要是对建设计划实施，组织管理，合同执行，投资、质量和进度控制，项目结（决）算，安全生产，竣工验收，档案管理等事项，与国内外同行业项目建设管理水平进行对比分析和评价，提出意见和建议。项目实施效果评价主要是对项目实际运行过程中产生的经济社会效益、生态环境及资源利用等与项目预期目标及项目可持续运行能力进行分析评价，提出建议，促进提高项目综合效益。项目目标和可持续性评价包括项目目标评估、项目可持续性评估。项目后评估结论和主要经验教训包括项目成功度评估、总体评估结论、主要经验教训、项目存在的问题及责任主体、对相关问题追究责任的处理措施建议等。

二是项目后评估相关部门职责。具体包括：筛选确定后评估项目，制订后评估年度计划；选取具有相应资质的工程咨询机构承担后评估业务，监督和指导工程咨询机构开展项目后评估工作；通过后评估工作，总结经验教训，为项目管理、投资决策、规划和政策的制定或调整提供依据；建立后评估信息反馈和发布制度，及时向社会公布后评估结果，对问题严重的项目，提出责任追究建议。项目行业主管部门负责行业项目后评估工作的指导、协调和监督，督促项目业主按要求提交项目自我总结评价报告。项目单位负责做好自我总结评价并配合承担项目后评估任务的工程咨询机构开展相关工作。承担项目后评估任务的工程咨询机构负责按照要求开展项目后评估并提交后评估报告。

依托市级以上企业技术中心骨干作用，提升上海产业创新能力

编者按：企业技术中心是产业技术创新体系的核心力量，企业技术中心的创新能力、效率和运行状态不仅直接影响着企业的发展趋向，而且更能反映一座城市产业高质量发展的水平。近期，上海市经济和信息化发展研究中心根据《2019年全国科技经费投入统计公报》、市级以上企业技术中心2015—2019年快报数据等进行梳理，分析了当前市级以上企业技术中心技术创新能力的状况，并对今后的推进工作提出了相关建议。

一、上海市级以上企业技术中心的优势分析

经过26年的持续推进，上海已拥有88家国家级企业技术中心和640家市级企业技术中心的创新队伍。从行业分布来看，涉及九大重点行业，整车及零部件行业占比15%，机械装备行业占比19%，软件信息服务业占比14%等（见图1）。从各区分布来

看，浦东新区、嘉定区、闵行区的企业技术中心数量较多（见图 2）。

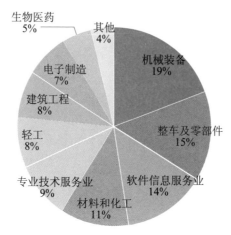

图 1 截至 2019 年上海市市级以上企业技术中心行业分布情况（单位：家）

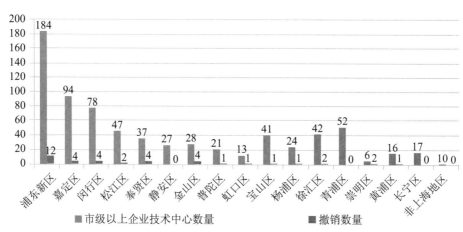

图 2 截至 2019 年上海市各区市级以上企业技术中心分布情况（单位：家）

（一）聚集核心人才，持续鼓励引进集聚

人才是现代经济社会活力的源泉，企业技术中心聚集了一大批高端产业核心人才。截至 2019 年底，市级以上企业技术中心累计拥有国家和上海"海外高层次人才""万人计划"等人才 110 余人，上海市领军人才及上海市青年拔尖人才 228 人，浦江人才、技术带头人 210 余人，首席技师称号 34 人。通过政策引导，持续鼓励企业引进高端创新人才，2018—2019 年落实企业技术中心"人才牵引"专项 69 个，支持专项资金 6800 万元。

（二）落地重大项目，积极开展对外合作

2019年，市级以上企业技术中心承担国家专项791项；承担上海市经济和信息化委研发类项目280项、技改类项目69项、品牌类项目47项。截至2019年年底，市级以上企业技术中心中有189家企业开展对外合作项目，占比26.7%；72家企业开展长三角区域合作项目，占比10.2%。上海市产业科技类重大建设项目中，11个项目由市级以上企业技术中心承担建设。上海微电子装备（集团）股份有限公司"G6高分辨率TFT扫描投影曝光机研制"项目，突破并掌握了大尺寸TFT步进扫描投影光刻机的关键技术；上海联影医疗科技有限公司"CT用大功率X射线管研发及产业化项目"，首次自主研发设计了真空固体润滑轴承，解决了在高温高旋转速度下轴承的低噪音和长寿命问题。

（三）注重技术创新，研发投入逐年递增

2016—2019年期间，市级以上企业技术中心户均研发经费支出及增长速度呈逐年上升趋势。其中，2019年户均研发投入和2018年相比增长9.7%。市级以上企业技术中心户均研发经费占主营业务收入比例为9.33，远高于上海市户均研发经费占主营业务收入比例为4[①]的水平。从境内支出看，2019年，建筑工程业的市级以上企业技术中心对境内研究机构、高等学校户均支出达3733.13万元，整车及零部件产业达3611.10万元。从境外支出看，2019年，汽车产业的市级以上企业技术中心对境外机构、企业户均支出达3910.02万元，电子制造产业达1137.18万元（见图3）。

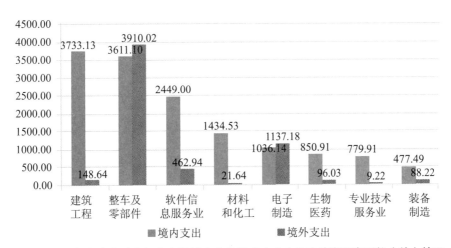

图3　2019年上海市重点行业市级以上企业技术中心户均申请发明专利数（件）情况

---

① 国家统计局、科学技术部和财政部：《2019年全国科技经费投入统计公报》。

二、上海市级以上企业技术中心面临的问题瓶颈

（一）市级以上企业技术中心队伍逐年扩大但增长较慢

据 2016—2019 年数据显示，市级以上企业技术中心队伍每年保持一定比例增长（见图 4），但增长速度有限。主要原因如下：

一是认定门槛较高。市级以上企业技术中心认定由必备指标与绩效指标构成。"一票否决"指标中，有 2 项指标随着科技革命和产业变革已难以满足发展需求。其一，制造业企业主营业务收入需达到 3 亿元，生产性服务业企业达到 2 亿元，导致部分"新物种"领域的创新企业"入门难"。其二，研究开发仪器设备原值需达到 1000 万元，生产性服务业企业需达到 600 万元。[①] 根据调研走访多家新型研发机构（特别是人工智能等生产性服务业企业）发现，部分创新型企业研发投入较大，但研发投入主要集中于开发软件、设计软件、测试软件等方面，研发用软件、服务云租赁费等无形资产购置占比越来越高，且在研发过程中起到关键作用，但该类费用皆无法计入研究开发仪器设备原值。

二是复评不达标。市级以上技术中心每两年需参加一次复评，复评不通过将直接撤销企业技术中心资质。据 2019 年国家级和市级企业技术中心复评结果显示，国家级企业技术中心淘汰了建设路桥 1 家；市级企业技术中心复评淘汰 38 家，其中紫泉标签、天合汽车、众大汽车配件等 5 家企业复评不合格，涉及基础研究和应用研究项目数、国家（国际组织）认证的实验室和检测机构、对外转让或许可的专利、新产品销售收入和利润占主营业务收入、当年发明专利申请等指标评分较低；柘中电气、德韧干巷等 14 家企业未达到认定最低限定性指标；江南长兴、索谷电缆、斐讯通信等 12 家企业整合或者倒闭；一品颜料、福耀玻璃等 6 家企业迁出上海；台资企业联发科软件因母公司的要求主动放弃市级企业技术中心资质。大部分区淘汰企业数量和各区存量成正比。

（二）市级以上企业技术中心研发投入总量上升但增速下滑

2016—2019 年期间，市级以上企业技术中心户均研发经费支出呈逐年上升趋势，但

---

① 上海市经济和信息化委员会：《上海市企业技术中心管理办法》（沪经信法〔2017〕285 号），第四条。

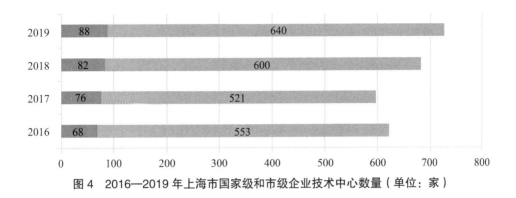

图 4　2016—2019 年上海市国家级和市级企业技术中心数量（单位：家）

增长速度近两年明显下滑（见图 5）。根据行业分类来看，整车及零部件行业和建筑行业企业研发投入较高，其次是电子制造业企业。但是，整车及零部件行业、电子制造业企业户均研发经费投入 2019 年较 2018 年出现下降，尤其后者幅度较大（见图 6）。主要原因如下：

一是市场竞争激烈。如，日月光封装测试（上海）有限公司 2019 年研发投入和 2018 年相比减少三成，主要原因是来自江苏的同行业竞争激烈，订单量减少导致研发投入同比例减少。

二是研发投入调整。如，上海华力微电子有限公司一方面由于生产和研发共线，2019 年订单充足导致研发产能较少；另一方面研发投入逐渐向华力集成电路的生产线转移。上海大唐移动通信设备有限公司 2019 年研发重点主要是 5G 研发，该部分由北京母公司统一支出，导致研发投入减少。

图 5　2016—2019 年上海市市级以上企业技术中心所属单位户均企业研发经费投入和占比情况

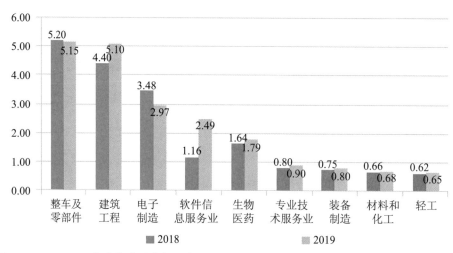

图 6　2018—2019 年上海市重点行业市级以上企业技术中心户均研发经费投入（亿元）情况

（三）知识产权成果逐年增加但 2019 年申请数量有所减少

2016—2019 年期间，市级以上企业技术中心户均拥有全部有效发明专利和国际发明专利数量总体呈上升趋势（见图 7）。从行业分布来看，处于全球化开放性竞争的电子制造业，户均拥有全部有效发明专利和国际发明专利数量远超过其他行业，最具代表性的中芯国际集成电路制造（上海）有限公司拥有有效发明专利 8125 件、国际发明专利 1424 件（见图 7、图 8）。

2019 年期间，市级以上企业技术中心户均申请发明专利为 33.54 件，和 2018 年相比下降 8.11%（见图 9）。从行业分类来看，电子制造业申请发明专利的积极性最高，生物医药行业户均申请发明专利的数量最少（见图 10）。主要原因如下：

生物医药产业研发投入大、研发周期长，专利涉及生物技术药、基因工程药物、疫苗、诊断试剂、微生态制剂、血液制品等技术领域，受起步较晚、投入不足和基础薄弱等影响，本市及国内其他省市与美国、日本等发达国家相比，差距较大。据 IPRdaily 中文网与 incoPat 创新指数研究中心联合发布的 2019 年公开的全球生物医药产业发明专利申请数量统计排名，入榜企业来自 15 个国家或地区，主要分布在美国（45 家）、日本（18 家）、中国（7 家）和德国（7 家）[①]，其中，恒瑞制药排名第 18 位、中国生物制药排

---

① IPRdaily 中文网与 incoPat 创新指数研究中心，2019 年全球生物医药产业发明专利排行榜。

名第 28 位、东阳光药排名第 46 位、药明康德排名第 48 位。

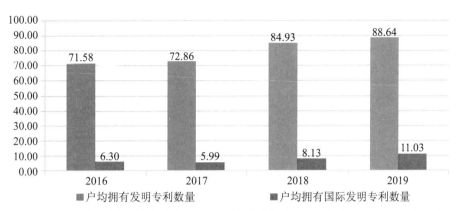

图 7 2016—2019 年上海市市级以上企业技术中心户均拥有全部有效发明专利和国际发明专利数（件）情况

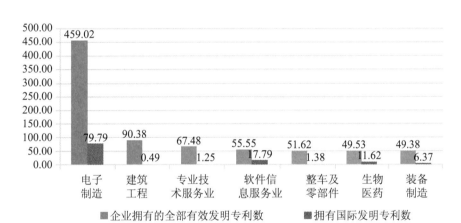

图 8 2019 年上海市重点行业市级以上企业技术中心户均拥有发明专利和国际发明专利数（件）情况

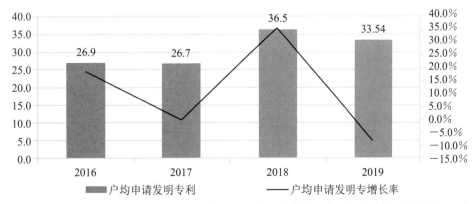

图 9 2016—2019 年上海市市级以上企业技术中心户均申请发明专利数量（件）及增长速度（%）

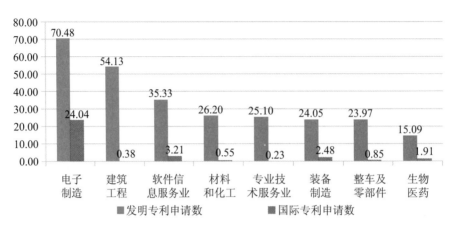

图10　2019年上海市重点行业市级以上企业技术中心户均申请发明专利数（件）情况

三、相关对策建议

2020年9月17日，习近平总书记在湖南企业考察调研时明确指出，"创新是企业经营最重要的品质，也是今后我们爬坡过坎必须要做到的。关键核心技术必须牢牢掌握在我们自己手中，制造业也一定要抓在我们自己手里"。上海拥有规上工业企业8000多家，市级以上企业技术中心单位占比近10%，围绕制造业、生产性服务业等重点领域的发展需求，如何切实有效地激发创新活力，探索创新模式，提高创新效率，打造创新高地，是全面贯彻落实习总书记和党中央交给上海的重大任务，培育强劲活跃的新增长极，形成以国内大循环为主体、国际国内双循环相互促进的新发展格局的重要支撑。

一是以国家级企业技术中心为引领，形成产业基础攻关的主力军。要全面梳理产业基础缺失和短板，形成基础能力提升路线图和推进方案。针对产业发展和产品需求，发挥上海国家级企业技术中心的创新实力，牵头联动科研院所、高等院校和产业链相关环节，从"分阶段、有目标、组团队、建机制、强投入、促应用"着手，通过实施联合创新计划、建立产业研究院或创新中心，持续扎实和系统性地组织攻坚克难，逐步扭转产业基础受制于人的局面。

二是以市级以上企业技术中心为核心，创建对外开放合作的新格局。要密切关注国际产业分工格局重构问题，辩证把握危机与创新的关系，支持上海市级以上企业技术中心紧密跟踪产业技术发展趋势和前瞻性技术研究动向，利用现有的渠道进一步拓展与国外院校、企业的合作，培养造就具有国际视野的技术创新、管理创新团队，努力形成创新链自主掌控能力，促进长三角区域产业链互补联动，不断向产业链高端攀登。

三是以新兴领域的创新企业为目标，培育上海产业创新的发动机。要打破传统政策制度的窠臼，科学把握产业创新的新变化和新特点，深入研究顺应新时代上海制造业高质量发展要求的企业技术中心支持政策。在总体框架下，探索以行业地位、创新能力、创新手段、知识产权、人才集聚为核心指标的评价体系，适量考核规模化效应，并建立多形式共生的企业技术中心认定办法，以破解上海三大先导产业市级以上企业技术中心比重不高的难题。

审慎监管下推动上海金融数字化转型的发展建议

编者按：上海金融数字化转型已经取得显著成效，但仍存在着载体发展不均衡、技术支撑力不充足、数字化转型生态不健全的问题。在监管环境收紧引发金融数字化拐点的背景下，上海面临国际数字之都建设带来的内生需求、数字化转型的发展"窗口期"和金融数字化赋能潜力提升三方面机遇。在新发展环境下，上海应着眼长远，坚持鼓励创新，补齐金融数字化的发展短板，提升发展实效。

由于金融行业的周期波动性、风险传导性、联系全局性，金融的数字化不仅强调技术创新赋能，更需要突出稳健发展的要求，转型过程相对曲折。去年以来，监管部门加强了对互联网小贷等业务的整治监管，同时推进扩大数字人民币试点，展现出金融监管思路从过去的"试行纠错"调整为"审慎合规"，同时在以新技术突破带动金融创新的发展上保有持续的支持和认可。因此，上海应在遵循审慎监管的前提下，进一步完善政策引导以应对合规发展要求，同时积极把握金融数字化新机遇，进一步提升上海国际金融中心及科技创新中心的内涵，增强新时代金融发展优势。

一、上海金融数字化转型的现状与瓶颈分析

（一）数字化转型现状

传统金融机构和金融科技企业是金融数字化转型的主要企业载体。凭借深厚的金融和信息产业基础，上海在金融数字化转型方面优势明显，已成为传统金融机构数字化转型的首选地和金融科技产业的发展高地。

传统金融机构转型方面，银行、保险、证券等多领域的数字化步伐已处国内前列。截至 2020 年 11 月，国内已有 12 家大型银行设立金融科技子公司，其中 5 家在沪注册，在基础平台建设、数字化零售金融、数字化公司金融等方面多有探索。大型险企中，已有中国太平、中国人保在沪设立科技子公司，主要围绕产品设计、销售、理赔、售后等方面展开数字应用。证券行业中，上海培育了互联网券商龙头东方财富，并汇聚了一批传统券商的数字化业务部门，围绕智能投顾、财富管理等方面探索转型。

金融科技创新方面，受 P2P 及网络小贷规模锐减的影响，上海与多数城市一样正处于行业的低迷整理期，曾经支撑行业近半体量的网络贷款业务面临商业模式重建的挑战。但是，上海在其他领域的数字化创新仍持续拓展，培育有投资理财平台陆金所、首家互联网保险公司众安保险、知名第三方支付公司汇付天下、金融信息服务商万得等。另外，上海持续推进金融监管创新，成立上海地方金融监管局，并先发试点成立上海金融法院，根据《2020 全球金融科技中心城市报告》评估，上海金融监管能力位居国内首位。

（二）数字化转型瓶颈分析

随着监管转向以及数字化进程的不断推进，上海金融数字化转型的瓶颈有所凸显。

一是两类创新载体发展的不均衡。总体来看，上海数字金融的载体呈现"强金融、弱平台"的趋势，即传统金融机构的数字化部门聚集地更多、发展优势更明显，金融科技类企业较少，尤其缺少头部互联网平台孵化的金融科技公司、技术引擎企业和某些金融新业态。根据《2020 全球金融科技中心城市报告》中对互联网银行的界定，已有的 9

家互联网银行布局分散，但无一落户上海[①]；另外，2020 年 27 家金融科技头部企业中共有 5 家落户上海，而北京、深圳分别有 9 家、6 家[②]，这一结果导致去年上海金融科技领域实现融资规模为 52.98 亿元，低于北京同期的 96.63 亿元。这类载体不仅是行业创新力量的开拓者，也是传统金融机构数字化转型的补充技术力量，对整体金融的数字化转型至关重要。

二是数字化转型的技术支撑力不充足。传统金融业方面，由于发展的路径依赖和强监管框架束缚，多数机构的数字化转型起步较晚、投入谨慎，致使其金融科技类分支机构规模不大且亏损经营，在技术能力、经营理念、灵活性等方面尚落后于大型金融科技型企业。金融科技创新方面，金融信息服务（金融 IT）、综合金融科技、数字货币等业态逐渐成为下一风口，蕴藏未来发展潜力，皆对企业的科技创新和深度应用能力提出更高要求，以人工智能、区块链、大数据为代表的新一代信息技术成为金融创新的必要基础设施以及全球金融数字化的核心资源力。上海的科技驱动力稍显不足，云计算、区块链、5G 技术的产业发展逐渐同北京、深圳等城市拉开较大差距。其中，北京、杭州两城合计的云计算市场贡献率达 87%，北京、深圳两城合计的区块链市场贡献率达 54.7%[③]，上海亟须奋起直追。

三是金融数字化转型生态的不健全。虽然上海的金融监管创新已处于国内领先水平，但暂无"监管沙盒"及较有影响力的监管创新手段，且距离中国人民银行、银保监会、证监会等众多金融监管机构较远。面对日新月异的创新发展态势，上海金融监管仍处于较为被动的局面。另外，数据、人才等要素支撑力度仍有所不足。目前，数据治理机制仍需要较长时间的探索，数据孤岛问题依然存在，数据安全及隐私保护缺少法律指引、隐患较多，以上均制约了金融数字化的深入探索；金融人才已经较为丰富，但金融与科技的复合人才缺口依然较大。

[①] 这 9 家互联网银行分别为武汉众邦银行、成都新网银行、深圳微众银行、福州华通银行、杭州网商银行、南京苏宁银行、北京百信银行、北京中关村银行、长春亿邦银行。

[②] 深圳市金融科技协会湾区国际金融科技实验室：《2020 年中国金融科技头部企业调研分析报告》，第 1 页。

[③] 浙江大学互联网金融研究院（浙大 AIF）司南研究室、浙江大学国际联合商学院（浙大 ZIBS）、浙江省前景大数据金融风险防控研究中心（IDR）、浙江互联网金融联合会：《2020 全球金融科技中心城市报告》，第 1 页。

二、新背景下上海金融数字化转型面临的机遇分析

在审慎监管的背景下，金融数字化的过程可能更为曲折漫长。在现阶段行业变革的背景下，上海金融数字化转型的新发展机遇正在展现。

（一）国际数字之都建设创造更多金融数字化内生需求

过去一段时间的金融数字化转型更多依靠技术的推动，"十四五"期间上海将推进国际数字之都建设，为金融数字化带来更为强劲的"需求侧"拉动力。尤其在产业金融方面，"五型经济"、在线新经济等业态的发展创新需要更加灵活、敏捷的融资方式的支持。对于初创企业、科技企业、中小微企而言，可供抵押资产实力和经营历史业绩不强，信贷数字化中的大数据风控、数字征信、互联网银行等创新能够较好地更契合其业务特点，是传统抵押式融资方式的必要补充。

（二）审慎监管为上海金融数字化带来"窗口期"

在过去数字化过程中，头部科技金融企业依赖流量和技术优势，展现了较大的发展动能，传统金融业的转型则显得更为被动。审慎监管强调合规经营，正好契合上海"强金融、弱平台"的发展现状，上海金融业的发展优势进一步凸显。一方面，上海金融企业和金融科技企业有望走向深度合作，持牌机构和金融科技企业将走向更加多元的合作，且在合作框架中持牌金融机构有望获得更多的主动权和话语权。另一方面，凭借丰富的金融发展要素，上海对金融科技类企业的吸引力加大，金融数字化的技术支撑能级有望加速提升。

（三）数字化潜能提升提供超越式发展的新发力点

不可否认，在网贷、第三方支付等领域，上海没有占据行业龙头的绝对领先优势。随着技术赋能金融能级的提升，金融数字化展现了更多的应用潜能，高新技术型企业有望脱颖而出，为上海的追赶超越提供更多的发力点。从技术应用的广度看，继信贷之后，保险、证券、资管等领域的数字化转型正在加速推进，在普惠金融、数字货币等符合监管导

向的领域，数字化应用有望形成突破。从技术应用的深度看，人工智能、区块链、大数据等技术赋能加速渗透，推动数字技术的全局化、智能化应用，提升数字化转型实效。

三、深入推进上海金融数字化转型的政策建议

（一）激发金融数字化转型的载体活力

鼓励金融机构设立金融科技子公司，进一步提升金融科技子公司的辐射力和影响力。积极探索发展开放银行模式，推动金融机构和科技企业开展深度合作。有序引进更多金融科技等科技型企业，注重企业技术实力，培育技术优势，扩大产业规模。促进风险投资和创投企业发展，支持初创金融科技企业的发展壮大；借助"科创板"，大力支持金融科技独角兽企业上市。关注金融科技类新兴企业发展，着眼数字化转型"洼地"，提前布局数字金融的战略增长极，积极推动新一代信息技术在保险、资管、投顾、数据安全方面的应用。

（二）推动数字金融服务实体经济发展

鼓励数字金融在供应链融资、融资租赁、小微企业信贷等方面的研发赋能，有效降低实体经济的融资成本，形成金融创新驱动经济发展的良性循环。在合规的前提下，发挥"市场＋政府"的双轮驱动作用，探索技术赋能的信用评价和风控体系建设，提升适应新经济模式的金融服务能力。

（三）构建完善开放的金融创新生态

以数字金融为切入点，积极探索数据要素治理模式，推进数据要素确权、交易、应用等方面的制度设计，加强数据安全、隐私保护、公平竞争方面的法律法规研究，探索形成上海标准。加强金融与技术的复合人才培养，进一步满足金融数字化的人才需求。鼓励高校、科研单位等加强对金融数字化转型的关键技术、共性技术的研究，提升产学研水平。紧抓长三角一体化发展机遇，加强与北京、杭州等城市的战略合作，实现引领发展和协同发展。

（四）持续探索金融监管创新

进一步增强上海地方金融监管力量，对标国际，不断丰富监管经验，探索监管部门、企业、公众等多方参与的多层协同监管体系，提升监管实效。坚持引导和激励数字金融创新，构建合理有效的容错机制。鼓励企业积极申请"监管沙盒"，扩大创新监管试点范围。支持发展科技监管相关产业，推动技术赋能监管，实现动态监管、穿透式监管。

第五编

区域数字化

加快上海特色园区数字化转型的对策建议

编者按："十四五"规划纲要提出，加快数字化发展，建设数字中国。以园区数字化转型为突破口，推动园区内部和园区间的数据获取和互联互通能够更加清晰地勾勒出产业链和产业集群，提升企业生产效率，将成为中国经济打造更高维度竞争新优势的重要依托。为着力建设产业发展新高地和产城融合新地标，上海率先发布了40个（包含首批26个和新增第二批14个）3—5平方公里的特色产业园区，具有鲜明的"小而美"定位，以数字化赋能特色园区将是上海推动产业平台能级提升、切实增强企业和平台竞争力的重要抓手。

作为产业经济的重要载体，以及区域经济的重要增长引擎，园区是城市产业的基础单元，是重要的产业和人口的聚集地。中国经济已由高速增长阶段转向高质量发展阶段，"十四五"时期园区的数字化转型将带来新的价值，通过数字化的技术推动业务重塑和转型，打造一个良性的数字化生态系统。

当前，以数字经济为代表的新经济蓬勃发展。据中国信息通信研究院发布的《中国数字经济发展白皮书》数据显示，2019 年，我国数字经济的总体规模达 35.84 万亿元，占 GDP 比重提升至 36.2%，其中北京、上海的数字经济在当地的经济发展中占主导地位。伴随人工智能、量子信息、移动通信、物联网、大数据、区块链等新一代信息技术的迅速发展和深入应用，园区数字化转型升级必将引领城市高质量发展的新动能和成为新增长极。

一、特色园区数字化转型的基本内容

特色园区作为上海"五型经济"发展和新技术、新产业培育的主要阵地，通过对行业的深度调整，催生新业态，重塑创新链，重构产业链，其数字化转型对全社会具有积极的引领和推动作用。

从特色园区数字化转型的条件看，一是凸显功能特色。特色园区是全新的变革以及探索，更加突出功能性和特色优势，从技术、产品等的创新向组织、服务和商业模式的创新叠加演进，从企业自主创新向社会协同创新、大众创新转变，注重做精、做深、做优。二是体现集约高效。特色园区更加倾向于企业的功能性集群。依托龙头核心企业形成功能集群和产业战略聚合，能够更好地实现集约高效发展，从依托供应链组织转向依托平台信息组织，从产品竞争、技术竞争、产业链竞争升级为生态圈竞争。三是融合数据要素。数字化技术孕育了智能化生产、个性化定制、网络化协同、消费者驱动等新的生产模式，既能推动传统产业产品的智能化，还可能跨界产生新的"物种"。

从特色园区数字化转型的内容看，一是数字赋能基础设施。加快布局以 5G、人工智能、工业互联网、大数据中心为代表的新型基础设施，基于 5G（数据收集和传输）、人工智能（智能算法实现智能应用场景）、工业互联网（企业间的信息整合与共享）、大数据中心（大数据存储和处理）等，增强信息网络综合承载能力和信息通信集聚辐射能力，提升信息基础设施的服务水平和普遍服务能力，满足园区企业对网络信息服务质量和容量的要求。

二是管理与服务数字化。围绕建链、补链、强链、延链，建立产业大脑及数字化管理平台，实现产业招商、资源环保、企业画像、综合物业、项目管理与经济监测等综合管理数字化，实现政策发布与申报、政务代理、企业云 SaaS 服务、电子商务、区域物流、智能会展、科技资源共享与成果转化等生产性服务数字化，以及园区员工生活服务、团建活动组织、在线教育、医疗预约、餐饮服务、交通出行等生活性服务数字化。

三是产业数字化转型。包含厂内数字化和厂间数字化，厂内数字化即建造智能工厂或无人工厂，厂间数字化即产业链或供应链数字化。通过推动特色行业建立工业互联网平台，推进生产方式数字化改造，推动关键工序和生产环节应用工业机器人、自动检测设备、智能物流装备等，发展智能制造、共享制造、绿色制造、服务型制造、楼宇型制造等新模式，发展个性化定制和柔性化生产，建设在线设计、用户体验、众创定制等平台。

二、上海推进特色园区数字化转型的基础

近年来，上海围绕科技创新中心、综合性国家科学中心以及新型智慧城市、下一代互联网示范城市、新一代人工智能创新发展试验区等建设，加强网络基础设施、数据中心和计算平台、重大科技基础设施等布局，总体水平一直保持国内领先。

（一）网络基础设施建设水平较强

据中国信息通信研究院数据显示，三大电信运营商都将上海作为5G网络首发城市，截至2020年7月底，已累计建设5G室外基站超2.5万个、5G室内小站超3.1万个，实现了中心城区和郊区重点区域室外的5G网络连续覆盖。培育了宝信、上海电气等15个有行业影响力的工业互联网平台，带动10万中小企业上云上平台。

（二）数据中心和计算平台规模较大

目前，上海的互联网数据中心已建机架数超过12万个，利用率、服务规模处于国内第一梯队。上海市大数据平台累计已汇集全市200多个单位340亿条数据，数据规模总体在国内领先。全国首家市域物联网运营中心正式启用，第一批近百类、超过510万个物联感知设备，每日产生数据超过3400万条。

（三）重大科技基础设施能级较高

上海已建和在建的国家重大科技基础设施共有 14 个，大设施的数量、投资金额和建设进度均领先全国。在光子领域，硬 X 射线、软 X 射线、超强超短激光等设施全面建设，硬 X 射线装置是建国以来单体投资额最大的科技基础设施。在生命科学、海洋、能源等领域，先后启动蛋白质设施、转化医学设施等科技基础设施建设。

三、国内其他省市推动园区数字化转型的经验借鉴

（一）浙江省：园区数字化生态赋能制造业新发展

浙江省是全国唯一的"两化"深度融合示范区和信息经济示范区，2019 年 10 月入选首批国家数字经济创新发展试验区，是我国数字经济发展的先行者。2020 年浙江省数字经济核心产业增加值总量达到 7020 亿，其中规上数字经济核心产业制造业增加值 2429.6 亿元。全省超千亿元企业 1 家，超 200 亿元企业 13 家，超百亿元企业 25 家，16 家企业入选 2020 年全国电子信息百强企业，数量居全国第 2 位，新增数字经济领域境内外上市企业 18 家，总数达 129 家。2020 年杭州市数字经济核心产业实现增加值 4290 亿元，人工智能产业营收超 1500 亿元，新培育集聚头部直播电商平台 20 家，头部多频道网络服务（MCN）机构 40 家，首个国家（杭州）新型互联网交换中心启用，联合国大数据全球平台中国区域中心落户。在数字经济发展中，浙江省以高能级创新平台为建设重点，着力打造创业创新生态系统，形成了"城市群—科创大走廊—科技新城—特色小镇"的新型创新空间。

主要做法包括：一是打造数字经济产业链。杭州国家自主创新示范区以杭州高新区为核心，围绕网络基础产业、互联网、物联网三大重点领域，强化自主创新，打造产业链，培育创新企业群。杭州高新区连续多年 R&D 经费投入占 GDP 的比重保持在 13% 以上，形成了关键控制芯片研发设计、传感器和终端设备制造、物联网系统集成、大数据、云计算等各种应用服务的产业链体系。作为杭州城西科创大走廊的核心区，杭州未来科技城核心区 49.5 平方公里落户 2.5 万家企业，主要有数字经济、生命健康、智能制造和科技金融等四大主导产业方向，金融机构达到 1446 家，资本金聚集规模达到了

3129 亿元。二是推动数字经济特色小镇建设。作为特色小镇发源地，浙江着力推进杭州梦想小镇、杭州云栖小镇、滨江物联网小镇、萧山信息港小镇、德清地理信息小镇等一批数字经济特色小镇建设，加快创业者、风投资本、孵化器等高端要素集聚。以余杭区梦想小镇为例，自 2014 年 8 月建设以来，累计引进孵化平台 50 余家、互联网创业项目 1519 个、创业人才近 13900 名，举办创业创新类活动 1157 场，参与人数近 17.5 万人次，成为大学生创业创新热土。

（二）广东省：聚焦产业集群数字化转型试点

广东省是中国制造大省和全球重要制造基地，拥有产业集群或专业镇超过 400 个，数字经济正成为引领广东经济高质量发展的新动能和新引擎。据中国信通院广州分院的《粤港澳大湾区数字经济发展与就业报告（2020 年）》数据显示，2019 年广东数字经济规模达到 4.9 万亿元，占全省 GDP 比重超过 45.3%，其中，2019 年产业数字化规模达3.18 万亿，较上年增幅达 18.8%。广东省聚焦产业集群数字化转型步伐的同时，数字化治理能力显著提升，数据价值化步伐加快，数字经济吸纳就业数量持续攀升。

主要做法包括：一是市场化方式确定产业集群试点。由深耕垂直行业领域的第三方工业互联网服务商牵头会同行业设备商、本地产业链变革型企业组建产业联合体，深入调研产业集群，确定集群试点的垂直行业领域范围和起步区域。起步区域原则上应为产业聚集的专业镇、工业园区或县区，且起步区域数量原则上为 1 个。或者由广东省内的国家跨行业跨领域工业互联网平台商牵头，通过市场化机制筛选优秀服务商组建产业联合体，开展特色产业集群数字化转型试点工作。二是完善数字化转型机制。成立产业联合体后制定的实施方案需要提出针对性的产业升级路径，明确重点任务、实施目标、时间计划、投资预算、保障措施等。每个特色产业集群数字化转型试点要对应成立一个专门的工作组，进一步完善省、市、县区、专业镇（工业园区）与产业联合体单位的工作组机制，对接各级各类产业政策和保障措施等。

（三）对上海特色园区数字化转型的启示

充分发挥上海高端制造业的集聚效应，推动特色园区产业集群内企业广泛运用工业互联网实施数字化升级，提升产业集群竞争力。打造特色园区企业数字化转型标杆，通过标杆企业现身说法、场景式体验等方式，推动集群内广大企业"上云上平台"实施数字化升级，促进集群整体数字化转型。围绕建链、补链、强链、延链，建立"一体化、一盘棋、一张网"的特色园区产业集聚大数据云平台，通过产业云图和产业链图谱等，更加有效助力特色园区精准招商，促进产业布局优化和产业结构调整，是推进产业链稳链补链强链延链、构建新型供应链体系的重要路径。

四、推动上海特色园区数字化转型的对策建议

（一）深化园区"新基建"

在特色园区内逐步实现5G及下一代通信深度覆盖和功能性覆盖，提升国际通信服务能力，推动区内工业数据的互联互通及与全国互联互通，促进园区绿色化改造。打造一批支撑集成电路、人工智能、生物医药等产业应用的公共算力中心、区域数据中心。推动重点区域开放测试道路场景，提升重点园区智能化、集成化和综合化服务等。

（二）助力构建数据交易市场

探索建立特色园区正向鼓励和逆向约束的双重激励机制，与上海市大数据中心加强交流和合作，推进数据开放和市场化改革，尽可能减少数据交易隐藏的盲点和误区，助力构建活跃的长三角数据交易市场。鼓励园区内数字化相关企业对数据隐私保护关键核心技术进行研发，促进多源数据汇集、非结构化处理、数据清洗、数据建模等技术和工具的升级，提供可交易的数据源。

（三）打造全域场景试验区

推进特色园区数字化转型，要致力于构建丰富的试验场景，在范围上，可以最大范围打造全域场景试验区。除了完善硬件基础设施条件，如5G及下一代通信场景、无人驾驶道路等，还要构建相应的制度软件，如放松无人机的低空域管制、在线医疗诊断的免责、数据的安全与隐私保护等。一方面可以帮助园区企业熟化技术、优化产品和服务，打磨商业模式和开发用户的作用。另一方面特定范围内的场景试验可以为政府针对

新模式、新业态的数字治理提供试验空间。

（四）培育数字治理创新引领区

特色园区作为数字化转型的先行区，围绕数据要素的确权、保护和参与分配、数字企业反垄断、数字企业税收规则、数字企业的社会责任等维度，培育数字治理创新引领区，在推动数字经济立法和更广义的数字经济治理方面做出积极探索和尝试，有助于维持产业活力，促进上海产业良性健康发展，同时也是响应国家治理体系和治理能力现代化的内在要求。

借鉴先进经验，发展上海生物医药特色产业园区

编者按：生物医药产业高技术、高投入、高风险、高附加值、长周期、多学科交叉的特点，决定了其聚集化发展的特性。以园区形式聚集，可帮助生物医药企业快速获取技术、资金、人才等资源，从而促进其成长。据赛迪顾问统计显示，截至 2019 年底，在全国 387 家国家级产业园区（168 家国家级高新区和 219 家国家级经开区）中，有 193 家将生物医药产业作为重点发展方向，占比 49.87%。面对国内其他省市生物医药产业百花齐放、竞合多序的态势，以及复杂多变的国际环境，上海亟待以提升小而美的产业承载空间为抓手，加强资源要素集聚，推动创新链与产业链融合，高起点规划打造生物医药产业特色园区，加速创新研发和产业化落地。

据科技部生物技术发展中心发布的《2019 中国生物医药产业园区竞争力评价及分析报告》，中关村自主创新示范区、上海张江高科技园区和苏州工业园区位居全国生物医药产业园区的第一方阵，成都高新区排名第 6 位，泰州医药高新区排名第 11 位，厦

门生物医药港排名第 15 位。报告显示，中关村国家自主创新示范区的综合竞争力、技术竞争力均位列第一，领跑全国生物医药产业园区；上海张江高新区龙头竞争力位列第一，产业、环境和技术实力强劲；苏州工业园区的产业竞争力位列第一；武汉东湖高新区的人才竞争力位列第一；深圳高新区的环境竞争力位列第一。结合对苏州、泰州、厦门、成都、南京等地生物医药园区的调研，我们梳理分析了这些园区的产业特色及推进手段，不少做法和经验值得上海借鉴。

一、国内典型生物医药产业园区发展经验

（一）苏州生物医药产业园（BioBAY）

2019 年，苏州市生物医药产业规模达 1728 亿元，连年保持 20%—30% 的增长速度，生物医药产业集群入选国家战略性新兴产业集群发展工程。

苏州生物医药产业园（BioBAY）作为工业园生物医药产业的创新载体，截至 2019 年底，聚集的自主创新型生物医药企业 400 多家，约占全国的 20%，如医疗器械方面，吸引 127 家医疗器械企业入驻，15 家企业获得 CE 认证，发明专利申请超过 1600 件。生物医药企业拿到的新药临床批件约占全国的 20%，如创新药方面，24 家企业的 100 个产品已取得新药临床批件，亚盛、盛世泰科等获得 1 类新药临床批件。这些企业吸引了高端人才 10000 多名，数量约占全国的 20%，并且在过去的 3 年中，苏州工业园区生物医药产业拿到的风险投资数量占到了全国同类企业的 20%。整体融资金额超过 50 亿元。园区上市企业数量达到 10 家，其中信达生物、基石药业、亚盛医药、中国抗体、康宁杰瑞、开拓药业登陆港股；百济神州、再鼎医药、和黄医药赴美纳斯达克上市；博瑞医药成为华东地区首家登陆科创板的医药创新企业。截至 2020 年 6 月，中国内地在香港上市的未盈利生物科技公司 18 家，其中 8 家总部在苏州，占比 44.4%，另有 3 家在苏州建有生产基地，合计占比 61.1%。科创板按照第五套标准上市的生物科技公司 3 家，其中苏州 1 家，占比 33.3%。初步形成了以新药创新、医疗器械、生物技术、服务外包及纳米技术等为主的研发创新型产业集群。①

---

① 《中国医药园区系列：崛起的"苏州生物医药产业园"！》，http://xueqiu.com/5964803315/128164665，（"雪球 药智网"，写作时间：2019.07.18）。

园区特色：瞄准细分行业方向，专注于创新创业企业的"孵化器和加速器"。依托苏州电子信息技术、精密加工领域的基础优势，聚焦药物开发、医疗器械和生物技术三大方向，选择差异竞争路线，助力生物高科技初创公司或刚起步公司。推行"产业园区＋创新孵化器＋产业基金＋产业联盟"的服务模式，用自建、引进、投资的多种渠道，在园区内部打通了生物医药产业的整个链条。通过建立生物医药产业生态，创造产业发展附加值。

（二）中国医药城

2018 年，泰州市生物医药产业产值达到 1082 亿元，约占江苏省的 26.1%、全国的 4.5%。扬子江药业连续六次蝉联中国医药工业百强榜榜首。[①] 截至 2019 年底，泰州市中国医药城已集聚 1000 余家国内外知名医药企业，以医疗器械为例，中国医药城已吸引 386 家医疗器械企业落户园区（其中体外诊断试剂企业 124 家，占比 32%），主要涵盖磁共振设备、质谱仪、康复和在线监测设备、高端医用敷料、分子诊断试剂等，产品适用范围涉及生物影像、辅助康复和监护、手术及创面止血、病毒检测等多个领域，园区内二、三类医疗器械注册证总数达到 502 张。吸引海内外高层次人才 3800 多名、国家级高端专家 55 人。培育打造了疫苗、抗体、诊断试剂及高端医疗器械、化学药新型制剂、中药现代化和特医食品等六大特色产业集群。已成为国家新型工业化产业示范基地、国家创新型特色园区，被列入国家新型疫苗及特异性诊断试剂产业集聚区发展试点和国家创新型产业集群试点，成功申报的"国际一流、国内领先"的医药创新成果多达 2000 多项。

园区特色：构建先进的服务平台，提供高品质的专业化服务。遵循生物医药产业从研发到销售的全周期规律，围绕医药企业需求，先后搭建了 20 多个特色鲜明的技术平台，覆盖药物研发、中试、CMO、销售全产业过程，提供"全链式"技术服务（详见附件 1），不断优化平台运营机制，协助企业家、科学家把更多时间和精力专注于创新创业。对应医药企业注册落户、技术孵化、新药申报、金融支持、人才猎聘等建设发展全过程，流程化设置服务部门。如，江苏省药品监管局还在中国医药城设立了直属分局，为全国第一家直属分局。

[①] 《第十届中国（泰州）国际医药博览会开幕 国际范十足专业化程度高》，http://baijiahao.baidu.com/s?id=1645006695503462232&wfr=spider&for=pc，（"中国江苏网"，写作时间：2019.09.19）。

（三）厦门生物医药港

厦门是我国最早布局生物医药产业的地区之一①，2019 年，厦门市生物医药产业实现主营业务收入超 800 亿元，产值达 665 亿元。截至 2019 年底，厦门生物医药港已集聚生物医药企业 340 家，成长为区域生物医药创新中心和对台合作交流窗口。以厦门生物医药港为核心的厦门生物医药产业，入选国家发改委战略性新兴产业集群，成为全国首批入选的 17 个生物医药领域产业集群之一。目前，生物医药港立足发挥高端医疗资源优势，构建医产融合发展新模式，促进企业创新研发与临床结合，加速创新成果产业化。已联手复旦大学附属中山医院厦门医院，开展厦门乙肝相关肝癌三级预防创新项目、国家区域医疗中心—厦门慢性呼吸疾病全科综合管理创新示范中心项目；联手华西医院打造成都华西精准医学产业创新中心公司项目、成都海圻医药（厦门）工作站项目等。

园区特色：积极落实省、市、区三级叠加扶持政策。对企业给予的支持政策涵盖了场地租金、研发费用、产品认证等方面的费用补助，以及产品产业化、企业经营贡献和规模化发展方面的奖励；对人才方面则给予了包括创业资金、生活补助、住房补贴、配偶安置、子女教育、个税优惠等全方位的扶持，为企业发展提供了助力。构建"创业苗圃—孵化器—加速器—产业园"组成的接力式孵化与培育体系，满足不同规模、不同发展阶段企业的载体建设需求。先后建设了建筑面积分别为 1 万平方米的厦门生物医药孵化器、10 万平方米的厦门生物医药中试基地和 22.53 万平方米的厦门生物医药产业园。推进福建省药品监督管理局挂牌成立厦门生物医药港服务工作站，助力生物医药产业产品更快获批、加速推向市场。

（四）成都天府国际生物城

2019 年成都高新区生物产业规模首次突破 500 亿元，医药工业主营业务收入 243 亿元，连续三年保持近 20% 增长率，在研 I 类新药 70 余个。成都天府国际生物城是成都市发展生物医药产业核心集聚空间，围绕生物医药、生物医学工程、生物服务、健康新

---

① 王东城：《精准滴灌 厦门做大生物医药产业》，https：//www.sohu.com/a/400944970_411853（"搜狐"，写作时间：2020.06.11，访问时间：2021.04.15）。

经济四大主攻方向，重点发展生物技术药物、新型化学药制剂、现代中（医）药、高性能医疗器械、智慧健康＋精准医学和专业外包服务。[①] 成功引进先导药物DNA编码化合物筛选平台、华西海圻新药安全性评价中心、康诺亚抗体中试生产平台等18个共性技术平台。已引进5个诺贝尔奖团队、2个两院院士团队及51个高层次人才团队。已承接新药成果转移转化服务364个；引进获得国际认证或国际行业认可平台6个；突破核心关键技术25项。累计引进和培育72个新药品种，其中1类新药28个，进入临床研究阶段品种18个。

园区特色：打造完整产业闭环链条。前端原料方面，与广安市共建生物医药合作"飞地"，解决土地、环境等制约影响，保障原料药、中间体等环节可控。后端应用方面，瞄准前沿医疗技术和特色领域，打造天府国际医疗中心，提供高端医疗服务体验，并促进医学大数据、药品、器械等转化应用。鼓励金融机构开发针对生物医药企业的各类金融产品。如建立国内首家生物医药产业保险超市，率先推广药物临床试验责任保险、药物质量安全责任保险，分别对药品研发与临床试验阶段、药品生产上市销售阶段可能出现的问题，提供相应保险。

（五）南京生物医药谷

2019年，南京新医药与新健康产业规模达700亿元，其中生物医药产业主营业务收入400亿元，已形成了南京生物医药谷、南京生命科技小镇、江苏生命科技创新园、高淳医疗健康产业园、南京原料药产业园等"一谷一镇三园"产业聚集区，主营业务收入占全市生物医药产业的75%以上。[②] 其中生物医药谷已集聚产业链相关企业800余家，其中药物研发领域已集聚绿叶制药、先声东元等"中国医药百强企业"，健友生化、药石科技等主板、科创板上市企业，汇集了以威凯尔、药捷安康、强新科技等为代表的小分子药物研发企业，以北大分子南京转化院、先声百家汇等为代表的大分子药物研发企业。高端医疗器械领域拥有南微医学、沃福曼医疗、康友医疗、双威生物、天纵易康等

---

① 赛迪顾问：《2020生物医药产业园区百强榜》，https://www.sohu.com/a/403005943_378413（"搜狐"，写作时间：2020.06.19，访问时间：2021.04.15）。
② 《生物医药产业今年规模要达800亿》，载《南京日报》2020年5月27日，第6版。

代表企业。新药研发进展快速，拥有重大新药创制项目 10 余个，在研 1 类创新药超过 30 个，其中在研 1.1 类创新药 10 个以上。已逐步形成以生物制药、化学药、现代中药和医疗器械为主体，基因检测、第三方检验服务为特色优势，诊断试剂、精准医疗、细胞治疗等领域为潜力的产业体系。

园区特色：协同构建新药研发服务体系。推进以具有良好工作基础的新药研发关键技术（如：基于疾病分子分型以及生物标志物和靶标发现技术、新型多靶点小分子抗肿瘤化合物成药性技术、抗肿瘤治疗纳米制剂技术等）作为开放性新药创制共性技术平台的建设对象，并在国内探索性地搭建第三方医学检验机构平台。创新园区服务模式。入园企业在研发各个环节，包括从靶点的筛选，然后化合物分子优化以及结构确认，包括临床前服务等，可以直接租借使用公共设备或购买试验服务，园区建有 300 万方研发载体，包含孵化器（功能实验室）、加速器（GMP 中试车间等），同时也为有需求的企业提供相应的产业化空间，为企业提供覆盖生物医药"全产业链"的"一站式"公共服务。

二、发展上海生物医药特色产业园区相关建议

一是加快推进生物医药产业特色园区发展，必须发挥创新引领作用，培育发展新动能。加快"人才集聚—研发创新—产业孵化"的生物医药产业创新链建设，不断强化资源整合能力和成果转化能力。注重人才引培，识别创新创业人才，增加对创新创业人才的物质和精神激励，营造浓郁的园区创新创业氛围。围绕产业基础研究薄弱、创新能力不足等痛点，通过税收减免、知识产权保护等政策，激励优势企业加大研发投入，引导企业主动参与新药创制、高端医疗器械研制，提高研发的积极性。围绕制约产业发展的共性技术、关键工艺和高端产品，开展重点领域关键环节相关技术研究，打造开放型研发体系，充分调动企业、高校、科研机构和社会资本等多种资源，建设"最后一公里"产学研用合作平台。

二是加快推进生物医药产业特色园区发展，必须把握区域产业自身特点，高位推进"一张图"。生物医药是典型的技术密集型产业，对人才、资金、配套、政策等因素高度敏感。加快上海生物医药产业特色园区发展，必须坚持有所为有所不为，聚焦细分产业领域，科学勾勒产业发展"路线图"。围绕区域生物医药产业特色和基础优势，推动各

类要素向重点平台集聚，培育产业发展"引爆点"。

三是加快推进生物医药产业特色园区发展，必须完善产业生态体系，形成闭环产业链。围绕注册审批、安全性评价、药品生产、上市销售等关键环节，建立健全公共平台服务体系。鼓励金融机构开发符合园区生物医药企业需求的金融产品。围绕产业审批流程较长、市场推广效率低等痛点，加快建设在线数字化平台，实现园区内资源实时共享，同时加快打造线上线下相融合的一体化政务服务体系，从实体和程序等方面简化生物医药企业注册、申报等事项办理流程和审批材料。

附件1 中国医药城特色公共服务平台体系简介

序号	名称	主 要 内 容
1	新药孵化器服务平台	面积约4万平方米，主要加速孵化国内外新药研发项目，为入孵企业提供大型仪器共享、创业辅导、技术培训等服务，可同时满足100个研发项目落户，80个人才团队入驻，150个新药进行孵化产业化
2	大型仪器设备共享服务平台	主要以大型科学仪器设备、分析测试服务、测试方法与标准研究为对象，通过对相关资源整合集成、优化配置、合理布局、开放共享，提供仪器设备资源的使用效率，为科技创新提供支撑、为政府配置仪器设备资源提供决策依据
3	分析测试平台	为化学和生物医药研发企业提供仪器设备的配置、分析方案开发、标准研究、人员的培训、标准操作文件的编写等服务，已获得国家认可委CNAS实验室认可证书，建成总建筑面积3000平方米的化学药物分析、生物技术药物分析两大实验室
4	新型制剂研发平台	建有固体制剂和冻干制剂车间，全面参照GMP要求建设的质量控制体系，拥有齐全的制剂设备，可为园区企业提供先进的药物制剂技术服务
5	医药信息检索平台	与江苏省科技情报所合作共建，园区企业可以对万方、维普、CNKI、SCI、CA、Elsvier等数据库进行文献免费查询服务
6	小分子药物研发公共服务平台	建设面积6000平方米，构建原创小分子药物设计、筛选、评价、研究、开发及工程化应用研究平台体系，积极开展用于治疗肿瘤、免疫性疾病、代谢性疾病等重大疾病的原创小分子药物的研发及工程化应用的关键技术研究，开发一批原创小分子药物并实现产业化
7	大分子药物研发公共服务平台	可为广大中小型医药研发公司提供各类生物技术药物的CRO和CMO，有效降低新兴医药企业的早期研发投入和技术障碍，推进高科技生物医药项目的落地申报和产业化
8	分子诊断技术研发服务平台	建筑面积3296平方米，由分子诊断技术及产品的研发平台、分子诊断中试生产线和产品评估中心三部分组成

续表

序号	名称	主　要　内　容
9	基因测序技术服务平台	主要是面向科研市场的科技服务业务，依靠高通量测序平台和高性能计算平台，面向众多高校和科研院所提供动植物、人和微生物的基因组测序、RNA测序、外显子测序等生物信息学服务
10	疫苗工程中心	总建筑面积4.6万平方米，主要包括疫苗研发、中试工艺开发、检验检测、临床评价、菌毒种保藏等功能
11	高端医疗器械研发平台	由江苏省医疗器械检验所中国医药城分所以及数十家产品科技含量高、研发创新能力强、发展潜力巨大的医疗器械生产企业组成，是集医疗器械、生物诊断试剂的研发、生产、检测、申报、销售为一体的综合服务平台
12	中药现代化研发平台	以南京中医药大学的科研和人才资源为基础，结合全国各地中医药优势，集中药材标准种植、处方筛选、临床研究、新工艺研究为一体的中药现代化服务平台
13	合同委托加工服务平台	主要由江苏耀海生物制剂有限公司牵头组建，为国内外企业提供大、小分子研发药物的中试与临床实验药物的试制服务；同时接受国内外的委托加工生产单抗、多糖、多肽、核酸、蛋白等大分子药物的代加工服务
14	细胞及蛋白治疗研发平台	主要从事融合蛋白的研发及应用研究、体细胞治疗技术的研究应用、器官移植、中西医结合等转化医学研究领域，已建成集研发、生产及技术服务为一体的综合技术平台
15	知识产权保护服务平台	针对医药产品专利高度依赖性的特点，设立的为落户企业提供药品专利保护、药品商标保护、药品商业秘密保护的公共服务平台
16	第三方药品物流服务平台	搭建符合GSP标准的现代化药品物流仓库和医药商务交易平台，已获得第三方药品物流资质，拥有覆盖全国的药品物流体系和冷链配送系统
17	新药安全评价中心	通过开展实验动物标准及检测技术研究、各类药物及疫苗动物安全评价标准及方法研究，为园区企业提供非GLP条件下的药物筛选服务、动物用药安全性评价等专业技术服务
18	中科院大连化物所江苏（泰州）生物医药创新研究院	围绕中医和健康主题，针对地方产业发展需求，开展精准中药与健康研究所和产业孵化园建设
19	免疫治疗技术平台	包括免疫细胞治疗平台、免疫诊断技术平台和免疫检测服务平台
20	中国医药城大动物实验中心	作为临床前加速器，专业从事医疗器械临床前研究的综合性大动物实验中心，拥有仪器设备包括CT、DSA、X光和彩色超声心动图仪等
21	中国医药城临床研究基地	专注于开展药品、医疗器械临床研究，可以为制药企业提供新药临床试验、仿制药质量一致性评价、医疗器械临床试验、中心实验室、数据管理与统计分析、临床技术咨询等服务

加快培育青浦新城产业发展的对策建议

编者按：产业是城市发展的支柱和动力。在世界各国城市化、工业化进程中，如何使城市建设与产业发展有机结合，是政府和企业界普遍面临的共性问题，也是必须着力破解的难题。上海市委书记李强在谋划上海"十四五"的发展目标和任务时，针对嘉定、松江、青浦、奉贤、南汇等五大新城，提出了"新城发力"的总体要求①。上海市经济和信息化发展研究中心结合2020年下半年编制青浦区制造业"十四五"规划所做的调研，借鉴国外大都市产业新城建设经验，分析提出了青浦新城产业高质量发展的对策建议。

上海市提出"新城"概念已近20年，聚焦当年提出的构筑与上海建设世界级城市相匹配的现代城镇体系，形成工业化、城市化、现代化的城镇群和都市经济圈的发展目标，松江新城、嘉定新城、青浦新城、奉贤新城、南汇新城等"五大新城"对上海经济

---

① 李强：《关于〈中共上海市委关于制定上海市国民经济和社会发展第十四个五年规划和二〇三五年远景目标的建议〉的说明》，载《解放日报》2020年12月10日，第1版。

增长作出了一定的贡献。在世界"百年未有之大变局"下，上海提出加快形成"中心辐射、两翼齐飞、新城发力、南北转型"的空间新格局，青浦新城等五大新城的建设被摆在了突出位置。在新发展格局下，新城产业升级面临着各种新挑战、新机遇。

一、青浦新城产业发展短板分析

围绕打造"上海城市副中心"的发展目标，以及率先打造智能制造新高地、产城融合新典范、宜居品质新标杆和智慧城市新样板的发展定位，青浦新城经过多年努力，初步形成了以青浦工业园区为主体，涵盖夏阳街道、盈浦街道、赵巷镇和重固镇工业企业的产业格局。我们通过调研及对标国际化大都市产业新城分析后发现，青浦新城与其他四大新城在产业发展方面，存在一些共性问题和困难，处于转型的"阵痛期"，亟须在"十四五"新发展格局中谋划新举措、培育新动能、打造新生态。

（一）产业培育态势初显，仍需加速新旧动能转换接续

青浦新城正围绕"三大两高一特色"的青浦区主导产业体系建设，积极打造新兴产业集群。2019年，新城完成GDP约413亿元，占全区的35.4%；完成税收约190亿元，占全区的35.2%。其中，青浦工业园区形成了较为雄厚的产业基础，已集聚了2872家国内外优质企业，23家世界500强，50多家地区总部、研发中心，149家行业龙头企业，37家上市及关联企业。但纵使有美国斯伦贝谢油田设备、德国博泽、日本帝人、上海医药、绿谷生命园、美国英威达、亚士创能、中华商务、德国妮维雅、上海家化、腾讯科技等知名企业，2019年园区规上产值为1015.85亿元，税收100亿元左右，尚未有产值突破50亿元的制造业企业。[①] 在新旧动能转换中，新城产业发展后劲明显不足，缺少大项目大投入的引领，难以有效带动工业产值增长。另一方面，园区内布局有高端装备、汽车零部件、生物医药、新材料、印刷传媒、快速消费品、电子信息和人工智能等多个产业领域，特色产业集群不突出，且传统业态制造业占比较高，缺乏爆发式增长的热点产业。至于另外几个镇的产业规模更小，以2019年为例，夏阳街道8.64亿元、盈浦街

---

① 《2019年青浦区国民经济和社会发展统计公报》。

道 2.07 亿元、赵巷镇 18.11 亿元、重固镇 8.17 亿元。未来新城亟待抓住新发展机遇，精准布局、精准招商和精准施策，打造面向上海中心城区和长三角地区的高端产业"双链接"枢纽，形成支撑上海产业高质量发展的新增长极。

（二）"四大片区"互为支撑，仍需形成规模集聚效应

青浦新城正在优化新城开发强度和经济密度，进一步完善"四大片区"空间布局，加快创新型经济、服务型经济、开放型经济、总部型经济、流量型经济发展。其中，北片区青浦工业园区围绕打造"绿色创新发展新高地"样板，重点提升科创功能和经济密度，积极创建先进制造业新高地和高品质的创新园区，力争升级为国家级开发区。但是，新城产业转型任务重，空间扩张和承载力有限，增量的可利用土地较少，低效工业用地规模大、占比高，盘活成本高。据了解，青浦城市开发边界内已利用土地 2376 公顷，未利用土地 357 公顷。其中，非留白区可用产业用地 138.67 公顷（2080.1 亩）。青浦工业用地地均产值仅为 22.44 亿元 / 平方公里，低于全市工业用地地均产值 42 亿元 / 平方公里。而这其中，低效工业用地占比达到 80% 以上，低于市工业用地平均产出的工业用地面积达到 62.3 平方公里，占现状工业用地比重的 89%。未来新城亟待有序释放总规留白区内土地出让，并调整扩大城市开发边界，增加产业用地发展的物理空间，合理配置资源，着力提升经济密度。

（三）以产兴城目标明确，仍需加快城市功能完善

青浦新城按照"产城融合、职住平衡、生态宜居、交通便利"的要求，正加快产业空间与生活空间互动互促。青浦区处于长三角一体化核心区域，周边城市及园区对于优质资源的竞争已进入白热化阶段，在支持政策趋同的情况下，新城脱颖而出的难度进一步加大。产业发展首要条件是人才集聚，新城现有人才难以满足产业发展需求，企业招工难情况未能得到缓解。整个青浦区的高校和科研院所等科创资源较为匮乏，公共配套服务和城市更新无法匹配产业发展节奏。这样的居住环境和产业能力，难以吸引更多的人就业安居。从产城融合看，职住分离现象非常突出，居住在新城的并非本地就业人口，新城工作的人则住在城外，导致庞大的"日出而出，日落而归"的跨区通勤。从交

通出行看，内部路网结构不健全，早晚高峰期间，园区与城区之间南北向交通较为拥堵，缺乏园区与新城路网的快速连通。未来新城亟待加快补齐基础设施和公共服务短板，推进教育、文化、体育、医疗、养老等公共服务均衡布局和高标准建设，完善"15分钟社区生活圈"，提升城市品质活力。

二、国外新城培育产业发展的经验借鉴

产业新城拓展的不仅仅是空间，更是城市发展视野和思路的拓展，是构建上海产业现代化体系、推动经济社会高质量发展的重要历史使命所在。在全球范围内，一些与上海管理治理水平相当的大都市已经在产业新城建设方面走在了前列，并摸索出一系列成熟的运营管理模式。[①] 借鉴国际先进经验，用世界眼光谋划五大新城战略，以更高的站位、更强的气魄、更大的手笔描绘"新城发力"蓝图，使五大新城成为产业特色鲜明、新兴产业集聚、城市功能完备、区域协调发展的现代化城市，是上海顺应时代大潮、建设现代化国际化大都市的必由之路。

（一）英国米尔顿·凯恩斯

米尔顿·凯恩斯位于英格兰两大中心城市伦敦和伯明翰中间，自 1967 年发展以来，已成为除伦敦外英国最具商业吸引力的产业新城之一。

1. 创新规划理念，生态优先，以人为本

米尔顿·凯恩斯在规划伊始就为城市预留了充足的腾挪空间，并且引进在当时先进的美国城建理念，一改传统英式的中心布局形态，采用网格式交通布局，把住宅、商业办公和生活配套放置在一个个网格街区中，并将机动车道和非机动车道完全分流，以人为本进行城建规划。同时，米尔顿·凯恩斯十分注重生态环境，新城公园用地超过20%，卓越的生态环境吸引企业在新城长期发展。

2. 因地制宜打造自身产业集群

米尔顿·凯恩斯抓住伦敦大都市圈建设的机遇，大力发展与伦敦、伯明翰深度互动

---

① 蒋丽：《国内外新城发展经验与对广州的启示》，第 258—269 页（"2015 年广州学与城市学地方学"学术报告会论文集，广州市社会科学院）。

的生产性服务业，比如金融、现代物流、科研服务、信息咨询等，并建立现代化的产业体系。联合剑桥、牛津等顶级研究机构开展产学研合作，依托"赛车谷"高性能汽车产业资源，满足重点产业变革需求，协同构建产业生态体系，助力新城持续发展。

（二）美国尔湾新城

尔湾新城位于美国西海岸的加利福尼亚州南部，处于加州两大中心城市洛杉矶和圣迭戈之间，是洛杉矶大都市圈的重要组成部分和开发区产城融合发展的典型案例。

1. 依托高等教育资源，政策支持建设高科技产业中心

尔湾依托加州大学尔湾分校强大的研发能力和人才培养，源源不断为科技密集型行业补充顶尖人才，提供尖端技术，吸引了大量科技企业进驻。政府推出一系列税收补贴政策，推动高科技新企业的孵化发展。同时，政府和企业积极推动高校科研机构成果向市场转化，建立关系网络及科技联盟，使尔湾成为重要的高科技产业中心，有"第二硅谷"的美誉。

2. 生活配套完善，居住体验良好

休闲娱乐与商业设施完善，社区公园、开放空间及自然栖息地为新城提供了良好的生活环境。公共交通发达，鼓励绿色出行，拥有便利的连接周边区域的轨道交通。居住社区规划完善，住房形式多样化，以村落为单位提供社区配套，方便居民在步行范围内满足基本生活需求。

（三）日本京滨工业区

京滨工业区是日本四大工业区之一，以东京都和横滨市为核心，在东京都市圈一体化背景下，是新城产业集聚发展的模式样本。

1. 构建分工明确、错位发展的产业格局

在东京都市圈"多核分散"的城市布局下，产业集聚效应发挥作用，各产业都相对集中于某一特定区域。机械工业主要集中在工业区的南部，并包括从相模原、八王子、日野、三鹰在内的西南部延伸到埼玉县南部的这一区域；重化工业集中在川崎和横滨沿海地区；直接消费品工业集中在从工业密集区的东部到埼玉省和千叶县边境的这一区

域；印刷和出版装订业位于东京的中心部位。

2. 汇集创新型企业，推进产学研协同发展

据《2020年全球创新指数》显示，京滨位列全球科技集群榜首，在PCT专利申请量和SCIE科学出版物数量方面皆名列前茅。除了汇集了一大批创新型的大企业之外，东京中小企业的研发也十分活跃，并形成了各具特色的中小企业集群，通过灵活性经营为大企业提供配套服务。

区域协同发展，共享基础设施红利。东京科技创新催生的诸多产业由横滨承接，而周边的琦玉、千叶、神奈川等7个县也发挥自身特色的城市功能，与东京一起组成多核心、多圈层的"东京都市圈"。区域内基础设施建设完善，公共服务发达，例如发达的轨道交通满足了远距离、高强度通勤的交通需求。

三、培育青浦新城产业发展的对策建议

产业新城作为都市圈内的节点城市和微中心，是城市群内城市间有机链接和协同发展的坚实基础，也是未来新增人口的集中承载地，区域一体化规划和政策的承接地，以及基础设施和公共服务一体化的载体。[①] 为全面落实加快建设引领高品质生活的未来之城，把青浦新城打造成为"上海未来发展最具活力的重要增长极和发动机"，并与中心城区一道，构成上海大都市圈的"核心内圈"的目标任务，提出以下对策建议：

（一）以产立城，以产兴城，变"产业孤岛"为"产业新城"

1. 做好顶层设计，聚力打造高端产业集群

一是结合"十四五"制造业和服务业规划实施，高起点谋划布局新城产业定位，以强化高端产业为引领，培育一批高成长性的新兴产业，助力产业结构转型升级，夯实城市经济高质量发展的"产业底盘"。二是主动衔接青浦区产业发展规划，发挥新城产业新增长极的牵引作用，加强融合发展、协同创新，形成区域链条健全、布局合理、辐射性强、带动性大的高端产业集群，实现经济持续、健康和稳定发展。三是联动中心城区

---

① 许爱萍：《产城融合视角下产业新城经济高质量发展路径》，载《开发研究》2019年第6期，第65—71页。

的科创资源和优质企业，加快科技成果产业化，以提升产业链现代化水平为核心，力争嵌入高创新率、高附加值、高进入壁垒的核心关键环节，保障国家战略和上海重点产业领域供应链安全。

2. 加强区域联动，探索突破性的产业合作机制

一是推进落实长三角一体化示范区产业发展指导目录（2020年版）的要求，以融合性数字经济和前沿性创新经济为突破口，聚焦特色细分领域，与周边城市形成错位竞合，推动功能性总部经济、特色型服务经济稳步发展。二是率先创新长三角产业合作的体制机制，探索产业要素跨区域自由流动的机制，探索联合招商、资源分享、产值核算、税收分成、土地收入分成、企业品牌共享等利益协同机制，真正实现示范区产业一体化发展。三是依托示范区产业基础、功能配套、区位和政策优势，积极引入与产业密切相关的科研院所、高等院校，联合建立高校分校、高职教育学院、产业研究院、制造业创新中心、院士专家工作站、产学研实践基地等，为聚集科研、学术、人才优势创造"亮点"，构建长三角知识密集型的创新研发高地。

（二）优化空间布局，提高土地产出效率，实现"空间聚合"

1. 构建生态体系，形成"三生融合"的空间综合体 ①

一是围绕"生产、生活、生态"各大要素，实行"一本规划，一张蓝图，一库项目，一管到底"。用生态修复、城市修补的理念统筹区域各项规划，合理布局民生项目、发展项目、生态项目。二是优化新城经济空间布局，以产业发展为核心，有效突破产业集群培育的关键环节，将有限的土地资源、空间资源用于发展高端产业，提高新城经济高质量发展的韧性。三是注重"人本导向"，打破园区生产与生活空间壁垒，合理建设交通、教育、医疗、银行、文娱等公共基础设施，显著提升新城的承载力和吸引力，进而正向反馈带动人才生存质量的提高。

2. 强化招商引资，提高单位土地产出效益

一是要提高招商的"量"，招大引强，引进一批战略性、引领性的好项目大项目，

---

① 周正柱：《推进上海郊区新城产城融合发展的思考和建议》，载《科学发展》2018年第9期，第57—62页。

抓好重大项目建设工作，以项目的落地带动转型，以转型促进发展。构筑新城产业"内核"，做大城市产业总体规模。二是要强化招商引资的"质"，精准招商工作，重点谋划引进产业发展潜力巨大、支撑引领地位明显、示范带动强劲的业内龙头骨干企业，以高质量招商构建园区现代高质量产业体系。三是要提高自身的招商能力，加强对科技和产业变革的学习研究，加强与行业领军企业、高端人才和著名科研机构的联系交流，提高招商引资专业技能。

（三）凝聚创新机制，形成要素"磁石"，打造"活力新城"

1. 探索数字化园区，打造宜居宜业产业新城

一是搭建数字化综合平台，实现从园区建设、服务、运营等各个环节的数字化转型。通过提升产业园区信息化基础设施建设，构建智能应用场景，便利生产、生活需求，同时盘活数据资产，实现数据融通。二是利用数字科技平台，增强产业配套服务，实现产业数据互通互联，助力产业链优化升级，达到帮助企业降本增效，为传统产业赋能的目的。三是规范数据管理，贴合产业发展以及企业成长的切身需求，创新园区管理模式，提升园区精细化管理水平。

2. 培育产业创新生态，建设创新创业聚集地

一是优化创新创业环境，加强创新创业企业孵化，提升创新创业扶持力度，打造扶优育新的创新生态，将新城打造成区域性产业创新重要承载地，为新城培育一批创新能力强的大企业厚植沃土。二是强化政策支持力度，加强新城各类创新创业平台建设，提高知识产权保护力度，营造公平透明、可预期的营商环境。三是优化政务环境，以"大市场、小政府"为发展导向，简化审批环节，规范办事程序，推行便民配套措施，提高政务服务水准，让政务服务与经济发展同频共振。

发挥长三角区域科技和产业创新综合优势，提升长三角区域科技和产业创新能力

编者按：近日召开的扎实推进长三角一体化发展座谈会上，习近平总书记高屋建瓴的讲话不仅为长三角区域顺应变局谋求更高质量发展、更高水平开放做出了最新定位，也赋予了长三角区域在促进形成"双循环"新发展格局中新的重大历史使命。上海亟需进一步强化高端产业引领功能，充分发挥科技和产业创新开路先锋作用，全力优生态、拉长板、提能级、强供给，不断提高产业链、供应链的稳定性和竞争力，更好支撑上海打造成为国内大循环的中心节点、国内国际双循环的战略链接，更好服务国家战略任务、推动经济高质量发展。

面对当今世界正经历百年未有之大变局，以及当前我国发展内部条件和外部环境正发生深刻复杂变化的新挑战，加快形成以国内大循环为主体、国内国际双循环相互促进的新发展格局是党中央顺应时势作出的重大战略抉择。如何发挥上海科技和产业创新开路先锋作用，在战略上布好局，在关键处落好子，锚定形成长三角区域"双循环"新发

展格局的突破口至为重要。

一、长三角区域科技和产业创新基础优势分析

长三角区域人口密集，经济发达。以 2019 年为例，长三角区域三省一市以占全国不到 4% 的土地面积，集聚了全国约 16% 的常住人口，产出了全国约 24.1% 的经济总量，是国际公认的六大世界级城市群、"一带一路"建设和长江经济带发展的重要交汇点。

（一）科技创新资源竞争优势明显

长三角地区创新资源丰富，拥有众多科研院校、外资研发中心和本土企业研发总部，引进了一批高水平的创新创业人才，并且各类天使投资、风险投资等创新资本密集。据不完全统计，长三角区域聚集了全国 1/4 的双一流高校、国家重点实验室、国家工程研究中心，全国 1/3 的研发经费支出和有效的发明专利。其中上海全社会研究与试验发展（R&D）经费投入强度（与地区生产总值之比）逐年提升，从 2015 年的 3.73% 升至 2019 年的 4.00%，远高于国内 2.15% 的年均水平，也超过国际创新型国家 3% 的投入水平。

表 1　2018—2019 年全国及沪、苏、浙、皖相关创新指标

类　　别	年度	全国	上海	江苏	浙江	安徽
国家科学技术奖	2018	278	47	50	25	13
	2019	308	52	55	27	5
全社会 R&D 支出占 GDP 比重（%）	2018	2.19	4.16	2.70	2.57	2.16
	2019	2.23	4.00	2.79	2.68	2.03
高新技术企业数量	2018	18.1 万	11346	13278	新 3187	5403
	2019	/	12848	10689	新 4700	新 1200
GDP（亿元）	2018	900309	32680	92595	56197	30007
	2019	990865	38155	99631.5	62352	37114

数据来源：据国家统计局、科学技术部和财政部全国科技经费投入统计公报、三省一市国民经济和社会统计公报等整理。

（二）产业创新体系各具特色和优势

上海综合基础好、国际化水平高、在高端制造相关领域具有雄厚技术创新和产业

转化能力，全市工业增加值、工业总产值分别从 2015 年的 7110 亿元、33212 亿元提高到 2019 年的 9671 亿元、35487 亿元，年均增长 2.4% 和 2%，工业增加值占 GDP 比重 25.4%，战略性新兴产业制造业产值占全市工业总产值比重从 26% 提高到 32.4%。江苏经济实力强、制造业发达、科教资源丰富、开放程度高，有苏南国家自主创新示范区。浙江民营经济比重大、体制机制较活、市场活力优势、数字经济发展特色鲜明发展领先、生态环境优美。安徽创新潜力足、生态资源丰富、内陆腹地广阔、战略性新兴产业呈后发趋势，其中安徽合肥和上海张江同为综合性国家科学中心。

表 2　2019 年全国及沪、苏、浙、皖主要经济指标

指标	项目	全国	上海	江苏	浙江	安徽
地区生产总值	绝对数（亿元）	990865	38155	99631.5	62352	37114
	增长（%）	6.1	6	6.1	6.8	7.5
	占全国比重（%）	100	3.9	10.1	6.3	3.8
规上工业增加值		5.7	0.4	6.2	6.6	7.3

数据来源：据 2019 年三省一市国民经济和社会发展统计公报等公开数据整理。

在长三角区域，集成电路和软件信息服务产业规模分别约占全国二分之一和三分之一①，江苏、浙江、上海累积医药制造业企业已占全国企业数量的 26.6%，其占比 25% 的主营业务收入实现了全国 37% 的利润总额。长三角整车产能占全国比重超 22%，零部件企业数量和产量占全国比重均超过 40%，新能源汽车市场份额超 1/3。长三角工业互联网、人工智能等新兴领域发展也走在全国前列；全球机器人巨头及国内龙头品牌均在长三角地区设有总部基地或研发中心；沪苏浙三地造船产量占全国 2/3。

二、长三角区域科技和产业创新的问题瓶颈

（一）产业链上下游关键环节布局亟待优化，尚未形成纵深连接，跨区域的科技和产业创新协同机制有待完善

重点产业同质化竞争态势较为严重，低水平重复性建设、比拼优惠政策招商等问题

① 金叶子、缪琦、胥会云、邹臻杰：《中央再为长三角注入发展动力，一体化如何实现高质量》（https://www.sohu.com/a/414549150_114986，写作时间：2020.8.23，访问时间：2021.4.15）。

突出，资源配置效率较低，具有全球影响力产业集群的规模化趋势和产业基地的核心优势仍不突出，竞争力分散，存在产能过剩风险。跨区域深层次的产业联动机制和信息共享机制还需进一步深化，产业创新力和全球竞争力有待提升，区域合理分工、优势互补的产业格局尚未充分形成，区域数据共享互通仍缺乏有效机制保障，如，中心节点城市以战略性新兴产业推进布局，面临平行竞争，而中小城市主要集中在制造加工组装等低端环节和低附加值产品，尚未突破核心技术和基础零部件、关键元器件制约。"链主型"企业、产业链配套中小企业、行业协会及国家安全信用评级等关键环节未实现有效协同、具有全球影响力的产业集群产业链纵深未实现有效连接。

（二）标志性产业链特色仍不够突出，先进制造业与高端服务业融合仍需加强

上海和长三角区域围绕全产业链模式"关键核心技术—材料—零部件—整机—系统集成—后端服务"、产业集聚模式"关键核心技术—产品—企业—产业链—产业集群"，以及产业链压缩模式"创新链深度嵌入产业链"等的标志性产业链特色仍不够突出，也尚未从偏向先进制造业的"单一化发展"，转变为注重先进制造业与高端服务业的"融合化发展"。

（三）上海和长三角区域尚需完善头部企业引领、专业化中小企业协同的产业生态建设

提升长三角一体化创新和上海高端产业链现代化水平过程中，类比 5G 通信系统—华为、数字经济—阿里、社交平台—腾讯、新能源汽车—特斯拉等推动产业生态构建的企业较少，上海重点领域核心环节的"链主型"企业仍存在缺位。亟待引入和培育"链主型"企业，对于产业链细分领域核心环节和关键技术有深入分析和详细了解、自身风险可控，并有效甄别出构建适合产业生态系统的中小型企业。

三、提升长三角区域科技和产业创新能力的对策建议

（一）专注产业基础研究，为长三角产业核心技术创新更好赋能

锚定与先导产业发展需求相对接的基础研究方向，突出研究的问题导向和需求导

向，专注直接运用于产业发展的基础研究，精准投入要素资源考虑产业相关应用场景，驱动研究成果较快用于解决企业技术难题，抢占长三角产业核心技术制高点，有力推动新产品开发、创造新的产业技术应用，进而增强产业核心技术创新长期竞争优势。

（二）创新链嵌入产业链，打造自主可控、安全可靠的标杆性特色产业链

聚焦集成电路、人工智能、生物医药等方面，瞄准具有高成长性、高附加值、关键核心技术的产业方向，精细梳理科技创新链与产业链的系统结构和核链网关系，引导资源的整合配置和两链的强链补链。创新链嵌入产业链，强化产业技术主导，加快产业创新突破，切实把握创新主动权、发展主动权。要紧紧围绕产业链核心环节、价值链高端地位，更好参与打造自主可控、安全可靠的产业链供应链。

（三）充分发挥"链主型"企业在技术和产业创新中的主体作用

对重点产业链实施补链、延链、强链，培植一批具有开发关键技术和带动性强新产品能力的"链主型"企业，充分发挥其在技术和产业创新中的"主心骨"作用，使之成为区域创新要素集成、科技成果转化的生力军。推动产业链与智能化、网络化深度融合，鼓励"链主型"企业牵头建设产业链平台，引进产业内有竞争力或发展潜力的企业及项目可以完善所处的产业生态系统，通过外部效应、集聚效应等的发挥，进一步提升自身市场竞争力，甚至奠定或巩固"链主"地位，投资、孵化一些潜力企业或项目可以为自身业务发展提供新的经济增长点，加速促进产业链平台化。

"数"看长三角集成电路产业

编者按：以上海为龙头的长三角地区是我国集成电路产业规模最大，技术水平最高、产业链最完整的区域之一。当前随着长三角一体化国家战略深入推进，集成电路作为产业制高点已成为区域一体化战略实施的重点。为加深对上海和长三角地区集成电路产业的了解和认识，笔者对长三角集成电路产业发展情况进行梳理，期望为相关决策提供参考。

以上海为龙头的长三角地区是我国集成电路产业规模最大、技术水平最高、产业链最完整的区域之一。当前随着长三角一体化国家战略深入推进，集成电路作为产业制高点已成为区域一体化战略实施的重点。为加深对上海和长三角地区集成电路产业的了解和认识，笔者对长三角集成电路产业发展情况进行梳理，期望为相关决策提供参考。

一、长三角集成电路产业基本情况

长三角地区已初步形成覆盖集成电路设计、制造、封测及设备材料等为一体的完整产业链。据统计，2019 年长三角集成电路产量占全国 48.3%，销售规模占全国约 62%（见表 1），集聚了一大批国内集成电路行业领军企业，如以中芯国际、华虹为代表的集成电路制造企业，以韦尔半导体、紫光展锐为代表的集成电路设计企业，以江阴长电、通富微电为代表的集成电路封测企业，以中微半导体、上海微电子为代表的集成电路装备制造企业，以上海新昇、江丰电子等为代表的集成电路材料企业，已初步具备打造世界级集成电路产业集群的基础条件。

表 1　长三角集成电路主要数据一览表

	全国	长三角		长三角占全国比重	
			上海		上海占比
2019 年集成电路产量（亿块）①	2018.2	975.02	207.59	48.3%	10.3%
2019 年集成电路销售规模（亿元）②	7562.3	约4685.91	1706.56	约62%	22.6%
设计	3064	1054	715.31	34.4%	23.3%
制造	2149	1195	389.75	55.6%	18.1%
封测	2349	1268	382.54	54%	16.3%
首批国家战略性新兴产业集群—集成电路（个）③	5	2	1	40%	20%
销售过亿的集成电路企业数量（家）④	238	107	27	45%	11.3%
首批国家示范性微电子学院数量（个）⑤	26	8	3	30.8%	11.5%
集成电路专利数（个）⑥	26946	8889	3031	33%	11%

---

① 国家统计局：《中国统计年鉴》，第十三章工业，http：//www.stats.gov.cn/tjsj/ndsj/2020/indexch.htm（13-13 分地区工业产品产量，转载时间：2020.11.02）。

② 徐步陆：《我为"十四五"建言 | 中国半导体行业协会知识产权工作部执行副部长徐步陆：强化知识产权保护运用促进芯片产业创新发展》，第 2 段，https：//mp.weixin.qq.com/s/ffzlvNOlSjFf-TQ_R2drlw（"中国电子报公众号"，发布时间：2020.11.19）。

③ 国家发改委：《关于加快推进战略性新兴产业产业集群建设有关工作的通知》（发改高技〔2019〕1473 号）。

④ 中国半导体行业协会设计分会理事长魏少军在 ICCAD 年会上的演讲，https：//baijiahao.baidu.com/s?id=1650819745657816816&wfr=spider&for=pc。

⑤ 《教育部等六部门关于支持有关高校建设示范性微电子学院的通知》（教高函〔2015〕6 号）。

⑥ 数据来源：上海硅知识产权交易中心：《中国集成电路行业知识产权年度报告》http：//www.elecfans.com/d/1000911.html。

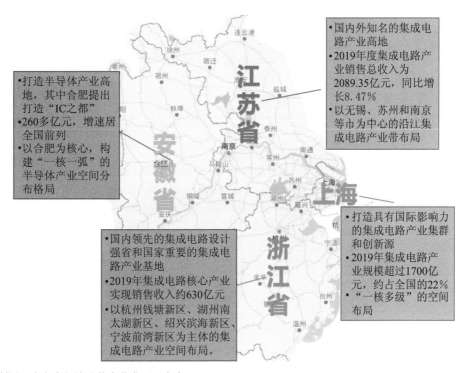

制图：上海市经济和信息化发展研究中心。

图 1 长三角地区集成电路产业情况

（一）长三角 IC 设计（集成电路设计）：销售规模占全国 1/3，整体增速快于全国 8 个百分点

根据中国半导体行业协会 IC 设计分会统计[①]，2019 年我国集成电路设计业销售规模为 3255.4 亿元，同比增长 26.3%。从主要区域看，如表 2 所示，珠三角、长三角和京津环渤海地区合计占比超过 90%，其中珠三角地区为 1247.2 亿元，占比最大，达到 38.3%，主要集中在深圳（2019 年产值为 1098.7 亿元）；其次为长三角地区 1093.2 亿元，占比为 33.6%，主要集中在上海（2019 年产值为 680 亿元）；京津冀地区 626.5 亿元，占比为 19.2%，主要集中在北京（2019 年产值为 577.1 亿元）。从销售增速看，长三角 IC 设计 2019 年整体增速达 29.5%，快于全国近 8 个百分点，其中上海增速为 41.7%，无论是产业规模还是增速，上海在 IC 设计领域均大幅领先于长三角其他主要城市（见表 3）。

[①] 《上海集成电路产业发展研究报告》，第二章第二节我国集成电路设计业，第 96 页。

表 2　2019 年国内主要区域 IC 设计业销售规模增长率及占全国比重

地　区	长三角	珠三角	京津环渤海
IC 设计业销售规模（亿元）	1093.2	1247.2	626.5
增长率	29.5%	37.4%	4.7%
占全国比重	33.6%	38.3%	19.2%

表 3　长三角主要城市 IC 设计产业规模及增速情况

主要城市	2018 年（亿元）	2019 年（亿元）	2019 年增速	占全国比重
上　海	480.0	680.0	41.7%	20.9%
杭　州	118.3	132.2	11.8%	4.1%
无　锡	110.0	135.0	22.7%	4.1%
苏　州	45.0	50.0	11.1%	1.6%
南　京	66.0	66.3	0.5%	2.0%
合　肥	24.7	29.7	19.9%	0.90%
小　计	844.1	1093.2	29.5%	33.60%

（二）长三角 IC 制造："十二五"以来年均增速超 10%，产量占全国近一半

2019 年我国大陆集成电路总产量为 2018.2 亿块（含外资和港澳台资在本土的产量），其中长三角地区生产了 975.02 亿块，占比 48.3%。"十二五"以来，长三角地区集成电路产量由 2010 年的 366.67 亿块增长至 2019 年的 915.28 亿块，年均增长 11.6%，占全国比重始终保持在一半左右。需要引起注意的是，从 2018 年开始长三角集成电路产量占全国比重已连续两年低于 50%，表明长三角以外制造产能的扩张速度已快于长三角地区。从生产线布局看，截至 2019 年，我国共有 12 英寸晶圆生产线 22 条[①]，其中 10 条位于长三角地区；8 英寸晶圆生产线 22 条，其中 15 条位于长三角地区（见表 4）。相较于技术成熟的 8 英寸生产线，在技术水平更先进的 12 英寸生产线布局中，长三角相对于其他地区的领先优势逐渐缩小。

[①]《上海集成电路产业发展研究报告》，第二章第三节我国集成电路晶圆制造业，第 106 页。

表 4　长三角三省一市集成电路产量和 IC 晶圆生产线情况

省市名称	2019 年产量（亿块）	占全国比重	12 英寸晶圆生产线	8 英寸晶圆生产线
上海市	207.59	10.3%	4	10
江苏省	564.24	28.0%	5	3
浙江省	143.45	7.1%	0	2
安徽省	59.74	3.0%	1	0
小　计	975.02	48.3%	10	15

（三）长三角 IC 封装测试：占全国比重超过六成，江苏优势明显

封装测试是集成电路三大主要环节（设计、制造、封测）中，我国与世界先进水平差距较小的一个环节。从市场规模看，封测总体市场规模位居第二，略高于制造，低于设计。2019 年我国集成电路封装测试业销售规模为 2349.7 亿元，同比增长 7.1%，其中长三角地区占比超过六成，全球封测十大厂商，中国大陆占 3 家，其中 2 家位于长三角，分别为长电科技、富通微电，均位于江苏省，合计市场占有率 15.7%（见表 5）。从企业数量看，全国共有封测企业 103 家，其中长三角地区 56 家，占比 54.4%，主要位于江苏省。

表 5　2019 年全球集成电路封装测试业前十大厂商排名

排序	厂商名称	总部所在地	2019 年销售额 / 亿美元	2019 年市占率
1	ASE（日月光）	中国台湾	54.35	20%
2	Amkor（安靠）	美　国	39.78	14.6%
3	JCET（江苏长电科技）	中国江苏	30.66	11.3%
4	SPIL（矽品精密）	中国台湾	28.51	10.5%
5	PTI（力成科技）	中国台湾	21.75	8.0%
6	TF（南通富士通微电子）	中国江苏	12.01	4.4%
7	HuaTian（华天科技）	中国天水	11.94	4.4%
8	KYEC（京元电子）	中国台湾	8.33	3.1%
9	UTAC（联合科技）	新加坡	6.95	2.6%
10	Chipbond（欣邦）	中国台湾	6.70	2.5%
前 10 大厂商合计			220.98	81.2%
全球合计			272.21	100%

表 6　全球集成电路封装测试业前十大厂商长三角布局情况

排序	厂商名称	长三角布局
1	ASE（日月光）	上海：ASE 上海封测厂（张江）、月芯半导体科技有限责任公司（ISE Labs）半导体测试和可靠性服务实验室、ASE 上海材料厂 江苏：ASE 昆山厂苏州日月新、ASE 无锡通芝厂
2	Amkor（安靠）	上海：安靠封装测试（上海）有限公司
3	JCET（江苏长电科技）	江苏：江阴市长电科技本部、长电集成电路事业中心、高密度集成电路国家工程实验室安徽省滁州市分厂、江苏省宿迁市分厂
4	SPIL（矽品精密）	上海：办公室 江苏：矽品科技（苏州）有限公司
5	PTI（力成科技）	江苏：力成科技（苏州）有限公司
6	TF（南通富士通微电子）	江苏：南通总部、TF-AMD 苏州 安徽：合肥通富微电子有限公司
7	HuaTian（华天科技）	上海：上海纪元微科电子有限公司 江苏：华天科技（昆山）电子有限公司
8	KYEC（京元电子）	江苏：京元电子苏州厂
9	UTAC（联合科技）	无
10	Chipbond（欣邦）	无
前 10 大厂商合计		
全球合计		

（四）长三角 IC 支撑产业：一批"种子型选手"培育壮大

根据 SEMI 统计数据，2019 年我国大陆半导体设备市场规模为 129.1 亿美元，国产设备占比 18.8%，半导体材料市场规模为 828.1 亿元，国产占比 22.2%。根据中国电子专用设备工业协会，2019 年中国集成电路设备前十名企业共完成销售收入 63.1 亿元，其中位于长三角的企业有 5 家，销售收入 21.4 亿元，占前十总收入的 33.9%。经过长期艰苦努力，我国集成电路装备材料国产化程度总体有了明显提升，但由于多方面原因，光刻机、溅射靶材等核心设备和关键材料仍大量依赖进口，集成电路生产设备、EDA 软件等面临"卡脖子"风险。长三角地区是国内最早布局集成电路设备、材料的区域之一，牵头承担了"02 专项"装备整机、关键材料多项科技攻关任务，经过多年努力，在等离子刻蚀机、薄膜沉积等多种高端装备和靶材、抛光液等关键材料领域部分实现进口替代，孕育了一批"种子型选手"，是我国集成电路产业整体提升的重要支撑力量。

表 7 IC 支撑产业长三角代表性企业

序号	类别	名 称	长三角主要企业
1	设备厂商	先进封装光刻机	上海微电子装备
2		涂胶、显形、去胶机	盛美半导体（上海）
3		TSV 刻蚀设备	中微半导体（上海）
4		清洗设备	盛美半导体（上海） 上海至纯洁净系统科技股份有限公司
5		电镀设备	上海新阳半导体
6		金属凸点植球机	上海微松
7		晶圆划片机	江苏京创
8		贴片机	苏州艾科瑞思
9		倒装焊机	嘉兴景焱
10		自动芯片测试台	杭州长川科技
1	材料厂商	光刻胶及配套试剂	苏州晶瑞 江苏南大光电 上海新阳
2		电子气体	江苏南大光电、苏州金宏
3		湿法电子化学品	苏州晶瑞
4		CMP 抛光垫	苏州观胜
5		CMP 抛光液	安集微电子科技（上海）
6		溅射靶材	宁波江丰
7		半导体环氧塑封材料	江苏华海诚科 江苏衡所华威 江苏中鹏 昆山长兴 无锡创达
1	EDA 软件	高级封装仿真解决方案	芯和半导体科技（上海）
2		测试芯片设计平台	杭州广立微电子
3		大规模高精度集成电路仿真	上海概伦电子有限公司

（五）长三角 IC 专利：数量占全国比率接近六成

集成电路是高技术制造业的典型代表，知识产权是企业核心竞争力和技术发展水平的重要体现。根据统计①1985 年至 2019 年底专利公开情况发现，掌握中国和美国专利最多的 TOP20 集成电路领域上市企业（以下简称"TOP20"），累计拥有的中国和美国专利数量为 50290 件。而在 TOP20 的企业中，共有 9 家长三角地区企业入围，这些企业累计拥有中国和美国专利为 32024 件，占 TOP20 拥有的专利比重的 63.7%（见表 8），总体而言长三角地区集成电路上市企业技术含量相对较高。

表 8　长三角集成电路领域主要上市企业中国和美国专利布局情况

序号	公司名称	中国专利数量	美国专利数量
1	中芯国际（总部上海）	13330	3057
2	华力微电子（总部上海）	4400	197
3	杭州海康威视数字技术股份有限公司	2815	191
4	华虹半导体（总部上海）	2406	185
5	华润微电子有限公司（总部上海）	1546	250
6	华大半导体有限公司（总部上海）	1175	143
7	南通富士通微电子（总部南通）	789	18
8	杭州士兰微电子股份有限公司	720	27
9	中微半导体设备（总部上海）	688	87

从国家知识产权局公开的集成电路布图设计专用权公告统计数据来看，2001 年至 2019 年底，在我国登记公告的集成电路布图设计专有权公告数量累计为 22649 件，其中上海市 4914 件，江苏省 3664 件，浙江省 1512 件，安徽省 1364 件，合计占到全部集成电路布图设计专有权公告数量的 46%。

二、长三角集成电路一体化发展面临的挑战

从统计数据看，长三角集成电路三大环节之中，除 IC 设计占全国的比重在 1/3 左右外，IC 制造、封测的占比均超过一半，在全国举足轻重。与此同时，长三角肩负着代表

---

① 资料来源：上海硅知识产权交易中心：《中国集成电路行业知识产权年度报告》，http://www.elecfans.com/d/1000911.html。

国家参与集成电路国际竞争合作的重要使命，正致力于打造世界级先进制造产业集群。对标国际一流，长三角集成电路产业发展还存在不少差距和短板。

（一）产业规模尚不能满足国内市场需求

2019 年长三角地区集成电路产量占全球半导体产品出货量的 10%，销售规模约占全球半导体市场份额的 10.2%。进口集成电路数量占全国近一半比例，但也仅能满足 1/5 左右的市场需求，且主要集中在中低端产品。

（二）全球市场占有率较低

2019 年全球前 15 大半导体厂商、前 10 大 IC 设计企业，尚没有国内企业入围，全球前 10 大纯晶圆代工厂商，长三角虽有 2 家，但合计市场占有率仅有 8%，与排名第 1 的台积电（61%）相距甚远；2019 年全球前 10 大 IC 封测厂商中，中国大陆企业共有 3 家，其中长电科技、通富微电位于长三角，合计市场占有率 15.7%。比排名第一的日月光低 4.3 个百分点。总体而言在集成电路产业和企业规模方面，长三角还需要加大培育力度。

（三）企业研发投入显差距

掌握中国和美国专利前 20 的集成电路上市企业中，长三角地区尽管有 10 家企业入围，累计专利量达 28876 件，但仅占全球集成电路专利总量的 0.09%；2019 年全球集成电路研发投入前十大企业中，中国仅有华为海思一家入围，研发投入 24.39 亿美元，而长三角地区没有企业上榜。

（四）集成电路产业布局尚需优化

集成电路作为长三角产业一体化发展的重点领域，三省一市均提出打造集成电路产业高地，健全集成电路产业链，但在前几年布局和近年来"芯片热"的环境下，各地不同程度存在产业同质化现象，各区域间的协同协作由于利益立场分化难以形成共识。有些地方甚至没有充分考虑发展条件，缺少科学论证，盲目建设集成电路项目，产生不必要的投资浪费和重复建设。

三、长三角集成电路协同一体化发展的对策建议

（一）聚焦龙头企业优化产业生态环境

经过多年培育，长三角在集成电路各个领域均成长了一批"种子型选手"，是我国集成电路产业实现由跟跑到并跑进而领跑的希望所在，要进一步聚焦龙头企业和"种子型选手"，持续加大政策扶持力度，发挥新型举国体制和我国超大规模市场优势，对重点企业实行"一企一策""一链一策"，从根本上解决产业发展面临的一系列问题。要加快落实《建设高标准市场体系行动方案》，在长三角区域以集成电路产业为重点，率先推动建设统一开放、竞争有序、制度完备、治理完善的高标准市场体系，打破有形和无形的行政壁垒、准入壁垒、市场壁垒，营造便于资金、人才、数据等资源要素自由流动的市场环境，使集成电路企业真正按照产业发展规律、市场条件、自身需求，自主决定发展方向、规模和速度。

（二）聚焦产业链关键环节协同开展科技创新

大数据、云计算、物联网、人工智能等信息产业技术的快速发展和数字化转型不断加速，使得各行业和全社会对集成电路产业的需求和期待不断提升，同时鞭策着行业创新发展，集成电路产业技术不停地更新升级，行业壁垒越来越高，更加需要协同三省一市的力量来聚合全球创新资源，聚焦产业链关键环节，协同开展科技创新，携手攻克"卡脖子"技术。要准确把握全球信息产业的新趋势和方向，超前布局一批前沿新兴技术，畅通科技成果转化通道。三省一市要立足全局，各扬所长，聚焦产业链强链补链，共同打造跨区域集成电路先进制造业集群。要健全人才培养体系，着力突破关键软硬件技术，实现集成电路产品自主化，力争在全球产业格局中占据一席之地。

（三）聚焦区域高水平协作优化生产力布局

加大长三角政府间协商，制定集成电路一体化发展规划，优化生产力布局，通过产业链上下游联动，促进长三角集成产业协同发展。引导合理投资，避免盲目追热点，建议长三角一体化发展示范区作为试点区域，建立一体化的市场机制，充分发挥市场对资

源配置的决定性作用，避免恶性竞争，减少政府的过度干预，按照竞争中立原则配置产业政策，避免产业规划布局的同构化及纷争，强化产业集群的战略规划协同、指导政策协同及配套服务协同，在巩固集成电路产业现有优势的基础上，加强与信息产业等新趋势和技术的融合，实现区域产业协同发展和制造业智能化高端化转型。

（四）上海应率先攻坚突破，发挥龙头带动作用

一是探索部市联动提高议事决策与统筹协调能级创新。依托上海自身优势领域，加快落实集成电路"上海方案"，凸显示范效应，并以上海为龙头形成长三角方案，统筹布局区域重大生产力，要依托产业、科创、人才和市场优势，以高效优质营商环境，着力打造吸引长三角乃至全国范围集成电路龙头企业集聚的强大引力场。

二是梳理三省细分领域长板，将三省一市各自的攻关清单转化为长三角区域的"合作清单"。如，江苏依托长电科技、通富微电等封测龙头企业，加快攻关 SiP（系统级封装）、TSV（硅穿孔封装）、3D 封装等核心技术，支持电子特种气体领域突破（南大光电、雅克科技），浙江支持江丰电子等靶材龙头企业攻关 5 纳米钽靶材，安徽依托合肥长鑫建设 12 英寸存储器晶圆制造基地等，与上海形成更紧密产业链对接。

三是持续推动国际集成电路创新中心和国家智能传感器创新中心建设，联合三省一市强化科技产业力量，尽早取得突破。针对产业链共性短板，支持围绕光刻机部件、外延设备、装备零部件、汽车电子 IGBT 芯片关键技术等协同攻关，提升核心技术能级。

长三角医药制造业发展分析研究

编者按：长三角地区是我国生物医药产业基础雄厚、科技研发实力最强、投融资最活跃的区域之一。2019 年，长三角规模以上医药制造企业实现收入 6553 亿元，占全国比重 27.4%。拥有 32 家全国医药行业百强上市企业，31 个全国生物医药百强园区，3 所大学入选全球生命科学百强研究机构，生物医药行业投融资金额占全国近一半，均高于长三角在全国的 GDP 占比。《长江三角洲区域一体化发展规划纲要》明确要求，以电子信息、生物医药等产业为重点，强化区域优势产业协作，形成若干世界级制造业集群。通过对长三角生物医药产业发展情况分析，加深对长三角生物医药产业发展的认识。

医药制造业 ① 是生物医药产业的核心板块，既是带动力强、成长性好的战略性新兴

---

① 根据国民经济行业分类（GB/T 4754-2017），医药制造业包括化学药品工业（原料药和制剂）、中药工业（饮片、中成药）、兽用药品制造、生物药品制造（疫苗、生物制品等）、卫生材料及医药用品制造、药用辅料及包装材料制造。

产业，也是治病救人的民生产业。在抗击新冠疫情战"疫"中，医药制造业为保障人民生命健康和社会生产快速恢复提供了坚实物质基础。长三角医药制造业起步较早、产业基础好、开放优势明显，随着长三角一体化国家战略的深入推进，国家药品审评检查长三角分中心等政策利好正渐次落地，将有力助推长三角医药制造业高质量发展。同时医药制造业发展也面临着创新能力不足、医疗体制改革全面推进等带来的挑战，这些因素将持续推动长三角医药制造业格局深层次调整。

一、总体情况

（一）长三角医药制造业总体规模占全国 1/4 强

以规上企业数量衡量，2019 年长三角医药制造业规模以上企业数量为 1765 家，约占全国 23.9%；以营业收入衡量，2019 年长三角医药制造业规模以上企业营业收入为 6553 亿元，约占全国 27.4%（见图 1）；以利润总额衡量，2019 年长三角医药制造业规模以上企业利润为 913 亿元，约占全国 28.7%；以企业资产衡量，2018 年长三角医药制造业规模以上企业资产为 8105 亿元，约占全国 24.6%。总体上看，长三角医药制造业规模约占全国 1/4 强，比重高于京津冀地区和广东省。

从全国范围看，相比 2010 年，2019 年长三角医药制造业规模以上企业营业收入占全国比重由 30.8% 下降为 27.4%，其中 2011 年数据波动较大，长三角占全国比重下降 7 个百分点（见图 1）。剔除该年数据，从 2011—2019 年数据看，长三角占全国比重不降反升，增加了 3.6 个百分点。从规模以上企业数量看，2011 年下降为 1408 家，比 2010 年减少 338 家。值得注意的是，国家统计调查从 2011 年 1 月起，将纳入规模以上工业企业统计起点标准从年主营业务收入 500 万元提高到 2000 万元，这一调整对长三角医药制造业规模以上企业数量和营收规模均带来重大影响。值得注意的是，在全国同步调整规模以上认定标准的情况下，长三角医药制造业营收占全国比重也出现较大幅度下降，表明 2011 年长三角地区有相当数量的中小型医药制造业企业，未达到纳规标准，直到 2015 年，按照新的认定标准，长三角医药制造业规模以上企业数量才恢复至 2010 年水平。

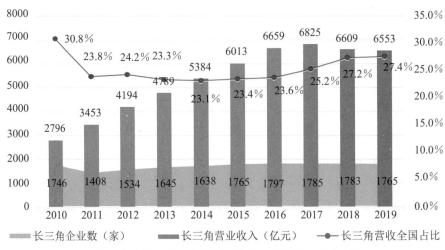

图1 长三角地区规模以上医药制造业企业数量、营收占比情况

（二）长三角医药制造业盈利能力为一般制造业 2 倍

2019 年长三角医药制造业规模以上企业营业收入利润率为 13.93%，略高于全国医药制造业平均水平（13.33%），但相比广东省和京津冀地区分别低了 1.78 和 1.36 个百分点。与长三角规模以上制造业营业收入利润率（6.27%）相比，长三角医药制造业营业收入利润率显著高于一般制造业，为制造业平均水平的 2 倍以上。从总量来看，2019 年长三角医药制造业以占长三角规模以上制造业 2.4% 的营业收入和 2.9% 的企业资产总额，创造了 5.4% 的利润，表明医药制造业附加值总体处在较高水平。

从医药制造业规模以上企业营业收入利润率看，2010—2019 年长三角实现稳中有升，除 2010 年外，各年份营收利润率均高于或与全国平均水平相当。三省一市中，上海显著高于平均水平，始终保持在 12% 以上，2015—2017 年连续三年达到 16%；浙江省总体较高但波动幅度较大，个别年份达到 20%，低的年份只有 10%；江苏省作为全国医药制造业的龙头省份，与全国水平保持高度一致，是全国医药工业的缩影；安徽省多年未突破 10%，且低于全国平均水平，医药制造业质量效益有待提升（见图 2）。

（三）医药体制改革持续深入，长三角率先进入新常态

从总资产、营业收入、利润数据看，2017 年全国和长三角医药制造业发展增速均出

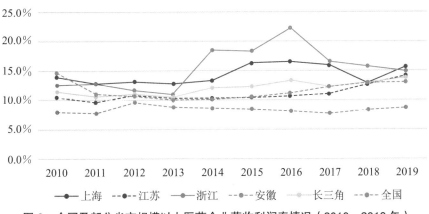

图2 全国及部分省市规模以上医药企业营收利润率情况（2010—2019年）

现大幅下降，主要数据增速创近十年新低，是医药制造业发展的重要拐点。2017年2月，国务院办公厅出台《关于进一步改革完善药品生产流通使用政策的若干意见》(国十七条)，对药品生产、流通、使用等环节进行规范，规范发展的同时，也对医药制造业企业短期市场销售带来压力，在统计数字方面也得到印证。2018年，随着4+7药品集中带量采购文件公布施行，陆续出现药品"断崖式"降价的讯息，医药工业利润率大幅下降，全国医药制造业利润增速十年来首次实现负增长。

图3 长三角地区规模以上医药制造业利润增长情况

与全国的情况相比，长三角医药制造业利润增速在2017年首次跌落−5.7%后，先于全国实现反弹，但仍远低于国十七条落地前10%以上的增速水平（见图3）。随着医疗体制改革的持续深入，可以预见医药制造业将告别利润高增长时期。2021年1月28

日，国务院办公厅印发《关于推动药品集中带量采购工作常态化制度化开展的意见》，要求将基本医保药品目录内用量大、采购金额高的药品纳入采购范围，逐步覆盖各类药品。从长远来看，面对新常态，医药制造业需要加快结构调整步伐，增强创新驱动发展能力，提升行业整体竞争力。

（四）江苏总量效益优势进一步巩固，安徽增速最快

2009—2019 年，长三角规模以上医药制造业营业收入从 2270.86 亿元增长到 6553.03 亿元，规模以上医药制造业利润由 256.31 亿元增长到 913 亿元。

从营业收入看，三省一市各自占长三角比重出现较大变化，江苏领先优势进一步扩大 1 个百分点，占长三角医药制造业营收比重达到 48%，接近半壁江山；上海略微下降 1 个百分点，至 15%；安徽增速最快，比重由 8% 增加到 12%；浙江降低 4%，至 24%（见图 4）。

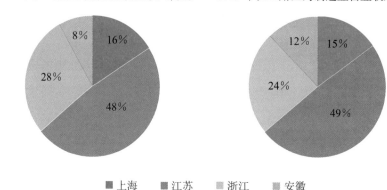

2009 年长三角医药制造业营业收入占比　　2019 年长三角医药制造业营业收入占比

■ 上海　■ 江苏　□ 浙江　▨ 安徽

图 4　三省一市医药制造业营收收入占长三角比重变化

从利润情况看，三省一市各自占长三角比重同样出现大幅变化，江苏领先优势显著提升 6 个百分点至 50%，质量效益相比十年前明显提升；上海略微下降 1 个百分点，利润占比仍然高出营收占比 2 个百分点，效益较好；浙江比重显著下降 7 个百分点，利润占比由 2009 年高出营收占比 4 个百分点，下降至与营收占比基本相当，值得引起高度重视；安徽利润占比提升 2 个百分点，虽有所提升但增幅不及营收占比，且低于营收占比 4 个百分点，与其他三省市差距较大，需要在提质增效上持续用力（见图 5）。

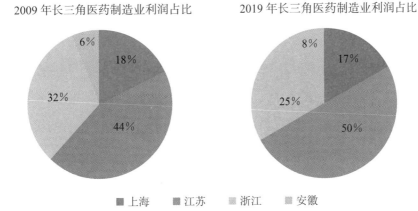

2009 年长三角医药制造业利润占比　　　　2019 年长三角医药制造业利润占比

■ 上海　■ 江苏　■ 浙江　■ 安徽

图 5　三省一市医药制造业利润占长三角比重变化

表 1　长三角及部分地区医药制造业主要数据

地区（省市）		规上企业数（2019 年）	营业收入（2019 年）	资产总计（2018 年）	利润总额（2019 年）	营收利润率（2019 年）
长三角	上海市	192	966.22	1475.37	151.58	15.69%
	江苏省	658	3237.66	3166.88	460.70	14.23%
	浙江省	456	1547.57	2442.99	231.32	14.95%
	安徽省	459	801.58	1019.91	69.40	8.66%
	合计	1765	6553.03	8105.15	913	13.93%
京津冀		614	2623.44		401	15.29%
广东省		484	1577.76	3377.12	247.99	15.71%
全 国		7392	23884.2	32913.1	3184.2	13.33%
长三角占全国医药制造业比重		23.87%	27.44%	24.63%	28.67%	—
长三角医药制造业占规上制造业比重		—	2.4%	2.9%	5.4%	—

资料来源：2019—2020 年全国及上海市、江苏省、浙江省、安徽省等地统计年鉴，数据单位除特别注明外均为亿元。2017—2020 年上海统计年鉴未见医药制造业规上企业数据，相关数据来源于上海市药监局。

二、长三角生物医药产业一体化发展面临的问题

（一）区域协同须进一步加强

受医疗体制改革、环保监管加强、竞争加剧等综合因素影响，长三角医药制造业当

前仍面临销售和生产的双向承压，从统计数据看，医药制造业营业收入进入中低速增长阶段，长三角携手打造生物医药世界级产业集群面临着比以往更严峻的外部形势和挑战。但从一市三省已发布的"十四五"规划纲要看，目前仅有上海市针对生物医药产业提出了协同发展的目标，"同长三角区域产业集群加强分工协作，突破一批核心部件、推出一批高端产品、形成一批中国标准"。一市三省亟须在顶层设计和区域协调方面加强合作对接。从发展现状看，长三角区域医药制造业不同程度存在产业同质化现象，区域间协同协作由于行政壁垒、利益分化等尚未形成有效的协作机制，集群效应未能充分发挥。

（二）创新能力有待进一步提升

根据火石创造数据，2014 年至 2020 年 9 月期间，全国生物药一类新药获批数量为 64 个，其中长三角 17 个，占比 26.6%，平均每年不足 3 个。另据自然杂志公布的全球生命科学百强研究机构，长三角仅有 3 家入围，与波士顿、伦敦、旧金山等世界级生物医药产业中心差距较大。创新药投入大、周期长、风险高，相比之下仿制药创新程度低，机会风险相对较小，长期以来是我国医药企业创新发展的首选。但创新药引领着生物医药产业发展的前途和方向，随着我国进入新发展阶段，医药产业必须由以"仿"为主向更加注重原始创新转变。在医疗器械方面，长三角在精密器件、医用高分子材料等领域无疑还面临着不少"卡脖子"问题，也亟须产业链上下游企业携手努力共同破解。

（三）产业生态须进一步优化

总体而言，长三角在生物医药研发、制造、投融资等方面处于国内领先地位，但与世界主要生物医药中心相比，在产业生态的完整性、专业性等方面存在差距。"产医融合""产融结合"亟待深化，从现状看尽管长三角地区拥有丰富的医疗资源，但医疗资源对产业支撑作用有待提升，尽管部分城市出台了鼓励产医结合的政策，但在制度设计上总体缺少鼓励医院、医生参与临床试验的激励机制，此外从事生物医药产业科技成果转化、人力资源、法律服务、商务咨询、投融资的专业化机构相对较少。跨地区的行业协会、联盟等平台型机构作用发挥不够。

三、长三角生物医药协同一体化发展的对策建议

（一）聚焦区高水平协作，加强政府间协商和引导

加大三省一市政府间协商协调，加快制定生物医药产业一体化发展规划。通过政府引导、社会参与等方式，集聚三省一市优质创新资源，携手解决生物医药领域"卡脖子"问题，为实现长三角医药行业高质量发展提供有力支撑。从区域统筹角度出台鼓励错位竞争的相关措施，加强产业链上下游协同发展，避免链条布局同质化、孤岛化。探索多层次、更为开放的生物医药产业投融资机制，引导多元化、多渠道、多层次的资金投入到生物医药产业共性技术研发体系，提高项目孵化率，打造世界级生物医药产业集群。

（二）着眼提升创新能力，推动产业高质量发展

加快打造生物医药创新人才高地，发挥上海吸引集聚海内外高层次人才的枢纽作用，使上海成为长三角"人才资源的聚集地和辐射源"，围绕解决生物医药高端人才在落户、社保、购房等方面的限制，率先打破区域行政壁垒，鼓励人才自由流动，以上海之才育长三角生物医药产业之新。面向生物医药前沿领域和薄弱环节，有针对性地加强长三角高校生物医药学科建设，加强本地人才培养和储备，促进医教产融合发展。加强政府引导，鼓励开展联合科技攻关，突破一批重大创新药物研发。运用数字化管理手段对医药制造企业供应链中的采购、生产制造、库存等环节进行节流，优化供应链，推动研发成果产业化。

（三）发挥上海龙头引领作用，持续完善产业生态

发挥上海国际金融中心作用，加快构建以产业＋创新＋金融＋临床为核心的生物医药产业创新体系，吸引国内外生物医药龙头企业、科技创新型领军、海归人才在上海和长三角区域投资兴业。加强政策供给，吸引集聚一批专业从事生物医药产业科技成果转化、人力资源、法律服务、商务咨询、投融资的专业化机构，构建"大科研＋大制造＋大临床"资源联动机制，在长三角地区率先实现临床资源面向医药、医械研发的统一规范和标准，面向长三角乃至全国企业实现无差别化的资源共享与合作模式，使长三角地区成为生物医药产业生态最完备、对生物医药创新企业最友好的区域之一。

上海与京、浙、深、苏等省市实施数字化转型政策的比较

编者按：党的十九届五中全会提出加快数字化发展，发展数字经济，建设数字中国。数字经济是引领经济和社会发展的重要力量，在抗疫情、保民生、稳增长中发挥了重要作用。同时，数字经济也是盘活国内大循环、实现供给侧和需求侧双向改革的重要抓手。近期，国内各地陆续出台与数字化转型相关的政策文件。上海市经济和信息化发展研究中心将上海市出台的政策与北京、浙江、深圳和苏州等四省市进行了对比，相关省市的做法值得借鉴。

一、五个省市数字化转型政策的对比分析

（一）关于总体要求和发展目标

上海市于 2020 年 1 月 4 日发布《关于全面推进上海城市数字化转型的意见》（以下简称"上海意见"）。在总体要求中提出，到 2025 年，上海全面推进城市数字化转型取

得显著成效，国际数字之都建设形成基本框架，到 2035 年，成为具有世界影响力的国际数字之都。

北京市于 2020 年 9 月 22 日发布《北京市促进数字经济创新发展行动纲要（2020—2022 年）》（以下简称"北京纲要"），提出体系化构建数字经济发展体制机制，全面提升基础设施支撑能力、技术产业协同创新能力、产业数字化转型能力、安全保障能力，坚决推动数据要素有序流动和培育数据交易市场，大胆探索关键领域对外开放及跨境数据流动等新模式新业态等，将北京市建设成为国际数字化大都市、全球数字经济标杆城市。到 2022 年，数字经济增加值占地区 GDP 比重达到 55%。

浙江省于 2020 年 12 月 24 日发布的《浙江省数字经济促进条例》（以下简称"浙江条例"），是国内第一部以促进数字经济发展为主题的地方性法规。首次在法律制度层面对数字经济作出明确界定，搭建了浙江数字经济发展的"四梁八柱"。条例分 9 章 62 条，明确提出，发展数字经济是浙江经济社会发展的重要战略，应当遵循优先发展、应用先导、数据驱动、创新引领、人才支撑、包容审慎以及保障数据安全、保护个人信息的原则。浙江条例于 2021 年 3 月 1 日起施行。

深圳市于 2021 年 1 月 4 日发布《深圳市数字经济产业创新发展实施方案（2021—2023 年）》（以下简称"深圳方案"），明确以"数字产业化"和"产业数字化"为主线，发展数字生产力，努力将深圳建设成为国家数字经济创新发展试验区和数字经济产业发展高地。同时，提出的目标非常具体，到 2023 年，全市数字经济产业增加值（市统计局口径）突破 1900 亿元，年均增速 6.5%。深圳数字经济产业位居全国大中城市前列，数字产业化和产业数字化水平大幅提升，成为推动深圳经济社会高质量发展的核心引擎之一。

苏州市于 2020 年 12 月 11 日发布《关于推进制造业智能化改造和数字化转型的若干措施》（以下简称"苏州措施"），提出用三年的时间，完成全市 11000 家左右的规上工业企业智能化改造和数字化转型全覆盖，并列出了详细的年度完成目标。2021 年 1 月 4 日在苏州市数字经济和数字化发展推进大会上，又推出《苏州市推进数字经济和数字化发展三年行动计划（2021—2023 年）》（以下简称"苏州计划"）。明确提出，到 2023 年，全市数字经济核心产业增加值达到 6000 亿元，年均增长率达 16% 以上。加快建设更具影响力的数字科创中心、数字智造中心和数字文旅中心，打造领先水平的数字融合先导区、数字开放创新区和数字政府样板区，率先建成全国"数字化引领转型升级"的标杆城市。

（二）关于重点领域和主要任务

上海意见着重从"经济、生活、治理"全面数字化转型、构建数据驱动的城市基本框架和共建共治共享数字城市三部分明确发展方向。其中，后两部分提出，推动经济数字化转型，提高经济发展质量；推动生活数字化转型，提高城市生活品质；推动治理数字化转型，提高现代化治理效能。以数据要素为核心，形成新治理力和生产力；以新技术广泛应用为重点，大力提升城市创新能级；以数字底座为支撑，全面赋能城市复杂巨系统。

北京纲要提出要开展基础设施保障建设、数字技术创新筑基、数字产业协同提升、农业和工业数字化转型、服务业数字化转型、数字贸易发展赋能、数据交易平台建设、数据跨境流动安全管理试点、数字贸易试验区建设等9大工程。其中，数字产业协同提升工程明确，继续做大做强软件和信息服务业、电子信息制造业等数字产业。探索建设国际化开源社区，培育具有国际竞争力的开源项目和产业生态，汇聚创新资源，赋能数字产业建设。面向5G、工业互联网、北斗导航与位置服务、集成电路、云计算、大数据、人工智能、网络与信息安全等领域打造国际一流的产业集群。

浙江条例围绕"数字基础设施、数据资源"两大支撑，"数字产业化、产业数字化、治理数字化"三大重点作了相关阐述。其中，数字产业化提出集成电路、高端软件、数字安防、网络通信、智能计算、新型显示、新型元器件及材料、网络安全等产业发展，促进云计算、大数据、物联网、人工智能等技术与各产业深度融合，培育区块链、量子信息、柔性电子、虚拟现实等产业发展。产业数字化提出推动企业实施制造装备、生产线、车间、工厂的智能化改造和产品智能化升级，推进网络化协同、个性化定制、柔性化生产、共享制造等智能制造和服务型制造。

深圳方案明确12个重点领域和9项重点任务。包括高端软件产业、人工智能产业、区块链产业、大数据产业、云计算产业、信息安全产业、互联网产业、工业互联网产业、智慧城市产业、金融科技产业、电子商务产业和数字创意产业等重点领域的支持或发展的内容，以及责任单位。同时，对提升科技创新引领能力、推动信息技术应用创新、深化制造业数字化转型、加快服务业数字化应用、优化数字经济产业布局、发挥数据要素核心价值、夯实新型信息基础设施、打造数字经济公共服务平台和深化国内外合作与交流等任务列出了拟开展的主要工作和责任单位。

苏州计划明确 7 项主要任务，分别是构建全球领先的数字创新体系、打造国内领先的数字基础设施高地、打造具有国际竞争力的数字产业高地、打造具有国际影响力的制造业数字化转型示范高地、打造引领国内的数字化治理高地、打造自主可控的数字安全高地、打造国际一流的数字创新生态。其中，涉及数字产业包括做强 5G、集成电路、新型显示等电子信息制造业；做大高端工业软件和通用软件等软件和信息技术服务业；推动云计算和大数据、人工智能、区块链、智能网联汽车和数字电竞等数字产业化；加快数字贸易、智慧农业、智慧建造、数字金融和数字文旅等产业数字化融合；积极培育新业态新模式等五部分内容。

（三）关于保障措施

上海意见重点强调创新工作推进机制，提出要健全组织实施机制；提高专业能力本领；激发市场主体活力；加大先行先试和示范建设力度；营造浓厚社会氛围。

北京纲要提出了建立健全责权统一、分工明确的推动落实机制；加快制定相关政策，支持数字经济领域的龙头企业和创新企业拓展融资渠道；打通相关产业链和完善人才储备和培养机制等 3 项保障措施。

浙江条例设立了"激励和保障措施"以及"法律责任"两个章节，涉及数字经济产业投资基金、列入科技发展规划、产业链协同创新统筹协调、列入政府采购目录、税费优惠、金融支持、土地供应、能耗指标、人才培养等多方面的政策。

深圳方案提出了强化组织领导、创新体制机制、加强资金支持和注重人才引培等 4 项保障措施。

苏州措施和苏州计划的政策措施包括加强组织领导、健全工作机制、加大政策支持、强化任务落实、加强运行监测、营造宣传氛围等。同时，苏州计划也提出了具体的工作措施，包括加大诊断服务力度，持续引领两化转型发展；树立打造标杆示范，带动企业深度全面改造；鼓励技术服务输出，加速行业智能化推广；坚持目标绩效导向，支持服务商做大做强；强化管理基础能力，提升企业数字化应用水平；加强创新支持力度，推动关键领域技术突破；推行智能制造顾问制度，完善数字化生态服务体系；加快网络设施建设，进一步提升保障能力等。每项工作举措都列出了相关量化目标，文后附有工作任务分解表，具体落实到每一年各市（县）、区需要完成的目标。

（四）关于政策特色

从可操作性看，浙江条例最为权威，以法律条款呈现，全面细致，用力均等。上海意见较为宏观和全面，指导性较强，更偏重以全球化的视角推动城市发展和治理的数字化转型。北京纲要着重强调数据交易和数字贸易平台建设，立足中关村软件园国家数字服务出口基地、金盏国际合作服务区、自贸区大兴机场片区构建"三位一体"数字贸易试验区，打造对外开放国际合作新窗口。深圳方案和苏州措施突出产业发展，最具有操作性，落地实施性较强，深圳方案将工作落实到各责任单位，苏州措施将工作细化到各市（县）、区的年度目标。另外，北京、深圳和苏州三地均明确了数字经济增加值的考核指标。

从涵盖领域看，各地政策也有所不同。其中，上海意见提出加快建设集成电路、人工智能，加快生产制造、科技研发、金融服务、商贸流通、航运物流、专业服务、农业等领域的数字化转型。北京纲要提出做大做强软件和信息服务业、电子信息制造业等数字产业；发展数字田园、AI 种植、农业工厂；促进 5G、工业互联网、人工智能、大数据等技术融合应用，加快形成一批可复制、可落地的数字化解决方案，推动北京市制造业高端化发展。浙江条例提出推动数字安防、智能计算、新型元器件及材料产业发展，培育量子信息产业发展，推进网络化协同、个性化定制、柔性化生产、共享制造等智能制造和服务型制造。深圳方案提出重点扶持的细分领域有高端软件、智慧城市、金融科技、电子商务和数字创意，把深化制造业数字化转型作为重点任务之一。苏州计划提出要打造具有国际影响力的制造业数字化转型示范高地，做强 5G，做大高端工业软件，推动智能网联汽车和数字电竞等数字产业化；加快数字贸易、智慧农业、智慧建造、数字金融和数字文旅等产业数字化融合。

从保障机制来看，浙江条例最全面，覆盖产业发展所需的研发、资金、创新、产业化等各个环节。法律责任则为数字经济发展提供了法律保障。其余四地主要集中于机制、政策、人才和环境等方面。

二、对上海城市数字化转型的相关建议

（一）强化政策的精准性、可实施性和协同配套性

一是聚焦数字化转型各领域、各行业，加快制定针对性强、"雪中送炭"型的政策举措。二是政策要落实到各责任单位、落实到年度完成目标；政策做到应公开尽公开，强化政策咨询服务，使政策受众熟悉政策、了解政策，政策实施流程要规范化、标准化、便捷化。三是加强不同政策的统筹协调，完善政策配套措施，形成目标一致、协作配合的政策合力。四是政策执行情况要跟踪到底。上海早在2019年10月出台过《上海加快发展数字经济推动实体经济高质量发展的实施意见》，该项政策执行情况如何，后续应如何改进提高等都有待深入跟踪分析。

（二）把数字产业化和产业数字化作为推动产业高质量发展的重要抓手

通过五地相关政策比较发现，浙江将"产业数字化"列为其中一个章节；北京将"工业数字化转型"列为重点工程之一；深圳将"深化制造业数字化转型"列为重点任务之一；苏州制定了专门的制造业智能化改造和数字化转型工作方案。上海制造业更具备数字化转型的基础和需要，可在更高的起点上实现新突破。一是政府相关部门进一步加强数字产业化和产业数字化的政策力度，特别是制造业数字化转型方面，尽快出台促进转型的举措方案。二是联动区政府、相关行业协会和特色园区，增强企业服务力度，建立企业数字化转型存在问题报告、进度报告和运行监测报告的机制，强化数字化转型的督促、管理和服务。

（三）进一步增强信息和数据安全的管理

数字化转型涉及一系列的信息安全问题。对政府而言，既要营造最开放、最自由的营商环境，鼓励数字企业做强、做大；又要加强市场监管，确保市场公平，避免出现一家独大和市场垄断。一是由市相关部门组建数字化转型法律工作小组，定期组织开展数字化转型企业法律培训班、数字化转型政府工作人员培训班，加强信息安全宣传和培训。二是密切与浙江、深圳等数字经济发达地区的沟通交流，学习借鉴数字安全和法律方面的先进经验，加强上海数字转型的规范化和合规化，实现产业链数据安全和市场的数据安全。

上海与国内相关城市科技创新的比较分析（2015—2019 年）

编者按：2021 年 1 月 23 日，首都科技发展战略研究院和中国社会科学院城市与竞争力研究中心共同发布了《中国城市科技创新发展报告 2020》。该报告从不同角度、不同层面对全国城市 2019 年的科技创新情况开展了分析与研究，并结合相关指标分数进行了城市排名。其中，北京、深圳、上海依次位列前三位，此外，南京、杭州、广州和苏州分列第四位到第七位。上海市经济和信息化发展研究中心在查阅各地统计年鉴及相关统计资料基础上，对上述七城市 2015—2019 年（2020 年部分科技创新数据尚未公布）的科技创新情况进行了深入分析，并对上海制造业产业创新发展提出了相关对策建议。

《中共中央关于制定国民经济和社会发展第十四个五年规划和二〇三五年远景目标的建议》明确指出，"支持北京、上海、粤港澳大湾区形成国际科技创新中心"。南京、杭州和苏州作为长三角主要城市，近年来在科技创新和高技术产业发展方面均有所突破，因此本文主要选取了北京、深圳、广州、南京、杭州和苏州开展与上海的对比分析。

一、关于科技创新情况的对比分析

（一）关于科技创新投入方面

七城市 R&D 经费投入占全国的三分之一。据《2019 年全国科技经费投入统计公报》，2019 年，全国 R&D 经费投入 22143.6 亿元，投入强度 2.23%。据各城市统计年鉴公布的数据，2019 年，北京、深圳、上海、南京、杭州、广州、苏州等七城市 R&D 经费投入合计 7459.9 亿元，占全国的 33.7%，远高于这些城市 GDP 占全国的比重 17.5%，对我国科技创新起到了顶梁柱的作用。从投入强度看，北京投入强度最高，为 6.3%，广州投入强度位居七城市末位，但也高于全国平均水平（见表 1）。

表 1　2019 年 7 座城市 R&D 经费投入及占比情况

	GDP（亿元）	R&D 经费支出（亿元）	R&D 投入强度 %
全　国	986515.2	22143.6	2.23
北　京	35371.3	2233.6	6.31
深　圳	26927.1	1328.3	4.93
上　海	38155.3	1524.6	4.00
南　京	14030.2	465.2	3.32
杭　州	15373.1	530.4	3.45
广　州	23628.6	677.7	2.87
苏　州	19235.8	700.2	3.64
七城市合计	172721.3	7459.9	/
七城市占全国比重	17.5%	33.7%	/

1. R&D 投入强度

北京研发投入强度较高，深圳和苏州研发投入强度增长较快，苏州与上海的差距逐渐缩小。从各城市近 5 年 R&D 经费投入情况来看，基本都呈逐年上升态势。北京投入强度最高，近 5 年的投入强度均在 5% 以上，2019 年达到 6.31%；深圳近两年的研发投入强度均比上海高 1 个百分点左右，2019 年研发投入强度达到 4.93%；苏州 2019 年研发投入强度增长近 1 个点，达到 3.64%，超过广州、杭州和南京，与上海的差距逐步缩

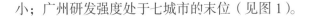
小；广州研发强度处于七城市的末位（见图1）。

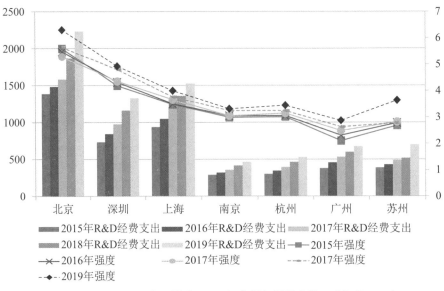

图1 2015—2019年七城市 R&D 经费投入及强度情况（亿元，%）

2. R&D 经费来源

政府资金在北京和上海的研发中发挥了重要作用，都超过了三分之一；深圳企业研发投入高。据各地统计年鉴资料，R&D 经费来源主要有政府资金、企业资金、境外资金和其他四种。如表2所示，综合2015—2019年共5年间的数据分析，北京政府资金占 R&D 经费的比重超过5成；深圳企业资金占 R&D 经费的比重超过9成；上海政府资金占 R&D 经费的比重超过3成，企业资金占比近6成（南京、杭州、广州和苏州未公布相关数据）。

表2 2015—2019年北京、深圳和上海 R&D 经费来源占比情况

	政府资金占比（%）	企业资金占比（%）	境外资金占比（%）	其他资金占比（%）
北京	51.52	40.60	1.66	6.21
深圳	5.54	93.74	0.13	0.59
上海	35.65	59.95	1.18	3.23

3. 经费执行机构

深圳9成以上的 R&D 经费用于企业，用于工业企业的超过8成；北京用于企业的不到4成；上海用于企业的超过6成，用于工业企业的超过4成。据各地统计年鉴

资料，R&D 经费按执行机构分为科研院所、高等院校、企业、工业企业和其他。综合 2015—2019 年共 5 年间的数据分析，北京 R&D 经费用于科研院所最多，为 46.73%；深圳和上海的 R&D 经费主要用于企业（见表 3）。

表 3　2015—2019 年北京、深圳和上海 R&D 经费执行机构占比情况

	科研院所	高等院校	企　业	工业企业
北京	46.73%	11.72%	39.33%	15.52%
深圳	1.89%	1.73%	96.17%	85.09%
上海	26.19%	9.37%	62.27%	43.62%

4. R&D 经费支出占主营业务收入比重

深圳规模以上工业企业 R&D 经费支出占主营业务收入比重远高于北京和上海（南京、杭州、广州和苏州未公布相关数据）。结合各地统计年鉴资料，对 2015—2019 年间各地规模以上工业企业 R&D 经费支出分析后发现，深圳规模以上工业企业 R&D 经费支出占主营业务收入比重接近 3%；上海在 1.5% 及以下；北京在 1.3% 以下（见图 2）。

以华为为例，华为 2019 年的营业收入 8588 亿元，研发投入 1317 亿元，研发与营收占比 15.3%，研发投入全球排名第五。据深圳证监局公布的 2017 年数据，以先进制造业为主体的深圳制造业上市公司研发支出 429.48 亿元，占当年营业收入的比例达 5.93%，高于全国制造业 4.65% 的平均水平。非金融房地产业上市公司全年研发支出 474.23 亿元。其中，研发支出超 1 亿元的有 78 家，超 10 亿元的有 6 家。深圳非金融房地产业上市公司以约 7.62% 的公司数量，贡献了全国同类上市公司 1/10 的研发支出。与此相对应，企业盈利能力稳步提升，公司毛利率平均水平达到 20%，制造业整体毛利率达 24.8%，高出全国平均水平 3 个百分点。

5. R&D 活动类型

据各地统计年鉴资料，R&D 活动类型分为基础研究、应用研究和试验发展三类。综合 2015—2019 年共 5 年间的数据分析，如表 4 所示，北京用于基础研究的经费占 R&D 投入的 1 成以上，应用研究占比 2 成以上，均领先于其他城市；深圳试验发展占比接近 9 成，领先于其他城市（南京、杭州、广州和苏州未公布相关数据）。

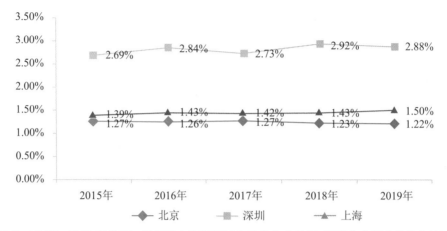

图2　2015—2019年北京、深圳和上海规模以上工业企业R&D经费占主营业务收入比重

表4　2015—2019年北京、深圳和上海R&D经费来源占比情况

	基础研究占比	应用研究占比	试验发展占比
北京	14.82%	23.44%	61.74%
深圳	2.52%	9.44%	88.04%
上海	8.04%	12.84%	79.13%

（二）关于科技创新产出与成效方面

科技创新产出指创新直接产出成果，创新成效指创新对经济社会发展的影响。据《上海市科技创新统计手册》《中国创新指数研究》等相关文献和资料，科技创新产出和成效可以通过论文、专利、技术成果成交、新产品销售收入、高新技术产品出口、单位GDP能耗等指标来体现。限于篇幅和数据可得性，以下主要就专利和新产品销售收入进行分析。技术合同成交情况、人均GDP等数据可以在相关附表中查阅。

1. 授权专利方面

发明专利在三种专利中的技术含量最高，既体现专利的水平，也体现了研发成果的市场价值和竞争力。2015—2019年五年间，北京发明专利占授权专利的比重在40%左右，远高于其他城市；上海和南京发明专利占授权专利的比重约在20%—30%之间，可以被认为是第二梯队；深圳、杭州、广州和苏州发明专利占授权专利的比重约在10%—20%之间，可以被认为是第三梯队（见图3）。

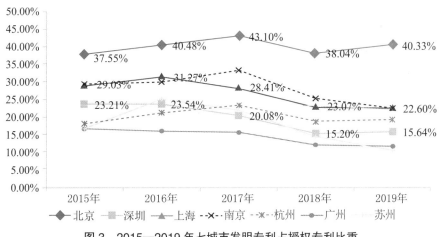

图 3 2015—2019 年七城市发明专利占授权专利比重

综合 R&D 投入和授权专利数量分析，二者的比值即每亿元 R&D 投入专利授权量，一定程度上反映了 R&D 投入在专利方面的产出效果。如图 4 所示，2015—2019 年五年间，北京和上海 R&D/ 亿元投入专利授权量在 60 件左右；深圳、南京、杭州、广州和苏州 R&D/ 亿元投入专利授权量均接近或超过了百件。如图 5 所示，从 R&D/ 亿元投入发明专利授权量来看，南京、北京和杭州较高，均在 20 件以上；上海较低。

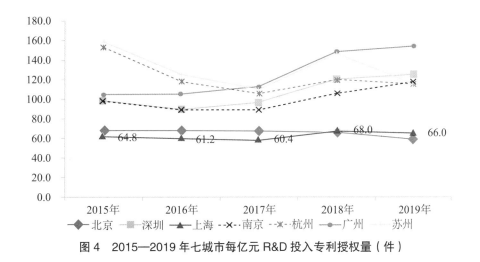

图 4 2015—2019 年七城市每亿元 R&D 投入专利授权量（件）

2. 新产品销售收入方面

新产品销售收入是反映企业创新成果，即将新产品成功推向市场的指标，主要用于反映创新对产品结构调整的效果。如图 6 所示，从新产品销售收入占主营业务比来看，

图5　2015—2019年七城市每亿元R&D投入发明专利授权量（件）

深圳规上工业企业新产品销售收入占主营业务比重接近4成；上海不到3成；北京在2成左右（南京、杭州、广州和苏州未公布相关数据）。

图6　2015—2019年部分城市规模以上工业企业新产品销售收入占主营业务比重

　　综合规模以上工业企业R&D投入和新产品销售收入分析，二者的比值即规上企业每亿元R&D所带动的新产品销售收入，一定程度上反映了规上企业R&D投入在新产品销售收入方面的产出效果。如图7所示，2015—2019年五年间，上海和北京规模以上工业企业每亿元R&D投入带动的新产品销售收入基本都在15亿元以上；深圳规模以上工业企业每亿元R&D投入带动的新产品销售收入在13亿元左右（南京、杭州、广州和苏州未公布相关数据）。主要原因是北京和上海的政府资金在推动企业研发新产品中发挥了重要作用。

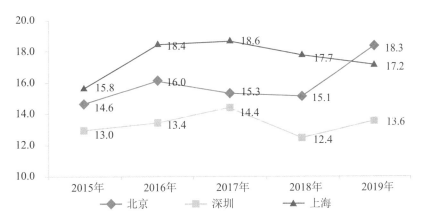

图 7　2015—2019 年主要城市规模以上工业企业每亿元 R&D 投入带动新产品销售收入（亿元）

综合全社会 R&D 经费支出和规模以上工业企业新产品销售收入分析，如图 8 所示，深圳全社会 R&D 经费支出每亿元可以带动的新产品销售收入在 10 亿元以上；上海全社会 R&D 经费支出每亿元可以带动的新产品销售收入在 8 亿元左右；北京全社会 R&D 经费支出每亿元可以带动的新产品销售收入在 2 亿元以上（南京、杭州、广州和苏州未公布相关数据）。

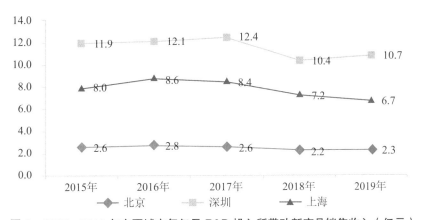

图 8　2015—2019 年主要城市每亿元 R&D 投入所带动新产品销售收入（亿元）

二、国内相关城市促进科技创新方面的经验和启示

（一）投入方面

北京由于首都因素，集中了较多的科研机构和高等院校，因此 R&D 经费中政府资金比重超过 5 成；深圳以华为为代表的科技创新型企业较多，企业重视研发投入，因此

R&D 经费中来源于企业和用于企业的资金比重超过 9 成；南京、杭州和广州作为省会城市，相对集中了较多的科技创新资源；苏州临近上海，受益于上海科技创新溢出、本地政府重视科技创新和产业发展，以及商务成本较低等因素综合影响，集聚了大量科技创新型企业，科创综合实力连续 11 年居江苏省首位。上海 R&D 经费规模较小、强度较低，位列七城市中的第三位，无论是规模以上工业企业 R&D 经费支出占主营业务收入比重，还是全社会 R&D 经费用于企业，均与深圳有较大差距；政府投入资金与北京有较大差距。

（二）产出与成效方面

北京发明专利占授权专利的比重最高，在 40% 左右；从每亿元 R&D 投入发明专利授权量来看，南京、北京和杭州较高，均在 20 件以上；从规上工业企业新产品销售收入占主营业务比重和全社会 R&D 经费支出每亿元可以带动的新产品销售收入来看，深圳都位居首位，反映出大量的企业 R&D 经费投入产生了较好的经济效果。上海发明专利占授权专利的比重处于第二梯队，与南京相当，与北京差距较大；R&D 经费投入在专利方面的产出效果处于 7 城市的末位；规上工业企业新产品销售收入占主营业务比重弱于深圳，政府资金在推动规模以上工业企业新产品研发和销售中发挥了重要作用，企业 R&D 投入有待加强。

三、关于提升上海产业科技创新能力的相关建议

借鉴国内相关城市在科技创新方面的成功经验和做法，上海应在激发企业创新能动性、强化激励政策精准性、增强创新探索包容性、确立创新策源引领性等方面，进一步深化研究和推进落实，加快释放制造业发展新动能。

（一）营造良好的产业科技创新环境

一是聚焦激发企业创新活力，组织开展"十四五"核心领域、关键技术和成果转化路径研究，根据不同行业不同企业，制定针对性强、操作性好的产业创新支持政策。加强创新政策的宣传、配套衔接、落地实施以及金融与产业的良性互动和融合发展。二是

借助产业数字化转型和技术改造升级，推进传统领域企业的转型发展，改善企业生产和研发环境，鼓励企业提升产品科技含量，助力传统领域企业向研发创新型企业迈进。三是深化首台套、首批次、首版次应用等激励效应，探索解决技术含量高、研发周期长、占用资金大等核心环节产品验证、优化的政策支持，强化在政府采购中优先选用"上海制造"创新产品。四是组织开展上海制造十大创新企业、创新产品、创新人物评选，对获奖的企业、产品和人物给予一定的奖励。借助传统媒体和新媒体，加强对制造业企业创新经验的宣传推广，增强创新意识培养和氛围营造。

（二）引导企业高度重视自身的科技创新发展

一是企业要加强与市、区两级政府相关部门、园区管理机构和行业协会的沟通，及时关注技术和市场发展新变化、新趋势，增强加大创新投入的主动性，积极争取参与国家和上海市重大和重点项目建设，不断提升市场话语权和核心竞争力。二是充分利用上海丰富的创新资源和基础设施，拓展与国内外高校、科研机构的密切合作。支持企业参与国家科技部将启动实施的企业技术创新能力提升行动，围绕企业创新开展科研活动，构建以企业为主导推动创新发展的新模式。三是借助行业协会、产业创新联盟等力量，加强与行业内创新型企业和龙头企业的沟通交流，学习借鉴国内相关省市优秀企业发展经验，提高对创新是企业发展生命力的认识。四是龙头企业要发挥行业组织引导作用，协同上海市和长三角地区产业链关联企业，围绕产业基础研究和关键核心环节开展固长板、补短板攻关，加快形成高端制造业产业集群和创新生态，抢占全球产业链、创新链、价值链高端地位。

（三）充分发挥外资研发机构对本地研发的带动作用

一是积极引入适合上海产业经济发展的外资研发机构，吸引更多外资研发中心在沪集聚发展。二是充分发挥外资研发机构的溢出效应，鼓励外资研发成果的本地化应用。三是加强外资研发机构与本地高校、科研院所和企业在科研项目、人才培养等方面开展合作，例如联合承担国内外相关项目、外资研发机构专家做本地企业创新顾问、本地高校学生到外资研发机构实习实训等。

附表 1 2015—2019 年七城市 R&D 经费支出（亿元）及投入强度（%）

	2015 年		2016 年		2017 年		2018 年		2019 年	
	R&D 经费支出	投入强度	R&D 经费支出	投入强度	R&D 经费支出	投入强度	R&D 经费支出	投入强度	R&D 经费支出	投入强度
北京	1384.02	5.59	1484.58	5.49	1579.65	5.29	1870.77	5.65	2233.59	6.31
深圳	732.39	4.18	842.97	4.32	976.94	4.35	1163.54	4.80	1328.28	4.93
上海	936.14	3.48	1049.32	3.51	1205.21	3.66	1359.20	3.77	1524.55	4.00
南京	290.65	2.99	320.34	3.05	357.67	3.05	416.58	3.25	465.16	3.32
杭州	302.19	3.01	346.36	3.06	396.82	3.15	464.25	3.25	530.42	3.45
广州	380.13	2.10	457.46	2.31	532.41	2.48	600.17	2.63	677.74	2.87
苏州	388.71	2.68	429.56	2.78	489.00	2.82	517.01	2.78	700.18	3.64

附表 2 2015—2019 年主要城市 R&D 经费来源情况（亿元）

	2015 年				2016 年				2017 年			
	政府	企业	境外	其他	政府	企业	境外	其他	政府	企业	境外	其他
北京	791.64	472.24	40.32	79.82	802.61	563.67	32.26	86.03	822.41	619.64	49.05	88.55
深圳	35.56	689.00	1.65	6.17	40.77	795.26	1.38	5.57	60.82	904.72	2.55	8.84
上海	340.80	540.88	15.12	39.33	374.76	630.82	16.19	27.55	429.45	719.80	17.17	38.78

	2018 年				2019 年			
	政府	企业	境外	其他	政府	企业	境外	其他
北京	920.57	830.44	13.10	106.66	1069.22	986.76	7.65	169.95
深圳	67.18	1090.80	1.03	4.53	74.96	1248.80	0.02	4.50
上海	471.25	839.53	11.61	36.82	549.02	910.50	11.46	53.57

附表 3 2015—2019 年主要城市 R&D 经费执行部门情况（亿元）

	2015 年				2016 年				2017 年			
	科研院	高校	企业	工企	科研院	高校	企业	工企	科研院	高校	企业	工企
北京	702.76	162.65	496.48	244.09	730.12	160.44	560.43	254.84	741.24	182.81	618.38	269.09
深圳	20.38	8.17	702.46	672.65	10.97	10.56	820.06	760.03	15.92	18.47	939.74	841.1
上海	264.7	86.65	569.31	474.24	279.4	93.61	650.21	490.08	320.49	109.2	747.54	540

	2018 年				2019 年			
	科研院	高校	企业	工企	科研院	高校	企业	工企
北京	828.27	215.49	780.5	274.01	994.24	280.81	908.2	285.19
深圳	17.35	22.3	1121.68	968.35	30.96	27.95	1267.16	1049.92
上海	347.57	124.91	857.73	554.88	378.84	154.81	957.96	590.65

附表 4 2015—2019 年七城市专利授权情况（件）

	2015 年		2016 年		2017 年		2018 年		2019 年	
	专利授权	发明专利授权	专利授权	发明专利授权	专利授权	发明专利授权	专利授权	发明专利授权	专利授权	发明专利授权
北京	94031	35308	102323	41425	106948	46091	123496	46978	131716	53127
深圳	72120	16957	75043	17666	94250	18926	140202	21309	166609	26051
上海	60623	17601	64230	20086	72806	20681	92460	21331	100587	22735
南京	28104	8244	28782	8697	32073	10723	44089	11090	55004	12392
杭州	46245	8296	41052	8647	42227	9872	55379	10267	61568	11748
广州	39834	6626	48313	7668	60201	9345	89826	10797	104813	12222
苏州	62263	10488	53528	13267	53223	11618	75837	10845	81145	8339

附表 5 2015—2019 年主要城市规模以上工业企业 R&D 经费、新产品销售收入和主营业务收入情况（亿元）

	2015 年			2016 年			2017 年		
	R&D 经费	新产品销售	主营业务	R&D 经费	新产品销售	主营业务	R&D 经费	新产品销售	主营业务
北京	244.09	3564.04	19256.10	254.84	4085.86	20213.80	269.09	4119.28	21181.00
深圳	672.65	8713.43	25047.17	760.03	10188.36	26764.55	841.10	12138.71	30821.68
上海	474.24	7470.93	34172.22	490.08	9033.48	34315.15	540.00	10068.15	37910.50

	2018 年			2019 年		
	R&D 经费	新产品销售	主营业务	R&D 经费	新产品销售	主营业务
北京	274.01	4136.62	22348.10	285.19	5220.20	23419.10
深圳	968.35	12051.22	33174.49	1049.93	14238.69	36436.35
上海	554.88	9796.73	38886.41	590.65	10140.95	39403.51

附表 6 2015—2019 年主要城市技术交易合同项目数（项）及金额（亿元）情况

	2015 年		2016 年		2017 年		2018 年		2019 年	
	项目	金额	项目	金额	项目	金额	项目	金额	项目	金额
北京	72272	3452.60	74965	3940.80	81266	4485.30	82486	4957.80	83171	5695.30
深圳	/	/	/	/	9048	555.09	9751	582.61	10217	705.02
上海	22513	707.99	21203	822.86	21559	867.53	21630	1303.20	36324	1522.21
南京	25351	198.33	22827	215.73	21036	284.75	26035	403.81	28509	588.41

附表 7　2015—2019 年七城市人均 GDP（元）

	2015 年	2016 年	2017 年	2018 年	2019 年
北京	114662	118198	128994	153095	164220
深圳	166415	177658	189993	197740	203489
上海	111081	123628	136109	148744	157279
南京	121642	131114	143169	155137	165682
杭州	112230	124286	135113	140180	152465
广州	130522	143638	150678	142860	156427
苏州	136368	145276	159369	170644	179174
全国	49351	53980	59660	64644	70892

图书在版编目(CIP)数据

顺势而为:城市数字化转型探索/上海市经济和信息化发展研究中心编著.—上海:上海人民出版社,2021

(经信智声丛书)

ISBN 978 - 7 - 208 - 17169 - 5

Ⅰ.①顺…　Ⅱ.①上…　Ⅲ.①数字技术-应用-城市建设-研究-中国　Ⅳ.①TU984.2-39

中国版本图书馆 CIP 数据核字(2021)第 117376 号

责任编辑　于力平
封面设计　零创意文化

经信智声丛书

顺势而为
——城市数字化转型探索
上海市经济和信息化发展研究中心　编著

出　　版　上海人民出版社
　　　　　（200001　上海福建中路 193 号）
发　　行　上海人民出版社发行中心
印　　刷　上海商务联西印刷有限公司
开　　本　787×1092　1/16
印　　张　22.5
插　　页　4
字　　数　363,000
版　　次　2021 年 8 月第 1 版
印　　次　2021 年 8 月第 1 次印刷
ISBN 978 - 7 - 208 - 17169 - 5/F · 2697
定　　价　95.00 元